第2章

Photoshop基本操作

使用Photoshop编辑处理图像文件之前，必须先掌握图像文件的基本操作。本章主要介绍了Photoshop CC 2017中使用的文件操作技巧、图像文件的新建、浏览和尺寸的调整，使用户能够掌握、更有效地处理编辑图像文件。

例2-1 新建图像文件
例2-2 打开已有图像文件
例2-3 存储图像文件
例2-4 使用【导航器】面板
例2-5 更改图像的排列方式

例2-6 更改图像文件大小
例2-7 更改图像画布大小
例2-8 使用【选择性粘贴】命令
例2-9 使用【历史记录】面板
例2-10 制作商业名片

教学视频
紧密结合光盘，列出本章有同步教学视频的操作案例。

章首导读
以言简意赅的语言表述本章介绍的主要内容。

附2章 Photoshop 基本操作

2.2

实例概述
简要描述实例内容，同时让读者明确该实例是否附带教学视频或源文件。

窗口的显示比例，移动画面的显示区域，以便于用缩放窗口工具和命令，知识换屏幕【导航器】面板等。

钮，可以放大图像在窗口的显示比例，单击【小】按钮，可缩小图像在窗口的显示比例，用户也可以使用缩放比例滑块，调整图像文件窗口的显示比例。向右移动缩放比例滑块，可以增大图像的显示比例；向左移动缩放比例滑块，可以缩小画面的显示比例。在缩放画面显示比例的同时，面板中的红色矩形框大小也会进行相应的缩放。

【例2-4】 在Photoshop CC 2017中，使用【导航器】面板查看图像。
视频 (光盘素材\第02章\例2-4)

01 选择【文件】|【打开】命令，选择打开图像文件，选择【窗口】|【导航器】命令，打开【导航器】面板。

02 在【导航器】面板中单击【放大】按

操作步骤
图文并茂，详略得当，让读者对实例操作过程轻松上手。

04 当窗口中不能显示完整的图像时，将光标移至【导航器】面板的代理预览区域，光标会变为抓手状，单击并拖动鼠标可移动画面的显示，可以使用【导航器】调整图像画面的显示。单击可以使用【缩放】工具，【视图】菜单中的命令。

2.2.2 使用【缩放】工具查看

在图像编辑处理的过程中，经常需要对编辑的图像窗口进行放大或缩小显示，以便于图像的编辑操作，在Photoshop中调整图像画面的显示，可以使用【缩放】工具，【视图】菜单中的命令。

使用【缩放】工具可放大或缩小图像，使用【缩放】工具时，每单击一次都会将

03 在【导航器】面板中单击【放大】按

附5章 图像的修复与美化

5.4 图章工具

在Photoshop中，使用图章工具组中的工具也可以通过提取图像中的像素样本来克隆取样对象。而不全盖复制图像样本。【仿制图章】工具以将取样的图像应用到其他图像或同一图像中的其他位置，【图案图章】工具使用预设的图案或者自定义的图案绘制图像。

知识点摘
在文中加入大量的知识信息，或是本节知识的重点解析以及难点提示。

02 选择【仿制图章】工具，在控制面板中设置一种画笔样式，在【样本】下拉列表中选择【所有图层】选项。

03 按住 Alt 键在要修复部位附近单击设置取样点，然后在要修复部位按住鼠标左键涂抹。

知识点通
选中【对齐】复选框，可以对图像画面连续取样，而不会丢失当前的设置复制的参考点位置。即使释放鼠标后也是如此。鼠标拖移到下次停止后仍会利用所有描取的最后复制的参考点。取消选中【对齐】复选框，则会在每次停止并重新开始绘制时使用相同的应用状态。

【例5-7】 使用【仿制图章】工具修复图像画面。
视频 (光盘素材\第05章\例5-7)

01 选择【文件】|【打开】命令，打开图像文件，单击【图层】面板中的【创建新图层】按钮创建图像。

进阶技巧
【仿制图章】工具并不限定在同一张图像中进行，也可以把某张图像的内容复制到另一张图像之中。在进行不同图像之间的复制时，可以将两张图像都打开在Photoshop窗口中，以使时照顾图像的复制位置以及目标图像的复制结果。

进阶技巧
讲述软件操作在实际应用中的技巧，让读者少走弯路、事半功倍。

附2章 Photoshop 基本操作

2.7 疑点解答

● 问：如何在Photoshop中创建新库？
答：在Photoshop中打开一幅图像文件，然后单击【库】面板右上角的面板菜单按钮，从弹出的菜单中选择【从文档创建新库】命令，或直接单击【+】按钮，在Photoshop创建的【新建文档】对话框，在该对话框中，选择和调整资源，然后即单击【创建新库】按钮即可进行打开的图像文档中的资源导入到库中，以便在其他文档中重复使用。

● 问：如何在Photoshop CC 2017 中应用Adobe Stock的模板？
答：Adobe Stock 提供了数百万高品质的免版税专业图片、系列、插图和矢量图形。在Photoshop中利用Adobe Stock中丰富的模板和空白文档，可以使用户快速着手自己的创意项目。在Photoshop中打开【新建文档】对话框中的【模板】选项。选择模板下载已的模板选项后，选中所需的模板，单击【打开】按钮即可从工作区中...

● 问：如何使用Photoshop CC 2017 中的画板？
答：Photoshop的设计人员，会发现一个设计项目经常需要进行多种多样或应用程序的界面，而在Photoshop的画板中，可以利用用户快速简化设计过程，在画布上添加适合各种设置和屏幕的设计。

在Photoshop中要创建一个带有画板的文档，可以选择【文件】|【新建】命令，打开【新建文档】对话框，选择一个预设类别或空白文档预设尺寸以或设置自定义尺寸后，然后单击【创建】按钮即可。

如果已有文档，可以将其图层或图层组快速转换为画板。在已有文档选中所有图层组，并在选中的图层组右上点击，从弹出的菜单中选择【来自图层的画板】命令，即可将其转换为画板。

疑点解答
对本章内容做扩展补充，同时拓宽读者的知识面。

云视频教学平台

光盘附赠的云视频教学平台能够让读者轻松访问上百 GB 容量的免费教学视频学习资源库。该平台拥有海量的多媒体教学视频，让您轻松学习，无师自通！

图1

图2

图3

图4

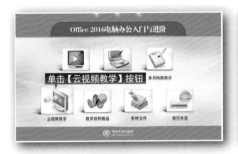

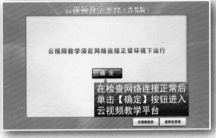

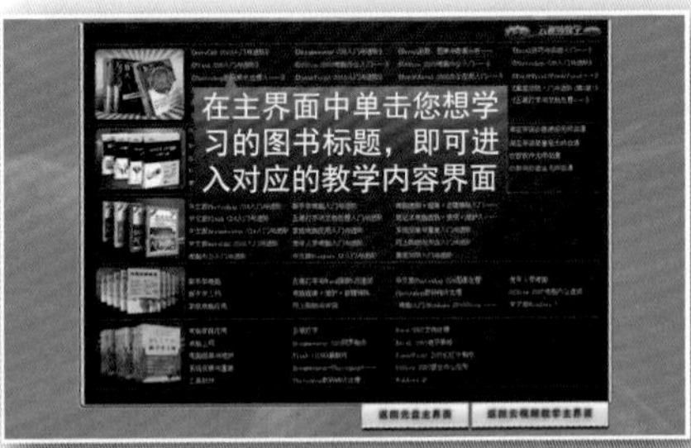

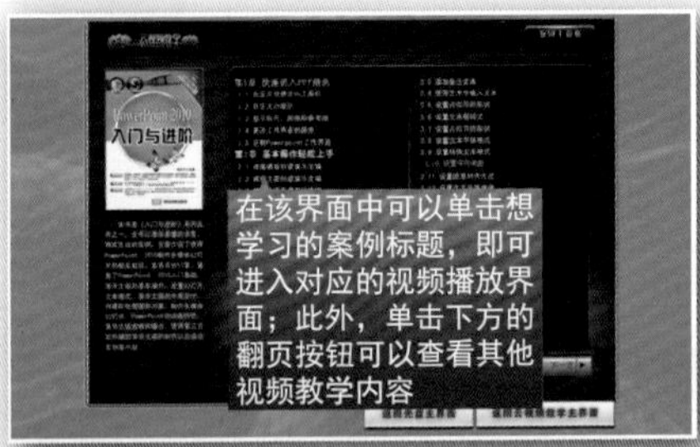

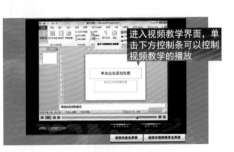

图5

>> 光盘主要内容

本光盘为《入门与进阶》丛书的配套多媒体教学光盘，光盘中的内容包括18小时与图书内容同步的视频教学录像和相关素材文件。光盘采用真实详细的操作演示方式，详细讲解了电脑以及各种应用软件的使用方法和技巧。此外，本光盘附赠大量学习资料，其中包括多套与本书内容相关的多媒体教学演示视频。

>> 光盘操作方法

将DVD光盘放入DVD光驱，几秒钟后光盘将自动运行。如果光盘没有自动运行，可双击桌面上的【我的电脑】或【计算机】图标，在打开的窗口中双击DVD光驱所在盘符，或者右击该盘符，在弹出的快捷菜单中选择【自动播放】命令，即可启动光盘进入多媒体互动教学光盘主界面。

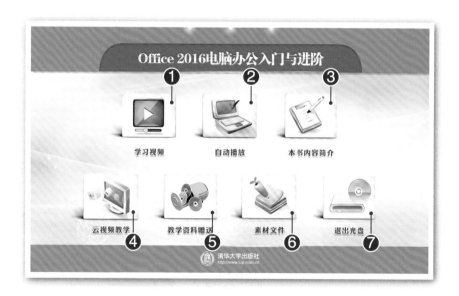

Office 2016电脑办公入门与进阶

① 学习视频　② 自动播放　③ 本书内容简介
④ 云视频教学　⑤ 教学资料赠送　⑥ 素材文件　⑦ 退出光盘

清华大学出版社
http://www.tup.com.cn

① 进入普通视频教学模式
② 进入自动播放演示模式
③ 阅读本书内容介绍
④ 单击进入云视频教学界面

⑤ 打开赠送的学习资料文件夹
⑥ 打开素材文件夹
⑦ 退出光盘学习

光盘使用说明

普通视频教学模式

图1

单击【学习视频】按钮

- 赛扬 1.0GHz 以上 CPU
- 512MB 以上内存
- 500MB 以上硬盘空间
- Windows XP/Vista/7/8/10 操作系统
- 屏幕分辨率 1024×768 以上
- 8 倍速以上的 DVD 光驱

光盘运行环境

图2

① 单击章节名称

② 单击实例名称

图3

进入普通视频教学界面

控制视频教学播放

自动播放演示模式

图1

单击【自动播放】按钮

图2

进入自动播放视频教学界面，用户无须动手操作，系统将按顺序播放整张光盘

赠送的教学资料

图1

② 打开光盘中教学资料所在文件夹

① 单击【教学资料赠送】按钮

图2

② 打开光盘中素材文件所在文件夹

① 单击【素材文件】按钮

▶ Dreamweaver库项目

▶ 使用CSS修饰网页

▶ 制作婚嫁网站首页

▶ 在表格中插入内容

▶ 制作简单图文网站

▶ 制作摄影展示页面

▶ 制作用户登录页面

▶ 插入图片

▶ 制作用户注册页面

▶ Dreamweaver面板组

▶ 插入插件

▶ 创建图像映射链接

▶ 设置页面整体信息

▶ 使用表格规划网页布局

▶ 音乐播放软件

▶ Div+CSS规划网页布局

入门与进阶

Dreamweaver CC 2017
网页制作
入门与进阶

王通 ◎编著

清华大学出版社

北京

内 容 简 介

本书是《入门与进阶》系列丛书之一。全书以通俗易懂的语言、翔实生动的实例，全面介绍了使用Dreamweaver CC 2017软件进行网页制作的技巧和方法。本书共分11章，涵盖了网页制作与Dreamweaver的基础知识，制作简单图文网页，制作多媒体网页，使用表格布局页面，创建与设置网页链接，利用CSS样式表修饰网页，制作表单页面，添加网页特效，制作移动设备网页，应用网页模板与库项目，页面信息的整体设置等内容。

本书内容丰富，图文并茂。全书双栏紧排，全彩印刷，附赠的光盘中包含书中实例素材文件、18小时与图书内容同步的视频教学录像和3～5套与本书内容相关的多媒体教学视频，方便读者扩展学习。此外，光盘中附赠的"云视频教学平台"能够让读者轻松访问上百GB容量的免费教学视频学习资源库。

本书具有很强的实用性和可操作性，是面向广大电脑初中级用户、家庭电脑用户，以及不同年龄阶段电脑爱好者的首选参考书。

图书在版编目(CIP)数据

Dreamweaver CC 2017网页制作入门与进阶 / 王通　编著． —北京：清华大学出版社，2018
(入门与进阶)

ISBN 978-7-302-49427-0

Ⅰ．①D… Ⅱ．①王… Ⅲ．①网页制作工具 Ⅳ．①TP393.092.2

中国版本图书馆CIP数据核字(2018)第015142号

责任编辑：胡辰浩　高晓晴
装帧设计：孔祥峰
责任校对：曹　阳
责任印制：王静怡

出版发行：清华大学出版社
　　　　　网　　　址：http://www.tup.com.cn，http://www.wqbook.com
　　　　　地　　　址：北京清华大学学研大厦A座　　　　邮　　编：100084
　　　　　社 总 机：010-62770175　　　　　　　　　　邮　　购：010-62786544
　　　　　投稿与读者服务：010-62776969，c-service@tup.tsinghua.edu.cn
　　　　　质 量 反 馈：010-62772015，zhiliang@tup.tsinghua.edu.cn
印 装 者：北京博海升彩色印刷有限公司
经　　销：全国新华书店
开　　本：150mm×215mm　　印　张：16.75　　插页：4　　字　数：429千字
　　　　　(附光盘1张)
版　　次：2018年3月第1版　　　　印　次：2018年3月第1次印刷
印　　数：1～3500
定　　价：48.00元

产品编号：062102-01

熟练操作电脑已经成为当今社会不同年龄层次的人群必须掌握的一门技能。为了使读者在短时间内轻松掌握电脑各方面应用的基本知识，并快速解决生活和工作中遇到的各种问题，清华大学出版社组织了一批教学精英和业内专家特别为电脑学习用户量身定制了这套《入门与进阶》系列丛书。

丛书、光盘和网络服务

💿 **双栏紧排，全彩印刷，图书内容量多实用** 本丛书采用双栏紧排的格式，使图文排版紧凑实用，其中260多页的篇幅容纳了传统图书一倍以上的内容。从而在有限的篇幅内为读者奉献更多的电脑知识和实战案例，让读者的学习效率达到事半功倍的效果。

💿 **结构合理，内容精炼，案例技巧轻松掌握** 本丛书紧密结合自学的特点，由浅入深地安排章节内容，让读者能够一学就会、即学即用。书中的范例通过添加大量的"知识点滴"和"进阶技巧"的注释方式，突出重要知识点，使读者轻松领悟每一个范例的精髓所在。

💿 **书盘结合，互动教学，操作起来十分方便** 丛书附赠一张精心开发的多媒体教学光盘，其中包含了18小时左右与图书内容同步的视频教学录像。光盘采用真实详细的操作演示方式，紧密结合书中的内容对各个知识点进行深入的讲解。光盘界面注重人性化设计，读者只需要单击相应的按钮，即可方便地进入相关程序或执行相关操作。

💿 **免费赠品，素材丰富，量大超值，实用性强** 附赠光盘采用大容量DVD格式，收录书中实例视频、源文件以及3～5套与本书内容相关的多媒体教学视频。此外，光盘中附赠的云视频教学平台能够让读者轻松访问上百GB容量的免费教学视频学习资源库，在让读者学到更多计算机知识的同时真正做到物超所值。

💿 **在线服务，贴心周到，方便老师定制教案** 本丛书精心创建的技术交流QQ群(101617400、2463548)为读者提供24小时便捷的在线交流服务和免费教学资源；便捷的教材专用通道(QQ：22800898)为老师量身定制实用的教学课件。

本书内容介绍

《Dreamweaver CC 2017网页制作入门与进阶》从读者的学习兴趣和实际需求出发，合理安排知识结构，由浅入深、循序渐进，通过图文并茂的方式讲解Dreamweaver网页制作的各种操作技巧和方法。全书共分为11章，主要内容如下：

第1章　介绍了网页制作与Dreamweaver CC 2017软件的基础知识。
第2章　介绍了制作由图片和文字作为主要元素的简单图文网页的方法。
第3章　介绍了制作包含Flash、声音、视频等多媒体元素的网页的具体方法。
第4章　介绍了在网页使用表格规划页面布局的方法与技巧。
第5章　介绍了在网页中创建与编辑各种页面的方法与技巧。

第6章　介绍了利用CSS样式修饰网页和使用Div+CSS规划网页布局的方法。

第7章　介绍了通过在页面中插入表单和表单元素制作表单网页的方法。

第8章　介绍了利用Dreamweaver内建的"行为"(JavaScript程序)设置网页特效的方法。

第9章　介绍了使用Dreamweaver制作jQuery Mobile网页的方法。

第10章　介绍了使用模板和库项目在网站中创建大量结构类似网页的方法。

第11章　介绍了在Dreamweaver中设置网页页面信息的方法。

读者定位和售后服务

　　本书具有很强的实用性和可操作性，是面向广大电脑初中级用户、家庭电脑用户，以及不同年龄阶段电脑爱好者的首选参考书。

　　如果您在阅读图书或使用电脑的过程中有疑惑或需要帮助，可以登录本丛书的信息支持网站(http://www.tupwk.com.cn/improve3)或通过E-mail(wkservice@vip.163.com)联系，本丛书的作者或技术人员会提供相应的技术支持。

　　除封面署名作者外，参加本书编写的人员还有陈笑、孔祥亮、杜思明、高娟妮、熊晓磊、曹汉鸣、何美英、陈宏波、潘洪荣、王燕、谢李君、李珍珍、王华健、柳松洋、陈彬、刘芸、高维杰、张素英、洪妍、方峻、邱培强、顾永湘、王璐、管兆昶、颜灵佳、曹晓松等。由于作者水平所限，本书难免有不足之处，欢迎广大读者批评指正。我们的邮箱是huchenhao@263.net，电话是010-62796045。

　　最后感谢您对本丛书的支持和信任，我们将再接再厉，继续为读者奉献更多、更好的优秀图书，并祝愿您早日成为电脑应用高手！

《入门与进阶》丛书编委会

2017年10月

第1章 了解网页制作与Dreamweaver

第2章 制作简单图文网页

第3章 制作多媒体网页

第4章 使用表格布局页面

第5章 创建与设置网页链接

第6章 利用CSS样式表修饰网页

第7章 制作表单页面

第8章 添加网页特效

Dreamweaver CC 2017网页制作 入门与进阶

第9章 制作移动设备网页

第10章 应用网页模板与库项目

第11章 页面信息的整体设置

第1章

了解网页制作与Dreamweaver

本章作为全书的开端，将主要介绍网页制作的基础，包括网页与网站的概念、网页的构成元素、网站的设计流程、网页编辑软件Dreamweaver CC的工作界面以及本地站点的创建与管理方法等。

对应光盘视频

例1-1 管理站点文件
例1-2 使用模板文件创建站点

1.1 网页制作基础知识

对于许多初学者而言，"制作网页"仅仅是一个概念。网页制作是否需要掌握大量的计算机知识、程序语言和工具软件呢？会不会非常难呢？其实，网页制作和Office文档制作操作差不多，只要应用合适的软件，掌握如何使用它们，并按照一定的规范来操作，就能够完成好网页的制作。当然，要制作出效果精美的网页，还需要掌握一定的设计知识和软件使用技巧。

本节将在用户正式开始学习网页制作之前，先介绍一下什么是网页，以及与网页相关的基础知识与相关概念。

1.1.1 理解网页与网站

网页是网站中的一页，其通常为HTML格式。网页既是构成网站的基本元素，也是承载各种网站应用的平台。简单地说，网站就是由网页组成的。

1 网页的概念

网页(Web page)，就是网站上的一个页面，它是一个纯文本文件，是向访问者传递信息的载体，以超文本和超媒体为技术，采用HTML、CSS、XML等语言来描述组成页面的各种元素，包括文字、图像、声音等，并通过客户端浏览器进行解析，从而向访问者呈现网页的各种内容。

网页内容

用于浏览网页的浏览器

网页由网址(URL)来识别与存放，访问者在浏览器地址栏中输入网址后，经过一段复杂而又快速的程序，网页将被传送到计算机，然后通过浏览器程序解释页面内容，并最终展示在显示器上。例如，在浏览器中输入网址访问网站：

http://www.bankcomm.com

实际上在浏览器中打开的是：http://www.bankcomm.com/BankCommSite/cn/index.html文件，其中index.html是www.bankcomm.com网站服务器主机上默认的主页文件。

知识点滴

在网页上右击鼠标，在弹出的菜单中选择【查看源文件】命令，就可以通过记事本看到网页的实际内容。用户可以看到，网页实际上只是一个纯文本文件。

2 网站的概念

网站(WebSite)，是指在互联网上，根据一定的规则，使用HTML、ASP、PHP等工具制作的用于展示特定内容的相关网页集合，其建立在网络基础之上，以计算机、网络和通信技术为依托，通过一台或多台计算机向访问者提供服务。

按照网站形式的不同，网站可以分为以下几种类型。

● 门户网站：门户网站是一种综合性网

站，此类网站一般规模庞大，涉及领域广泛，如搜狐、网易、新浪、凤凰网等。

💡 **个人网站**：个人网站是由个人开发建立的网站，在内容形式上具有很强的个性化，通常用于渲染自己或展示个人的兴趣爱好。

💡 **专业网站**：专业网站指的是专门以某种主题内容而建立的网站，此类网站一般以某一个题材作为内容。

💡 **职能网站**：职能网站具有专门的功能，如政府、银行、电子商务网站等。

1.1.2 网页的常见类型

网页的类型众多，一般情况下可以按其在网站中的位置进行分类，也可以按其表现形式进行分类。

1 按位置分类

网页按其在网站中的位置可分为主页和内页。主页一般指进入网站时显示的第一个页面，也称"首页"，例如下图所示的电商网站首页。

内页则指的是通过各种文本或图片超链接，与首页相链接的其他页面，也称网站的"内部页面"。

2 按表现形式分类

按表现形式分类，可以将常见的网页类型分为静态网页与动态网页两种。网页程序是否在服务器端运行，是区分静态网页与动态网页的重要标志，在服务器端运行的网页(包括程序、网页、组件等)，属于动态网页(动态网页会随不同用户、不同时间，返回不同的网页)。而运行于客户端的网页程序(包括程序、网页、插件、组件等)，则属于静态网页。静态网页与动态网页各有特点，具体如下。

💡 **静态网页**：静态网页是不包含程序代码的网页，它不会在服务器端执行。静态网页内容经常以HTML语言编写，在服务器端以.htm或是.html文件格式储存。对于静态网页，服务器不执行任何程序就把HTML页面文件传给客户端的浏览器直接进行解读工作，所以网页的内容不会因为执行程序而出现不同的内容。

💡 **动态网页**：动态网页是指网页内含有程序代码，并会被服务器执行的网页。用户浏览动态网页须由服务器先执行网页中的程序，再将执行完的结果传送到用户浏览器中。动态网页和静态网页的区别在于，动态网页会在服务器执行一些程序。由于执行程序时的条件不同，所以执行的结果也可能会有所不同，最终用户所看到的网页内容也将不同。

1.1.3 网页页面的组成元素

网页是一个纯文本文件，其通过HTML、CSS等脚本语言对页面元素进行标识，然后由浏览器自动生成页面。组成网页的基本元素通常包括文本、图像、超链接、Flash动画、表格、交互式表单以及导航栏等。

常见网页基本元素的功能如下。

🔵 文本：文本是网页中最重要的信息载体，网页所包含的主要信息一般都以文本形式为主。文本与其他网页元素相比，其效果虽然并不突出，但却能表达更多的信息，更准确地表达信息的内容和含义。

🔵 图像：图像元素在网页中具有提供信息并展示直观形象的作用。用户可以在网页中使用GIF、JPEG或PNG等多种格式的图像文件(目前，应用最为广泛的网页图像文件是GIF和JPEG两种)。

用作网页背景的图片

用于描述网页内容的文本

🔵 超链接：超链接是从一个网页指向另一个目的端的链接，超链接的目的端可以是网页，也可以是图片、电子邮件地址、文件和程序等。当网页访问者单击页面中的某个超链接时，超链接将根据自身的类型以不同的方式打开目的端。例如，当一个超链接的目的端是一个网页时，将会自动打开浏览器窗口，显示出相应的页面内容。

🔵 导航栏：导航栏在网页中表现为一组超链接，其链接的目的端是网站中的重要页面。在网站中设置导航栏可以使访问者既快又简单地浏览站点中的相应网页。

单击导航栏中的超链接切换网页

🔵 交互式表单：表单在网页中通常用于联系数据库并接受访问者在浏览器端输入的数据。表单的作用是收集用户在浏览器上输入的联系资料、接受请求、反馈意见、设置署名以及登录信息等。

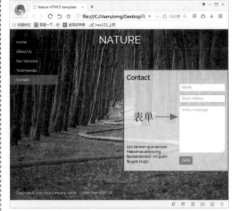

表单——

● Flash动画：Flash动画在网页中的作用是有效地吸引访问者更多的关注。用户在设计与制作网页的过程中，可以通过在页面中加入Flash动画，使网页的整体效果更加生动、活泼。

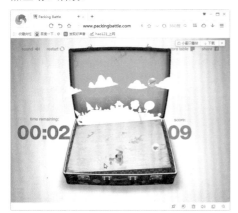

● 表格：表格在网页中用于控制页面信息的布局方式，其作用主要体现在两个方法：一方面是通过使用行和列的形式布局文本和图形等列表化数据；另一方面则是精确控制网页中各类元素的显示位置。

1.1.4 网页制作的相关概念

在网页制作过程中，常常会接触到一些网络概念，如因特网(Internet)、万维网、浏览器、HTML、电子邮件、URL、域名等，下面将对这些概念进行简单的介绍。

1 因特网

因特网(Internet)又称为互联网，是一个把分布于世界各地的计算机用传输介质互相连接起来的网络。Internet提供的主要服务有万维网(www)、文件传输协议(FTP)、电子邮件(E-mail)以及远程登录等。

2 万维网

万维网(World Wide Web，简称www或3w)，它是无数个网络站点和网页的集合，也是Internet提供的最主要的服务，它是由多媒体链接而形成的集合，通常我们上网时使用浏览器访问网页看到的就是万维网的内容。

3 浏览器

浏览器是指将互联网上的文本文档(或其他类型的文件)翻译成网页，并让用户与这些文件交互的一种软件，主要用于查看网页内容。

目前，被广大网民常用的浏览器有以下几种。

● 谷歌浏览器：Google Chrome，又称Google浏览器，是一款由Google(谷歌)公司开发的开放原始码网页浏览器。

● 火狐浏览器：Mozilla Firefox(火狐)浏览器，是一款开源网页浏览器，该浏览器使用Gecko引擎(即非IE内核)编写，由Mozilla基金会与数百个志愿者共同开发。

● 360安全浏览器：360安全浏览器是一款互联网上安全的浏览器，该浏览器和360安全卫士、360杀毒等软件都是360安全中心的系列软件产品。

● Windows操作系统自带的浏览器：微软公司开发的Windows 10系统提供Microsoft Edge浏览器，而在旧版本的Windows系统(例如Windows 7/8/XP等)中则提供Internet Explorer浏览器。

4 HTML

HTML(HyperText Markup Language)即超文本标记语言，是一种用于制作超文本文档的简单标记语言，也是制作网页最基本的语言，它可以直接由浏览器执行，本书将在后面的章节中具体介绍HTML语言在网页制作中的具体应用。

5 URL

URL(Uniform Resource Locator)是用于完整地描述Internet上网页和其他资源地址的一种标识方法。Internet上的每一个网页都具有一个唯一的名称标识，通常称之为URL地址，这种地址可以是电脑上的本地磁盘，也可以是局域网上的某一台计算机，而其更多的是Internet上的站点。简单地说，URL就是网页地址，俗称网址。

6 电子邮件

电子邮件又称为E-mail，是目前Internet上使用最多的一种服务。电子邮件是利用计算机网络的电子通信功能传输信件、单据、资料等电子媒体信息的通信方式，它最大的特点是人们可以在任何地方、任何时间收发包含文件、文本或图片的信件，大大提高了人与人之间的沟通效率。

7 域名

域名(Domain Name)是由一串用点分隔的名字组成的Internet上某一台计算机或计算机组成的名称，用于在数据传输时标识计算机的电子方位(有时也指地理位置)，目前域名已经成为互联网的品牌、网上商标保护必备的产品之一。

8 FTP

FTP(File Transfer Protocol)即文件传输协议，是一种快速、高效的信息传输方式，通过该协议可以把文件从一个地方传输到另一个地方。

FTP是一个8位的客户端-服务器协议，能操作任何类型的文件而不需要进一步处理。但是FTP服务有着极高的延时，从开始请求到第一次接受需求数据之间的时间会非常长，并且必须不时的执行一些冗长的登录进程。

9 IP 地址

所谓IP地址就是给每个连接在Internet上的主机分配的一个32位地址。按照TCP/IP协议固定，IP地址用二进制表示，每个IP地址长32位，换算成字节，就是4个字节。例如一个采用二进制形式的IP地址是：

00001010000000000000000000000001

这么长的地址，人们处理起来会很费力。为了方便使用，IP地址经常被写成十进制的形式，使用(.)符号将不同的字节分开。于是，上面的IP地址可以表示为：10.0.0.1。IP地址的这种表示方法称为点分十进制表示法，这显然比1和0容易记忆。

10 上传和下载

上传(Upload)是指从本地计算机(一般称客户端)向远程服务器(一般称服务器端)传送数据的行为和过程。

下载(Download)指的是从远程服务器取回数据到本地计算机的过程。

1.2 网站设计常用流程

在正式开始制作用于网站的网页之前，首先要考虑网站的主题，然后根据主题来制作演示图板，并准备各个网页上要插入的文字、图像、多媒体文件等元素，这些都准备好了以后就可以开始制作网页了。本节将简单介绍设计网页的常用流程。

1.2.1 网站策划

网站界面是人机之间信息交互的画面。交互是一个集合计算机应用、美学、心理学和人机工程学等各学科领域的行为，其目标是促进设计、执行和优化信息与通信系统，以及满足用户的需要。在设计工作所需的网站之前，最先需要考虑的是网页的理念，也就是决定网页的主题以及构成方式等内容。如果不经过策划直接进入网页制作阶段，可能会导致网页结构出现混乱、操作加倍等各种各样的问题，合理地策划则会大幅度缩短网页制作的时间。

1 确定网站主题

在策划网站时，需要确定网站的主题。商业性网站会体现企业本身的理念，制作网页时可以根据这种理念来进行设计；而对于个人网站，则需要考虑以下问题。

 网站的目的：制作网站应先想清楚为什么要制作网站。根据制作网站的理由以及目的决定网站的性质。例如，要把个人所掌握的信息传达给其他人，可以制作讲座型的网站。

 网站的有益性：即使是个人网站，也需要为访问者提供有利的信息或能够作为相互交流意见的空间，在自己掌握的信息不充分时，可以从访问者处收集一些有用的信息。

 是否更新：网站的生命力体现在其更新的频率上，如果不能经常更新，可以在网站首页的公告栏中公布最近的信息。

2 预测浏览者

确定网站的主题后，用户还需要简单预测一下访问者的群体。例如，教育性质的网站的对象可能是成人，也可能是儿童。如果以儿童为对象，最好使用活泼可爱的风格来设计页面，同时采用比较简单的链接的结构。

3 绘制演示图板

确定了网站主题和目标访问者后，就可以划分栏目了。需要考虑的是：网站分为几个栏目，各栏目是否再设计子栏目，若设计子栏目，需要设计几个等。

在网站首页设置导航时，最好将相似内容的栏目合并起来，以【主栏目】>【子栏目】>【子栏目】的形式细分，但要注意避免单击五六次才能找到目标页面的情况发生，因为那样会给访问者带来诸多不便。

在确定好栏目后，再考虑网站的整体设计，在一张纸上画出页面中的导航位置、文本和图像的位置，这种预先画出的结构就称为演示图板。

1.2.2 收集素材

确定了网站的性质和主题，就可以确认网站设计所需的素材了。根据网站建设的基本要求，收集资料和素材，包括文本、音频、动画、视频及图片等。素材资料收集的越充分，制作网站就越容易。

搜索网站制作素材不仅可以自己动手制作，还可以通过网上下载。下面将介绍几种下载网页中包含的文本、图片、动画等素材资料的技巧。

1 下载网页中被锁定的文字

大多数网页中的文字，可以在将其选中后，使用Ctrl+C组合键将其复制，但是也有一些网页中的文本，因为种种原因进行了防复制设置，用户不能在页面中直接复制。此时，可以参考以下方法，通过查看网页源代码的方式将其复制(本例以360安全浏览器为例)。

01 打开网页后，右击页面，在弹出的菜单中选择【查看源代码】命令。

02 此时，将在浏览器中显示当前网页的源代码，向下移动页面找到所需的文本，右击鼠标，在弹出的菜单中选择【复制】命令，即可将文本复制。

网页代码中包含网页中所有的文本

03 打开一个文本文档，将鼠标指针置入其中，按下Ctrl+V组合键。

2 下载网页中无法保存的图片

一般情况下，右击网站页面中的图片，在弹出的菜单中选择【图片另存为】命令，即可将页面中的图片保存至计算机中。但也有一些网页，因为其中进行了一些设置，无法直接下载页面的图片，此时用户可以参考下面介绍的方法，下载其中的图片。

01 打开网页后，右击页面中的图片，在弹出的菜单中选择【审查元素】命令。

02 此时，在浏览器底部将显示如下图所示网页源代码窗格。

03 在源代码窗格顶部中选择Resources选项，在窗格左侧显示如下图所示的列表。

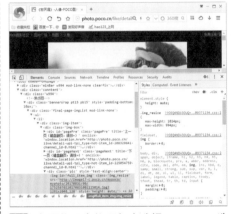

显示的列表框

04 在上图所示的列表框中展开Fames文件夹下的Image子文件夹，该文件夹就是当前网页中用于保存图片的文件夹。

05 在Image子文件夹中选中并右击需要下载的图片，在弹出的菜单中选择Open link in new tab命令。

06 此时，将在一个新的浏览器选项卡中单独打开选中的图片，右击该图片，在弹出的菜单中选择【图片另存为】命令，即可下载网页中的图片。

3 下载网页动画、视频和音频

要通过网络下载视频、动画等多媒体素材，用户可以参考下面介绍的方法操作。

01 打开包含视频和动画的网页后，右击页面空白处，在弹出的菜单中选择【审查元素】命令。

02 打开源代码窗口，选择Network选项，按下F5键刷新当前页面。

03 此时，页面内的所有从服务器请求的文件地址都会被分析出来，包括音频、视频、Flash动画等。

网页中图片、音频、视频列表

04 Flash动画一般的后缀名都是.swf；视频文件的后缀名为.mp4；音频文件的后缀名为.flv或.mp3，右击要下载的文件，在弹出的菜单中选择Copy link address命令。

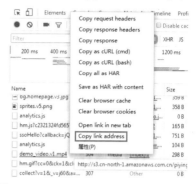

05 打开一个新的浏览器标签卡，将鼠标指针置入地址栏中，按下Ctrl+V组合键，将复制的网址粘贴至地址栏中。

06 按下回车键确认，在打开的对话框中单击【下载】按钮，即可将网页中的多媒体素材下载至计算机硬盘中。

1.2.3 规划站点

资料和素材收集完成后，就要开始规划网站的布局和划分结构了。对站点中所使用的素材和资料进行管理和规划，对网站中栏目的设置、颜色的搭配、版面的设计、文字图片的运用等进行规划，以便于今后对网站进行管理。

1.2.4 制作网页

网页制作是一个复杂而细致的过程，在使用Dreamweaver制作时，一定要按照先大后小、先简单后复杂的顺序来制作。所谓先大后小，就是在制作网页时，先把大的结构设计好，然后再逐步完善小的结构设计。所谓先简单后复杂，就是先设计出简单的内容，然后再设计相对复杂的内容，以便在出现问题时及时进行修改。

1.2.5 测试站点

网页制作成功后，需要将其上传到测试空间进行网站测试。网站测试的内容主要包括检查浏览器的兼容性、超链接的正确性、是否有多余的标签以及语法错误等。

1.2.6 发布站点

在正式发布网站之前，用户应申请域名和网络空间，同时还要对本地计算机进行相应的配置。

用户可以利用上传工具将网站发布至Internet供浏览者访问。网站上传工具有很多，有些网页制作工具本身就带有FTP功能，利用它们可以很方便地把网站发布到申请的网页服务器空间上。

1.3 Dreamweaver 工作界面

Dreamweaver 是一款可视的网页制作与编辑软件，它可以针对网络及移动平台设计、开发并发布网页。Dreamweaver 提供直觉式的视觉效果界面，可用于建立及编辑网站，并与最新的网络标准相兼容 (同时对 HTML5/CSS3 和 jQuery 等提供支持)。本节将主要介绍 Dreamweaver 的工作界面和与界面相关的基本操作，帮助用户初步了解该软件的使用方法。

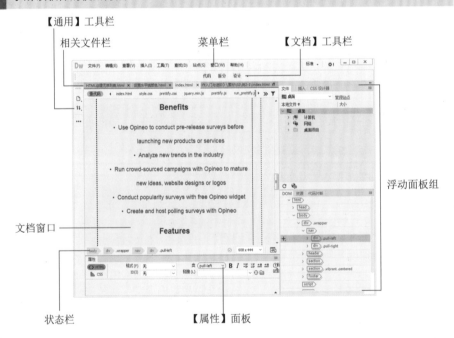

【通用】工具栏　相关文件栏　菜单栏　【文档】工具栏　浮动面板组　文档窗口　状态栏　【属性】面板

下面将别介绍Dreamweaver工作界面中各主要区域的功能。

1 菜单栏

Dreamweaver CC 2017软件的菜单栏提供了各种操作的标准菜单命令，它由【文件】、【编辑】、【查看】、【插入】、【工具】、【查找】、【站点】、【窗口】和【帮助】9个菜单命令组成。选择任意一个菜单项，都会弹出相应的菜单，使用菜单中的命令基本上能够实现Dreamweaver所有的功能。

2 【文档】工具栏

Dreamweaver CC 2017的【文档】工具栏主要用于在文档的不同视图模式间进行快速切换，其包含代码、拆分和设计3个按钮，单击【设计】按钮，在弹出的列表中还包括【实时视图】选项。

💠【代码】按钮：用于在文档窗口中显示网页源代码视图。

💠【拆分】按钮：用于在文档窗口中同时显示HTML源代码和设计视图。

💠【设计】按钮：系统默认的文档窗口视图模式，显示设计视图。

💠【实时视图】选项：可以在实际的浏览器条件下设计网页，如下图所示。

网页的实时预览效果

3 文档窗口

文档窗口也就是设计区，它是Dreamweaver进行可视化编辑网页的主要区域，可以显示当前文档的所有操作效果，例如，插入文本、图像、动画等。

4 【属性】面板

在Dreamweaver中选择【窗口】|【属性】命令，可以在软件窗口中显示【属性】面板，该面板中，用户可以查看并编辑页面上文本或对象的属性，该面板中显示的属性通常对应于标签的属性，更改属性通常与在【代码】视图中更改相应的属性具有相同的效果。

5 浮动面板组

Dreamweaver的浮动面板组位于软件界面的右侧，用于帮助用户监控和修改网页，其中包括插入、文件、CSS设计器、DOM、资源和代码片段等默认面板。用户可以在菜单中选择【窗口】命令，在弹出的菜单中选择相应的命令，在浮动面板组中打开设计网页所需的其他面板，例如资源、Extract、CSS过渡效果等面板。

另外，用户还可以按下F4键隐藏或显示Dreamweaver中所有的面板。

6 【通用】工具栏

在Dreamweaver CC 2017工作界面左侧的编码工具栏中，允许用户使用其中的快捷按钮，快速调整与编辑网页代码。

文件管理
打开文档
自定义工具栏

在Dreamweaver【设计】视图中打开一个网页文档，通用工具栏中默认只显示上图所示的打开文档、文件管理和自定义工具栏等3个按钮。

● 【自定义工具栏】按钮 ⋯：用于自定义工具栏中的按钮，单击该按钮，在打开的【自定义工具栏】对话框，用户可以在工具栏中增加或减少按钮的显示。

● 【文件管理】按钮 ↑↓：用于管理站点中的文件，单击该按钮后，在弹出的列表中包含获取、上传、取出、存回、在站点定位等选项。

● 【打开文档】按钮 ▭：用于在Dreamweaver中已打开的多个文件之间相互切换。单击该按钮后，在弹出的列表中将显示已打开的网页文档列表。

通用工具栏中大部分的按钮，主要用于在【代码】视图中辅助对网页源代码的编辑，在【文档】工具栏中单击【代码】按钮，切换到【代码】视图，即可显示其中的所有按钮。

知识点滴

要在 Dreamweaver 中显示或关闭通用工具栏，可以在菜单栏中选择【窗口】|【工具栏】|【通用】命令。

7 相关文件栏

在Dreamweaver工作界面顶部的相关文件栏中显示了与当前网页相关的所有文件(例如.css、.js文件)，单击其中的文件，将切换【拆分】视图，显示相应的代码。

8 状态栏

Dreamweaver状态栏位于工作界面的底部，其左侧的【标签选择器】用于显示当前网页选定内容的标签结构，用户可以在其中选择结构的标签和内容。

标签选择器　错误检查　窗口大小　实时预览

状态栏的右侧包含错误检查、窗口大小和实时预览3个图标，其各自的功能说明如下。

🔵 【错误检查】图标：显示当前网页中是否存在错误，如果网页中不存在错误显示⊘图标，否则显示⊗图标。

🔵 【窗口大小】图标：用于设置当前网页窗口的预定义尺寸，单击该图标，在弹出的列表中将显示所有预定义尺寸。

🔵 【实时预览】图标：单击该图标，在弹出的列表中，用户可以选择在不同的浏览器或移动设备上实时预览网页效果。

1.4 Dreamweaver 站点管理

在 Dreamweaver 中，对同一网站中的文件是以"站点"为单位来进行组织和管理的，创建站点后用户可以对网站的结构有一个整体的把握，而创建站点并以站点为基础创建网页也是比较科学、规范的设计方法。

1.4.1 为什么要创建站点

Dreamweaver中提供了功能强大的站点管理工具，通过站点管理器用户可以轻松实现站点名称以及所在路径定义、远程服务器连接管理、版本控制等操作，并可以在此基础上实现网站文件、素材的管理和模板管理。

1.4.2 创建站点

在Dreamweaver菜单栏中，选择【站点】|【新建站点】命令，将打开如下图所示的【站点设置对象】对话框。

在【站点设置对象】对话框中，用户可以参考以下步骤创建一个本地站点。

01 打开【站点设置对象】对话框，在【站点名称】文本框中输入"新建站点"，然后单击【浏览文件夹】按钮。

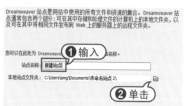

02 打开【选择根文件夹】对话框，选择一个用于创建本地站点的文件夹后，单击【选择文件夹】按钮。

03 返回【站点设置对象】对话框，单击【保存】按钮，完成站点创建。此时，在浮动面板组的【文件】面板中将显示站点文件夹中的所有文件和子文件夹。

【文件】面板

完成站点创建后，Dreamweaver将默认把创建的站点设置为当前站点。如果当前工作界面中【文件】面板没有被显示，用户可以按下F8键将其显示。

1.4.3 编辑站点

对于Dreamweaver中已创建的站点，用户可以通过编辑站点的方法对其进行修改，具体方法如下。

01 在菜单栏中选择【站点】|【管理站点】命令，打开【管理站点】对话框，在【名称】列表框中选中需要编辑的站点。

02 单击对话框左下角的【编辑选定站点】按钮。

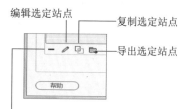

编辑选定站点
复制选定站点
导出选定站点
删除选定站点

03 打开【站点设置对象】对话框，在【站点名称】文本框中将"新建站点"修改为"个人设计网站"，单击【保存】按钮。

04 返回【管理站点】对话框，单击【完

成】按钮即可。此时，【文件】面板中将显示修改后的站点为当前站点。

1.4.4 管理站点

创建站点后，还需要根据网站规划在站点中创建各种频道、栏目文件夹，并在站点根目录中创建相应的网页文件，以及在某些情况下对站点进行【编辑】和【删除】等操作。

1 创建文件夹和文件

在【文件】面板中，用户可以在当前站点中创建文件和文件夹，方法如下。

----------------------------➤

【例1-1】在【个人设计网站】中创建网页文件和文件夹。

🔘视频+素材(光盘素材\第01章\例1-1)

◄----------------------------

01 按下F8键显示【文件】面板，在站点根目录上右击鼠标，在弹出的菜单中选择【新建文件夹】命令。

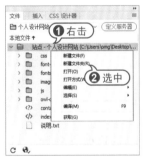

02 此时，将在站点根目录下创建一个名为untitled的文件夹，处于可编辑状态。

03 修改文件夹的名称为相应网站栏目的名称，例如about，按下回车键。

04 在创建的about文件夹上右击鼠标，在弹出的菜单中选择【新建文件】命令，Dreamweaver将在about文件夹下创建一个名为untitled.html的网页文件，并处于可编辑状态。

05 输入about.html，按下回车键确认，命名创建的网页文件。

06 在【文件】面板中双击创建的about.html文件，即可将其打开。

2 删除文件或文件夹

若站点中的某个文件或文件夹不需要再使用，可以参考以下方法将其删除。

01 在【文件】面板中选中需要删除的文件或文件夹。

02 右击鼠标，在弹出的菜单中选择【编辑】|【删除】命令即可。

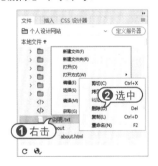

3 重命名文件或文件夹

要重命名站点中的文件或文件夹，用户可以使用以下几种方法之一。

在【文件】面板中选中文件或文件夹后，右击鼠标，在弹出的菜单中选择【编辑】|【重命名】命令。

在【文件】面板中选中文件或文件夹后单击鼠标，间隔1秒后再次单击鼠标。

4 复制站点

当需要新建的站点的各项设置与某个已存在站点的设置基本相同时，用户可以通过复制站点创建两个一样的站点。

在Dreamweaver中复制站点，具体操作方法如下。

01 在菜单栏中选择【站点】|【管理站点】命令，打开【管理站点】对话框，在【名称】列表中选中需要复制的站点，然后单击对话框左下角的【复制选定站点】按钮。

复制选定站点

02 此时，【名称】列中将创建一个复制站点，其后有"复制"文本标注。

03 单击对话框左下角的【编辑选定站点】按钮，对站点的名称和文件夹路径进行修改后，单击【保存】按钮即可。

5 删除站点

当Dreamweaver中的某个站点不再需要时，用户可以参考以下方法将其删除。

01 在菜单中选择【站点】|【管理站点】

命令，打开【管理站点】对话框，在【名称】列表中选中需要删除的站点。

02 单击对话框左下角的【删除选定站点】按钮 −，然后在打开的提示对话框中单击【是】按钮即可。

6 导出和导入站点

为了实现站点信息的备份和恢复，使用户可以同时在多台计算机中进行同一个网站的编辑，需要将站点信息进行导入和导出操作，方法如下。

01 在菜单栏中选择【站点】|【管理站点】命令，打开【管理站点】对话框，在【名称】列表中选中需要导出的站点。

02 单击对话框左下角的【导出选中站点】按钮，打开【导出站点】对话框，选择一个用于保存站点导出文件的文件夹后，单击【保存】按钮即可将站点信息作为文件保存在计算机中。

03 将站点导出文件复制到另一台计算机中，在Dreamweaver中选择【站点】|【管理站点】命令，打开【管理站点】对话框，单击右下角的【导入站点】按钮。

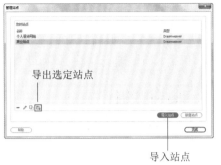

导出选定站点

导入站点

04 打开【导入站点】对话框，选中站点

文件后，单击【打开】按钮即可。

1.5 Dreamweaver 环境设置

使用 Dreamweaver 虽然可以方便地制作和修改网页文件，但根据网页设计的要求不同，需要的页面初始设置也不同。此时，用户可以通过在菜单中选择【编辑】|【首选项】命令，打开下图所示的对话框进行设置。

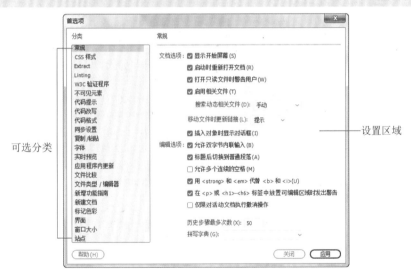

可选分类

设置区域

在上图所示的【首选项】对话框中，用户可以对Dreamweaver的各种基本环境进行设置，例如是否显示"开始屏幕"，是否在启动时自动打开操作过的文档等。下面将介绍其中常用选项的设置功能。

1.5.1 常规设置

Dreamweaver的常规环境设置可以在

【首选项】对话框的【常规】选项区域中设置，分为文档选项和【编辑选项】两部分，下面将详细介绍其各自的功能说明。

1 文档选项

在上图所示的【文档选项】区域中，各个选项的功能说明如下。

● 【显示开始屏幕】复选框：选中该复选

框后，每次启动Dreamweaver时将自动弹出欢迎平面。

🔵【启动时重新打开文档】复选框：选中该复选框后，每次启动Dreamweaver时都会自动打开最近操作过的文档。

🔵【打开只读文件时警告用户】复选框：选中该复选框后，打开只读文件时，将打开如下图所示的提示对话框。

🔵【启用相关文件】复选框：选中该复选框后，将在Dreamweaver文档窗口上方打开源代码栏，显示网页的相关文件。

🔵【搜索动态相关文件】复选框：用于针对动态文件，设置相关文件的显示方式。

🔵【移动文件时更新链接】复选框：移动、删除文件或更改文件名称时，决定文档内的链接处理方式。可以选择【总是】、【从不】和【提示】3种方式。

2 编辑选项

【编辑选项】区域中各选项的功能说明如下。

🔵【插入对象时显示对话框】复选框：设置当插入对象时是否显示对话框。例如，在【插入】面板中单击Table按钮，在网页中插入表格时，将会打开显示指定列数和表格宽度的Table对话框。

🔵【允许双字节内联输入】复选框：选中该复选框后即可在文档窗口中更加方便地输入中文。否则在Dreamweaver中不能输入中文，会出现通过Windows的中文输入系统来输入中文的不便。

🔵【标题后切换到普通段落】复选框：选中该复选框后，在应用了<h1>或<h6>等标签的段落结尾处按下回车键，将自动生成应用<p>标签的新段落(如下图所示)；取

消该复选框的选中状态，则在应用<h1>或<h6>等标签的段落结尾处按下回车键，会继续生成应用<h1>或<h6>等标签的段落。

🔵【允许多个连续的空格】复选框：用于设置Dreamweaver是否允许通过空格键来插入多个连续的空格。在HTML源文件中，即使输入很多空格，在页面中也只显示插入了一个空格，选中该复选框后，可以插入多个连续的空格。

🔵【用<stong>和<em>代替<b>和<i>】复选框：设置是否使用<stong>标签来代替<b>标签、使用<em>标签来代替<i>标签。制定网页标准的3WC提倡的是不使用<b>标签和<i>标签。

🔵【在<p>或<h1>-<h6>标签中放置可编辑区域时发出警告】复选框：选中该复选框，当<p>或<h1>-<h6>标签中放置的模板文件中包含可编辑区域时，打开警告提示。

🔵【历史步骤最多次数】文本框：用于设置Dreamweaver保存历史操作步骤的最多次数。

🔵【拼写字典】按钮：单击该按钮，在弹出的列表中可以选择Dreamweaver自带的拼写字典。

1.5.2 不可见元素设置

当用户通过浏览器查看Dreamweaver中制作的网页时，所有HTML标签在一定程度上是不可见的(例如<comment>标签不会出现在浏览器中)。在设计页面时，用户可能会希望看到某些元素，例如，调整行距时打开换行符
可见性，可以帮助用户了解页面的布局。

在Dreamweaver中打开【首选项】对话框后，在【分类】列表框中选择【不可见元素】选项，在显示的选项区域中允许用户控制13种不同代码(或是它们的符号)的可见性。例如可以指定命名锚记可见，而换行符不可见。

1.5.3 网页字体设置

将计算机中的西文属性转换为中文一直是非常烦琐的问题，在网页制作中也是同样如此。对于不同的语言文字，应该使用不同的文字编码方式。因为网页编码方式直接决定了浏览器中的文字显示。

在Dreamweaver中打开【首选项】对话框后，在【分类】列表框中选择【字体】选项，用户可以对网页中的字体进行以下一些设置。

🔹 【字体设置】列表框：用于指定在Dreamweaver中使用给定编码类型的文档所用的字体集。

🔹 【均衡字体】选项：用于显示普通文本

(如段落、标题和表格中的文本)的字体，其默认值取决于系统中安装的字体。

🔹 【固定字体】选项：用于显示<pre>、<code>和<tt>标签内文本的字体。

🔹 【代码视图】选项：用于显示代码视图和代码检查器中所有文本的字体。

1.5.4 文件类型/编辑器设置

在【首选项】对话框中的【分类】列表框中选择【文件类型/编辑器】选项，将显示如下图所示的选项区域。

在上图所示的【文件类型/编辑器】选项区域中，用户可以针对不同的文件类型，分别指定不同的外部文件编辑器。

以图像为例，Dreamweaver提供了简单的图像编辑功能。如果需要进行复杂的图像编辑，可以在Dreamweaver中选择图像后，调出外部图像编辑器进行进一步的修改。在外部图像编辑器中完成修改后，返回Dreamweaver，图像会自动更新。

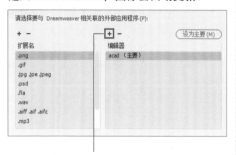

添加关联外部应用程序

1.5.5 界面颜色设置

在【首选项】对话框的【分类】列表框中选择【界面】选项，在显示的选项区域中，用户可以设置Dreamweaver工作界面和代码颜色。

1.6 Dreamweaver 代码编辑

每一种可视化的网页制作软件都提供源代码控制功能，即在软件中可以随时调出源代码进行修改和编辑，Dreamweaver 也不例外。在 Dreamweaver 的【文件】工具栏中单击【代码】按钮，将显示如下图所示的【代码】视图，在该视图中以不同的颜色显示 HTML 代码，可以帮助用户处理各种不同的标签。

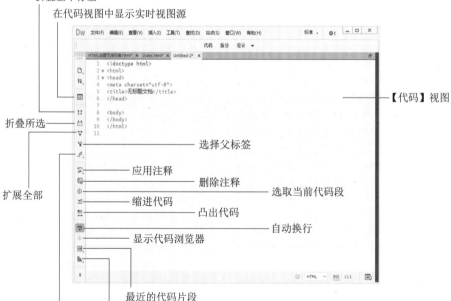

折叠整个标签

在代码视图中显示实时视图源

折叠所选

扩展全部

【代码】视图

选择父标签

应用注释

删除注释

选取当前代码段

缩进代码

凸出代码

自动换行

显示代码浏览器

最近的代码片段

格式化源代码   移动或转换 CSS

如上图所示【通用】工具栏位于【代码】视图窗口的左侧，其中对于编辑网页代码有帮助的按钮功能说明如下。

💬 在代码视图中显示实时视图源⊡：切换【拆分】视图，并在该视图的上方显示实时视图。

💬 折叠整个标签⁝⁝：将鼠标光标插入代码视图中单击该按钮，将折叠光标所处代码的整个标签(按住Alt键单击该按钮，可以折叠光标所处代码的外部标签)。折叠后的标签效果如下图所示。

```
15    </head>
16 ▶  <body> <div class="wrapper...</html>
```

💬 折叠所选⁝⁝：折叠选中的代码。

💬 扩展全部⁝⁝：还原所有折叠的代码。

💬 选择父标签🔧：可以选择放置了鼠标插入点的那一行的内容以及两侧的开始标签和结束标签。如果反复单击该按钮且标签是对称的，则Dreamweaver最终将选择最外部的<html>和</html>标签。

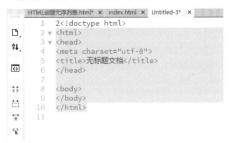

💬 选取当前代码片段🔧：选择放置了插入点的那一行的内容及其两侧的圆括号、大括号或方括号。如果反复单击该按钮且两侧的符号是对称的，则Dreamweaver最终将选择文档最外面的大括号、圆括号或方括号。

💬 应用注释🗨：在所选代码两侧添加注释标签或打开新的注释标签。

```
8    <body><!--在这里加入注释-->
9    </body>
```

💬 删除注释🗨：删除所选代码的注释标

签。如果所选内容包含嵌套注释，则只会删除外部注释标签。

💬 格式化源代码✎：将先前指定的代码格式应用于所选代码。如果未选择代码块，则应用于整个页面。也可以通过单击该按钮并从弹出的下拉列表中选择【代码格式设置】选项来快速设置代码格式首选参数，或通过选择【编辑标签库】选项来编辑标签库。

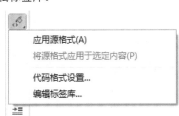

💬 缩进代码⇥：将选定内容向右缩进。

```
15    </head>
16 ▼  <body>
17 ▶     <div class="wrapper"> <nav...
122   <script src="js/jquery.min.js"></script>
```

💬 凸出代码⇤：将选定内容向左移动。

💬 显示代码浏览器 ⁎：打开下图所示的代码浏览器。代码浏览器可以显示与页面上特定选定内容相关的代码源列表。

💬 最近的代码片段⊡：可以从【代码片段】面板中插入最近使用过的代码片段。

💬 移动或转换CSS🗨：可以转换CSS行内样式或移动CSS规则。

1.6.1 使用快速标签编辑器

在制作网页时，如果用户只需要对一个对象的标签进行简单的修改，那么启用HTML代码编辑视图就显得没有必要了。此时，可以参考下面介绍的方法使用快速标签编辑器。

01 在【设计】视图中选中一段文本作为

编辑标签的目标，然后在【属性】面板中单击【快速标签编辑器】按钮，打开如下图所示的标签编辑器。

02 在快速标签编辑器中输入<h1>，按下回车键确认，即可快速编辑文字标题代码。

1.6.2 使用【代码片段】面板

在制作网页时，选择【窗口】|【代码片断】命令，可以在Dreamweaver工作界面右侧显示下图所示的【代码片断】面板。

在【代码片断】面板中，用户可以存储HTML、JavaScript、CFML、ASP、JSP等代码片段，当需要重复使用这些代码时，可以很方便地调用，或者利用它们创建并存储新的代码片段。

在【代码片断】面板中选中需要插入的代码片段，单击面板下方的【插入】按钮，即可将代码片段插入页面。

在【代码片断】面板中选择需要编辑的代码片段，然后单击该面板下部的【编

辑代码片断】按钮，将会打开如下图所示的【代码片断】对话框，在此可以编辑原有的代码。

如果用户编写了一段代码，并希望在其他页面能够重复使用，在【代码片断】面板创建属于自己的代码片段，就可以轻松实现代码的重复使用，具体方法如下。

01 在【代码片断】面板中单击【新建代码片断文件夹】按钮，创建一个名为user的文件夹，然后单击面板下方的【新建代码片断】按钮。

02 打开【代码片断】对话框，设置好各项参数，单击【确定】按钮即可将用户自己编写的代码片段加入到【代码片断】面板中的user文件夹中。这样就可以在设计任意网页时随时取用该代码片段。

【代码片断】文本框中主要选项的功能说明如下。

◖ 【名称】文本框：用于输入代码片段的名称。

◐ 【描述】文本框：用于对当前代码片断进行简单的描述。

◐ 【触发键】文本框：用于设置代码片断的触发键。

◐ 【插入代码】文本框：用于输入代码片断的内容。

1.6.3 优化网页源代码

在网页制作的过程中，用户经常要从其他文本编辑器中复制文本或一些其他格式的文件，而这些文件中会携带许多垃圾代码和一些Dreamweaver不能识别的错误代码，不仅会增加文档的大小，延长网页载入时间，使网页浏览速度变得很慢，甚至还可能会导致错误。

此时，我们可以通过优化HTML源代码，从文档中删除多余的代码，或者修复错误的代码，使Dreamweaver可以最大限度优化网页，提高代码质量。

1 清理 HTML 代码

在菜单栏中选择【工具】|【清理HTML】命令，可以打开如下图所示的【清理HTML/XHTML】对话框，辅助用户选择网页源代码的优化方案。

【清理HTML/XHTML】对话框中各选项的功能说明如下。

◐ 空标签区块：<font color="F0000"></font>就是一个控表器，选中该复选框后，类似的标签将会被删除。

◐ 多余的嵌套标签：例如在"<i>HTML语言在</i>快速普及</i>"这段代码中，内层

与标签将被删除。

◐ 不属于Dreamweaver的HTML标签：类似<!—begin body text-->这种类型的注释将被删除，而类似<!--#BeginEditable"main"-->这种注释则不会被删除，因为它是由Dreamweaver生成的。

◐ Dreamweaver特殊标记：与上面一项正好相反，该选项只清理Dreamweaver生成的注释，这样模板与库页面都将会变为普通页面。

◐ 指定的标签：在该选项后文本框中输入需要删除的标签，并选择该复选框即可。

◐ 尽可能合并嵌套的<font>标签：选中该复选框后，Dreamweaver将可以合并的<font>标签合并，一般可以合并的<font>标签都是控制一段相同文本的，如<fontsize "6" ><fontcolor="#0000FF">HTML语言</font></font>标签就可以合并。

◐ 完成时显示动作记录：选中该复选框后，处理HTML代码结束后将打开一个提示对话框，列出具体的修改项目。

在【清理HTML/XHTML】对话框中完成HTML代码的清理方案设置后，单击【确定】按钮，Dreamweaver将会用一段时间进行处理，如果选中对话框中的【完成时显示动作记录】复选框，将会打开如下图所示的清理提示对话框。

2 清理 Word 生成的 HTML 代码

Word是最常用的文本编辑软件，很多用户经常会将一些Word文档中的文本复制到Dreamweaver中，并运用到网页上，

因此不可避免地会生成一些错误代码、无用的样式代码或其他垃圾代码。此时，在菜单栏中选择【工具】|【清理Word生成的HTML】命令，打开下图所示的【清理Word生成的HTML】对话框，对网页源代码进行清理。

【清理Word生成的HTML】对话框包含【基本】和【详细】两个选项卡，上图所示的【基本】选项卡用于进行基本参数设置；下图所示的【详细】选项卡用于对清理Word特定标记和CSS进行设置。

【清理Word生成的HTML】对话框中比较重要的选项功能说明如下。

🔹 清理的HTML来自：如果当前HTML文档是用Word 97或Word 98生成的，则在该下拉列表框中选择【Word 97/98】选项；如果HTML文档是用Word 2000或更高版本生成的，则在该下拉列表框中选择【Word 2000及更高版本】选项。

🔹 删除所有Word特定的标记：选中该复选框后，将清除Word生成的所有特定标记。如果需要有保留地清除，可以在【详细】选项卡中进行设置。

🔹 清理CSS：选中该复选框后，将尽可能地清除Word生成的CSS样式。如果需要有保留地清除，可以在【详细】选项卡中进行设置。

🔹 清理<font>标签：选中该复选框后，将清除HTML文档中的<font>语句。

🔹 修正无效的嵌套标签：选中该复选框后，将修正Word生成的一些无效HTML嵌套标签。

🔹 应用源格式：选中该复选框后，将按照Dreamweaver默认的格式整理当前HTML文档的源代码，使用文档的源代码结构更清晰，可读性更高。

🔹 完成时显示动作记录：选中该复选框后，将在清理代码结束后显示执行了哪些操作。

🔹 移除Word特定的标记：该选项组中包含5个选项，用于清理Word特定标签并进行具体的设置。

🔹 清理CSS：该选项组包含4个选项，用于对清理CSS进行具体设置。

在【清理Word生成的HTML】对话框中完成设置后，单击【确定】按钮，Dreamweaver将开始清理代码，如果选中了【完成时显示动作记录】复选框，将打开结果提示对话框，显示执行的清理项目。

1.7 网页源代码技术简介

虽然网络是一个充满变化，日新月异的空间，新技术、新应用层出不穷，但在这些技术的背后，有三项技术是所有高级网页制作技术的核心与基础，那就是 HTML 语言、CSS 层叠样式表和 JavaScript 脚本语言。本节就将简单介绍这三项技术在网页制作中的应用。

1.7.1 HTML 语言

HTML语言是一套指令，这些指令将为用户所使用的浏览器如何显示附加的文本和图像提出指导。浏览器可以识别页面的类别，是基于页面中的起始标签<html>和结束标签</html>来实现的。绝大多数的HTML标签都是成对出现的，在这些标签中，结束标签一般是用右斜杠加关键字来表示的。

```
2 ▼ <html>
3 ▼ <head>
4   <title>文档标题</title>
5   ...
6   </head>
7 ▼ <body>
8   ...|
9   </body>
10  </html>
```

HTML页有两个主要的部分：头部和主体。所有有关整个文档的信息都包含在头部中，即<head>与</head>标签对中，如标题、描述、关键字；可以调用的任何语言的子程序都包含在主体中，网页中的内容页放置在主体中。所有的文本、图形、嵌入的动画、Java小程序和其他页面元素都位于主体中，即起始标签<body>和结束标签</body>之间。

HTML文档包括定义文档内容的文本和定义文档结构及外观的标签。HTML文档的结构很简单，最外层由<html>标签组成，其中是文档的头部和主体部分。在上图所示的代码中，可以看到一个标准的HTML文档的基本语法结构，编写HTML文档的时候，必须遵循HTML语法规则。一个完整的HTML文档由标题、段落、列表、单词及嵌入的各种对象组成。我们通常将这些逻辑上统一的对象称为元素，HTML使用

标签来分割并描述这些元素。实际上整个HTML文档就是由元素与标签组成的。

1 **<html> 标签**

<html>标签表示当前文档为HTML文档。它能帮助人们更好地阅读HTML代码。也就是说，这个标签可以方便其他工具，尤其是文字处理工具识别出文档是HTML文档。<html>开始和结束标签可以保证用户不会在无意间删掉文档的开始或结束部分。

2 **<head> 标签**

<head>标签对中包含文档的标题、文档使用的脚本、样式定义和文档名信息。并不是所有的浏览器都要求有这个标签，但大多数浏览器都需要在<head>标签对中找到关于文档的补充信息。此外<head>标签对中还可以包含搜索工具和索引程序所需要的其他信息的标签。

3 **<title> 标签**

<title>标签：<title>标签是HTML规范所要求的，它包含文档的标签。标题并不出现在浏览器窗口中，而是显示在浏览器标题栏上，在起始标签和结束标签之间可以放上简述文档内容的标题。

4 **<body> 标签**

<body>标签：<body>标签对中包含浏览器中显示的所有标签和属性，绝大多数内容都可以体现在<body>标签对中。

大多数标签都有一个开始标签和一个结束标签，它们之间的内容都属于标签影响的范围。中间包括的部分可能很大，也

可能很小，可以是一个单独的文本字符或一个词，或者是整个文档。与起始标签对应的结束标签只是在标签名称前面加一条右斜杠，并没有属性。

所有的标签都有一个标签名称，有些标签后面还有一个可选的属性列表，所有这些都放在括号<>之间。最简单的标签是用括号括起来的一个名称，例如<head>和<body>，复杂些的标签则具有一个或多个属性，用于指定或者修改标签的行为。

根据HTML标准，标签和属性名不区分大小写，即<head>、<Head>或者<HEAD>没有任何区别，它们的作用都是一样的。如果赋予特定属性的值可能需要区分大小写，这取决于所使用的浏览器和服务器，尤其是对文件位置和名称的引用以及统一资源定位符(URL)，这些都要区分大小写。

如果标签有属性，那么这些属性将跟随在标签名称后，每个属性都由一个或者多个制表符、空格或者回车符分开，它们出现的顺序无关紧要。

在HTML中，如果属性的值是一个单独的词或数字(没有空格)，那么直接将该值放在等号的后面即可，其他所有的值都必须加上单引号或双引号，尤其是那些含有空格分开的多个词的值。

1.7.2 CSS 层叠样式表

CSS是Cascading Style Sheets的缩写，一般译为层叠样式表。CSS最早于1997年推出，它的出现弥补了HTML语言的很多不足，使网页格式更容易被控制。到目前为止，基本上每个网页的设计都使用了CSS。

简单地说，样式是一个规则，它告诉浏览器如何表现特定的HTML标签中的内容。每个标签都有一系列相关的样式属性，它们的值决定了浏览器将如何显示这个标签。一条规则定义了标签中一个或几个属性的特定值。引用样式表的方法有三

种：通过内联样式表、通过文档级样式表、通过外部样式表。在文档中可以使用一种或者多种样式表，浏览器会将每个样式表的样式定义合并在一起或者重新定义标签内容的样式特性。

实际上，最好使用CSS来控制网页的文本属性和格式，这样才能达到比较美观的效果。网页设计最初是用HTML标签来定义页面文档及格式，例如标题为<h1>、段落为<p>、表格为<table>、链接为<a>等，但这些标签不能满足更多的文档样式需求，为了解决这个问题，W3C在颁布HTML标准的同时也公布了相关样式表的标注。

用户可以利用CSS精确地控制网页中每一个元素的字体样式、背景、排列方式、区域尺寸以及四周加入的边框等。比如，可以用CSS设置链接文本未被单击时呈现蓝色，当鼠标光标移动到链接上时，文本变成白色并且具有蓝色背景色。使用CSS还能够简化网页的格式代码，加快网页载入的速度，使用外部样式表还可以同时定义多个页面，大大减少网页制作的工作量。

W3C将DHTML(Dynamic HTML)分为三个部分来实现：脚本语言、支持动态效果的浏览器和CSS样式表。W3C自CSS1、CSS2版本之后，又发布了CSS3版本,样式表得到了更多充实。在网页中引用CSS样式表有三种方法，分别为通过内联样式表、通过文档样式表和通过外部样式表。

1 内联样式表

内联样式是连接样式和标签的最简单的方式，只需要在标签中包含一个style属

性，后面再跟一列属性及属性值即可。浏览器会根据样式属性及属性值来表现标签中的内容。

使用 Style 属性声明 h3 标签的样式

```
 8 ▼ <h3 style="font-size: 10pt">
 9   文本1
10   </h3>
11 ▼ <span style="font-size: 12px">
12   文本2
13   </span>
```

使用 Style 属性声明 span 标签的样式

知识点滴

上图所示的写法虽然直观，但是无法体现出层叠样式表的优势，因此不推荐使用。

2 文档样式表

将文档样式表放在<head>内的<style>标签和</style>标签之间，将会影响文档中所有具有相同标签的内容。在<style>和</style>标签之间的所有内容都将被看作是样式规则的一部分，会被浏览器应用于显示的文档中。

在下图所示的代码中，<style>和</style>标签之间是样式的内容。Type一项的意思是使用的text中书写的代码。{ }前面是样式的类型和名称，{ }之前的内容是样式的属性。

使用 <style> 标签声明 CSS 开始

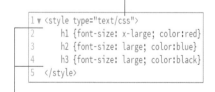

```
1 ▼ <style type="text/css">
2     h1 {font-size: x-large; color:red}
3     h2 {font-size: large; color:blue}
4     h3 {font-size: large; color:black}
5   </style>
```

分别声明 h1、h2、h3 标签的样式

</style>标签包括media和type两种属性，其具体说明如下表所示。

属 性	说 明
media	文档要使用的媒体类型
type	样式类型

浏览器需要用一种方法来区分文档中到底使用了哪种样式表，因此，要在<style>标签中设置type属性。如果是级联样式表，则type应设置为text/css类型；如果是JavaScript样式表，type应设置为text/javascript类型。

为了帮助浏览器计算出表现文档的最佳方式，HTML4及以上标准支持<style>标签使用media属性，其属性值代表文档要使用的媒介类型，默认值为screen(表示计算机显示器)，其他值如下表所示。

属 性	说 明
screen	计算机显示器
TV	电视
projection	剧场
handheld	PDA 和手机
print	打印
braille	触感设备
embossed	盲文设备
aural	音频

3 外部样式表

用户可以在单独的文档中放置样式定义(将其MIME类型定义为text/css的文本文件)，这样就将"外部"样式表引入到了文档中。如此，同一种样式表可以用于多个文档中。由于外部样式表是一个独立的文件，并由浏览器通过网络进行加载，所以可以随处存储，随时使用，甚至可以使用其他样式：

```
<link rel="stylesheet"
href="style,css" type="text/css">
```

<link>标签为当前文档和网页上的某个

其他文档建立一种联系。用于指定样式表的<link>标签及其必需的href和type属性，必须都出现在文档的<head>和</head>标签中。样式表的URL可以是文档基本URL或基于其的相对URL。<link>标签的具体属性说明如下表所示。

属　性	说　明
type	链接类型
href	要链接的文档路径
rel	指定从源文档到目标文档的关系
rev	指定从目标文档到源文档的关系

1.7.3　JavaScript 脚本语言

　　JavaScript是一种脚本编程语言，支持网页应用程序的客户机和服务器端构件的开发。在客户机中，它可以用于编写网页浏览器在网页页面中执行的程序；在服务器端中，它可以用于编写网页服务器程序，网页服务器程序用于处理网页浏览器提交的信息并相应地更新浏览器的显示。

　　综合来看，JavaScript是一种基于对象和事件驱动并具有安全性能的脚本语言，使用它的目的是与HTML超文本标记语言一起实现在一个网页页面中与网页客户交互，它是通过嵌入或调用在标准的HTML语言中实现的，弥补了HTML语言的缺陷。JavaScript是一种比较简单的编程语言，使用方法是向网页页面的HTML文件中添加一个脚本，无须单独编译解释，当一个支持JavaScript的浏览器打开这个页面时，它会读出这个脚本并执行其指令。因此JavaScript使用容易方便，运行速度快，适用于简单应用。

　　Dreamweaver中的行为是指能够简单

运用制作动态网页的JavaScript功能，它可以大大提高网站的可交互性。例如当鼠标光标指向一个图片时，图片呈现轮替。

　　在<script>和</script>标签之间的任何内容都会被浏览器当作可执行的JavaScript语句和数据处理。不能将HTML代码放在这个标签对内部，否则将会被浏览器当作错误标签。

```
1  <script language="javascript">
2  </script>
```

　　对特别长的JavaScript程序或经常重复使用的程序来说，有时需要将这些代码存放在一个单独的文件中。在这种情况下，让浏览器通过src属性来载入那个单独的文件是一种很好的选择。src的值为包含这个JavaScript程序文件的URL，文件的扩展名为.js。

　　一个文档中可包含不止一个<script>标签，且位于<head>与</head>或者<body>与</body>之内均可。支持JavaScript的浏览器会按顺序执行这些语句。<script>标签的属性说明如下。

属　性	说　明
charset	编码脚本程序的字符集
language	指定脚本语言
src	包含脚本程序的 URL
type	指定脚本类型

　　另外，在如下所示的代码中，用户可以用一条或者多条JavaScript语句来取代在一个文档中的任何URL引用。这样，当浏览器引用这个URL时，浏览器就会执行JavaScript代码。

```
1 ▼ <a href="javascript:window.close()">
2     关闭窗口
3   </a>
```

1.8　进阶实战

　　本章的进阶实战部分将通过网络下载一个网页模板，并使用模板中附带的文件在Dreamweaver 创建一个本地站点。

模板网页

站点文件

【例1-2】通过"模板之家"网站下载网页模板，并使用模板提供的文件在 Dreamweaver 中创建一个本地站点。

视频+素材（光盘素材\第 01 章\例 1-2）

01 访问www.cssmoban.com "模板之家"网站，下载该网站提供的免费网页模板问价。

02 在Dreamweaver中选择【站点】|【新建站点】命令，打开【站点设置对象】对话框，在【站点名称】文本框中输入要创建的本地站点名称"网页模板"。

浏览

03 单击【本地站点文件夹】文本框后的【浏览】按钮，打开【选择根文件夹】

对话框，选择步骤1下载的网页模板所提供的文件夹。

04 单击【选择文件夹】按钮，返回【站点设置对象】对话框，单击【保存】按钮，即可在Dreamweaver中使用网页模板的图像、CSS以及脚本文件夹结构创建一个本地站点"网页模板"。

05 按下F8键显示【文件】面板，在该面板中将显示新建站点的文件夹结构和网页文件，双击网页模板文件index.html，即可在Dreamweaver中将其打开。

06 在【文件】面板中保持index.html文件的选中状态，单击面板右上角的【选项】按钮，在弹出的列表中选择【文件】|【新建文件】命令，在本地站点根目录下创建网页文件，并输入文件名about.html。

07 重复步骤6的操作，在【文件】面板中创建更多的网页文件。右击index.html文件，在弹出的菜单中选择【编辑】|【复制】命令，复制该文件。

08 此时，将在【文件】面板中创建一个如下图所示的index-拷贝.html文件。

09 右击index-拷贝.html文件，在弹出的菜单中选择【编辑】|【重命名】命令，将该文件名命名为index-备份.html。

1.9 疑点解答

● 问：在 Dreamweaver 中的标尺、网格和辅助线有什么作用？

答：标尺、网格和辅助线是Dreamweaver中用于排版网页的三大辅助工具。使用标尺(选择【查看】|【设计视图选项】|【标尺】|【显示】命令)，可以精确地估计编辑网页的宽度和高度，使网页能符合浏览器的显示要求；使用网格(选择【查看】|【设计视图选项】|【网格设置】|【显示网格】命令)，可以在【设计】视图中对层进行绘制、定位或调整大小等控制，通过对网格进行操作，可以使页面元素在被移动后自动靠齐到网格，并通过网格设置来更改网格或控制网格靠齐行为；辅助线用于进一步精确定位网页元素，从左侧或上侧的标尺上均可以拖动出辅助线，拖动辅助线时，鼠标光标旁边会即时显示其所在位置距左侧或上侧的距离。

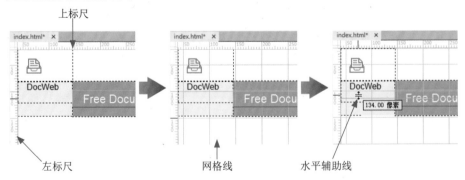

上标尺

左标尺　　　　　网格线　　　　水平辅助线

第2章

制作简单图文网页

　　文本与图像是网页中不可缺少的部分，对文本进行格式化可以充分体现文档所要表达的重点，在网页中插入图像可以把设计好的效果展示给人们看到。本章将通过对操作的讲解，详细介绍创建出效果精美的图文页面的方法。

对应光盘视频

2.1 创建空白网页

在 Dreamweaver 中，用户可以通过按下 Ctrl+N 组合键（或选择【文件】|【新建】命令），打开下图所示的【新建文档】对话框，创建空白网页，也可以基于示例文件创建网页。下面将以新建 nesWeb.html 文档为例，介绍新建网页文档的操作。

新建文档　　　文档类型列表　　　网页标题

帮助　首选参数　　　　　　　　　　附加外部样式表

01 启动Dreamweaver后，按下Ctrl+N组合键，打开上图所示的【新建文档】对话框，在左侧的列表中选择【新建文档】选项卡。

02 在【文件类型】列表中选中HTML选项，设置创建一个HTML网页文档。

03 在【网页标题】文本框中输入网页标题文本"简单图文网页"，单击【文档类型】按钮，在弹出的列表中选择HTML5选项，设置网页文档的类型。

04 单击【创建】按钮，即可创建一个空白网页文档。

05 按下Ctrl+S组合键(或选择【文件】|【保存】命令)，将打开如图所示的【另存为】对话框，在该对话框的地址栏中设置文档保存的路径，在【文件名】文本框中

输入网页文档的名称nesWeb。

文件保存路径

网页文件名

06 单击【保存】按钮，即可将网页文档保存(Dreamweaver默认的空白HTML网页文件保存扩展名为.html)。

2.2 在网页中使用文本

在网页中，文字是将各种信息传达给浏览者的最主要和最有效的途径，无论设计者制作网页的目的是什么，文本都是网页不可缺少的组成元素。在 Dreamweaver 中，用户可以通过设置文本的字体、字号、颜色、字符间距与行间距等属性区别网页中不同的文本，并插入日期、水平线和特殊字符，从而创建整洁而效果丰富的网页。

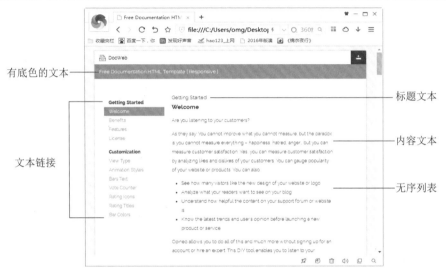

有底色的文本
文本链接
标题文本
内容文本
无序列表

用浏览器打开包含大量文本的网页

2.2.1 插入文字信息

网页中除了可直接输入页面的一般文字以外，常见的文字类信息还包括日期时间、水平线、特殊字符以及滚动文字，下面将分别介绍。

1 插入日期和时间

由于网上信息量大，在网页中随时更新内容就显得很重要。在用Dreamweaver制作网页时，我们可以在页面中插入当天的信息，并设置自动更新日期，这样，一旦网页被保存，插入的日期就会被自动更新。

【例2-1】在网页中插入当前日期。

💿 视频+素材 (光盘素材\第02章\例2-1)

01 按下Ctrl+O组合键(或选择【文件】|【打开】命令)，打开【打开】对话框，选择一个网页文件后，单击【打开】按钮，将网页在Dreamweaver中打开。

02 将鼠标光标置于网页中需要插入日期的页面位置，选择【插入】| HTML |【日

期】命令。

03 打开【插入时间】对话框，在该对话框中设置日期格式，具体如下。

🔹 星期格式：选择星期的格式，如选择星期的简写方式、星期的完整显示方式或不在日期中显示星期。

🔹 日期格式：选择日期的格式。

🔹 时间格式：选择时间的格式，如选择12小时或24小时制时间格式。

🔹 存储时自动更新：每当存储文档时，都会自动更新文档中插入的日期信息，该特性可以用来记录文档的最后生成日期。如果用户希望插入的日期是普通的文本且将来不再变化，则应取消该复选框的选中状态。

04 单击【确定】按钮，即可在页面中插入当前系统日期。

2 插入水平线

在网页中插入各种内容时，有时需要区分不同内容。在这种情况下，最简单的方法是插入水平线。水平线可以在不完全分割画面的情况下，以线为基准区分页面的上下区域，被广泛应用于网页文档中需要区分各种类型内容的场景。

在Dreamweaver中，用户可以通过选择【插入】| HTML |【水平线】命令，在页面中插入如下图所示的水平线。

此时，单击选中页面中的水平线，选择【窗口】|【属性】命令，在打开的【属性】面板中可以通过调整各种属性，来制作出不同形状的水平线。

【例2-2】在【属性】面板的设置页面中插入水平线的格式，使其宽度为当前页面框架的90%，高度为10，名称为line1，对齐方式为"左对齐"。

🎬 视频+素材 (光盘素材\第02章\例2-2)

01 选中页面中插入的水平线后，在【属性】面板的【水平线】文本框中输入line1，在【宽】文本框中输入90，在【高】文本框中输入10，然后单击【宽】文本框后的【像素】按钮，在弹出的列表中选择%。

02 单击【对齐】按钮，在弹出的列表中选择【左对齐】选项，取消【阴影】复选框的选中状态。

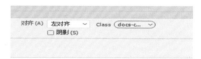

03 此时，页面中水平线的效果将如下图所示。

除此之外，用户还可以在选中水平线后，在【属性】面板中单击【快速标签编辑器】按钮✍，打开【编辑标签】浮动窗口，为水平线设置颜色，具体方法如下。

01 选中页面中的水平线，单击【属性】面板右侧的【快速标签编辑器】按钮 。

02 在显示的【编辑标签】窗口中添加一段代码(其中(" ")之间为颜色值)：

```
color="yellow"
```

03 按下Ctrl+S组合键保存网页，按下F12键预览页面，即可看到水平线的颜色在浏览器中变为黄色。

通过上面的例子【编辑标签】窗口中的代码可以看到，在HTML代码中，使用<hr>标签可以告诉浏览器网页中要插入一个横跨整个显示窗口的水平线，该标签没有相应的结束标签。<hr>标签中的属性说明如下表所示。

属 性	说 明
align	水平线对齐方式
color	水平线颜色
noshade	水平线不出现阴影
size	水平线高度
width	水平线宽度

下面再举一个例子，介绍通过在【代码】视图中添加一段代码，在页面中插入一条高度为4像素、没有阴影、宽度为650像素、排列方式为左对齐、颜色为"#CC0000"水平线的方法。

01 打开网页后，将鼠标光标插入页面中需要插入水平线的位置。

光标位置

02 选择【查看】|【代码】命令，此时，

光标将插入页面代码中下图所示的位置。

光标位置

03 按下回车键，在代码视图中输入：

```
<hr align="left" width="650"
size="4" noshade color="#CC0000">
```

04 选择【查看】|【查看模式】|【设计】命令，切换【设计】视图，即可在页面中插入一条如下图所示的水平线。

Getting Started

Welcome

Are you listening to your customers?

As they say: You cannot improve what you cannot measure;

3 插入特殊字符

对于网页中普通文字，用户可以在【设计】视图下直接输入，但有一些特殊的符号以及空格则需要使用【插入】面板和HTML语言单独进行定义。

在Dreamweaver中，选择【窗口】|【插入】命令，可以打开【插入】面板。

在【插入】面板中单击【字符】按钮，在弹出的列表中单击相应的字符，即可在网页中插入相应的特殊字符。如果用户在【字符】列表中选择【其他字符】选项，还可以打开【插入其他字符】对话框，在页面中插入其他更多字符。

在HTML页面中，空格符号是通过代码控制的。网页文档中大部分不属于某标签的字符都会被浏览器显示出来。然而，有些字符因为具有特殊的含义而不能直接显示，还有一些字符则不能通过普通键盘直接输入到源文档中。特殊字符需要用特殊的名称或者数字来编码，从而使其能够包含在网页源文档中。

如果用户需要将特殊字符包含在网页中，必须将字符的标准实体名称或符号(#)加上它在标准字符集里面的位置编号，包含在一个符号(&)和分号之间，而且中间没有空格。例如，要在页面中插入一个(©)符号，可以参考以下方法操作。

01 将鼠标指针插入页面中需要插入特殊符号的位置。

京网文【2023】0934-983号 2029Baidu 使用百度前必读

02 选择【查看】|【代码】命令，切换代码视图，在当前位置输入：

```
&copy;
```

0934-983号 ©2029Baidu 使用百度前必读

03 选择【查看】|【查看模式】|【设计】命令，切换【设计】视图，即可在网页中插入所需的特殊字符。

京网文【2023】0934-983号 ©2029Baidu 使用百度前必读

插入页面的特殊字符

常用的特殊字符如下表所示。

符号	符号码	符号	符号码
"	"	§	§
&	&	¢	¢
<	<	¥	¥
>	>	·	·
©	©	€	€
®	®	£	£
±	±	™	™
×	×	{	{
[	[	}	}
]	]	/	/

4 插入滚动文字

在网络中经常会看到图像或公告栏标题横向或纵向滚动，这种文本被称为滚动文本。在Dreamweaver中，用户可以利用<marquee>标签来为网页创建滚动文本，操作方法如下。

【例2-3】在网页中插入一段滚动文本。

🎬 视频+素材 (光盘素材\第02章\例2-3)

01 打开网页文档后，将鼠标指针置于页面中需要插入滚动文本的位置。

Getting Started

光标位置

02 选择【查看】|【代码】命令，切换至【代码】视图，输入以下代码：

```
<marquee direction="up"
scrollamount="3" height="120"
bgcolor="#D7191C">
简单图文网页中的滚动文本
</marquee>
```

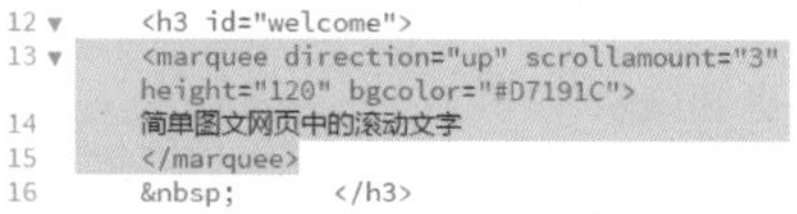

```
12 ▼    <h3 id="welcome">
13 ▼    <marquee direction="up" scrollamount="3"
        height="120" bgcolor="#D7191C">
14      简单图文网页中的滚动文字
15      </marquee>
16            </h3>
```

03 选择【查看】|【查看模式】|【设计】命令，切换【设计】视图，保存网页后按下F12键预览网页，即可在浏览器中查看滚动文字的效果。

<marquee>标签定义了在浏览器中显示的滚动文字。<marquee>标签标签和其必需的</marquee>结束标签之间的文字将滚动显示。不同的标签属性控制了显示区域的大小、外观、周围文字的对齐方式以及滚动速度等。

<marquee>标签中的属性说明如下。

属　性	说　明
direction	滚动方向
behavior	滚动方式
scrollamount	滚动速度
scrolldelay	滚动延迟
loop	滚动循环
width、height	滚动范围
bgcolor	滚动背景
hspace、vspace	滚动空间

其中，用户可以设置文字滚动的方向，分别为向上、向下、向左和向右，使滚动的文字具有更多的变化。Direction滚动方向的属性值如下图所示。

属　性	说　明
up	滚动文字向上
Down	滚动文字向下
left	滚动文字向左
right	滚动文字向右

通过behavior属性能够设置不同方式的滚动文字效果，如滚动的循环往复、交替滚动、单次滚动等，其属性值如表所示。

属　性	说　明
scroll	循环往复
slide	只进行一次滚动
alternate	交替进行滚动

在Dreamweaver中输入HTML代码时，每当输入<marquee>标签时会发现</marquee>标签会一起被输入进去。通常情况下输入HTML代码时，一般都会以例如<body></body>、<head></head>等形式一起输入。但对于<li>、
等标签，即使不输入结束标签，也可以被浏览器识别。

2.2.2 创建无序和有序列表

在网页中，用户可以使用很多种方法来排列项目，可以将多种项目没有顺序地排列，也可以为每个项目赋予编号后再进行排列。一般情况下，没有顺序的排列方式称为无序列表，而赋予编号排列的方式被称为有序列表。

1 创建无序列表

如果要把各个项目美观地排列在一起，可以使用无序列表。

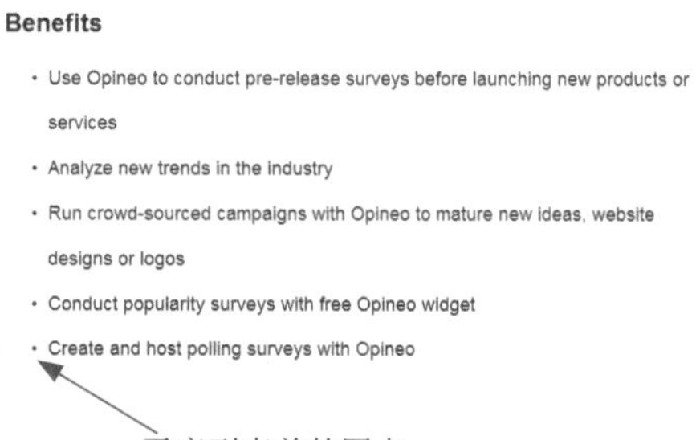

Benefits
- Use Opineo to conduct pre-release surveys before launching new products or services
- Analyze new trends in the industry
- Run crowd-sourced campaigns with Opineo to mature new ideas, website designs or logos
- Conduct popularity surveys with free Opineo widget
- Create and host polling surveys with Opineo

无序列表前的圆点

在无序列表中各项目前面的小圆点，可以直接用制作好的图像来替代，也可以在CSS样式表中定义更改圆点的状态。

在HTML语言中，通过<ul>和<li>标签可以实现无序列表，如：

```
<ul type="value">
    <li> 项目一 </li>
    <li> 项目二 </li>
    <li> 项目三 </li>
    ...
</ul>
```

  <ul>标签向浏览器表示随后的内容，以</ul>标签结束的内容是一个无序的条目列表。在此无序列表中的每个条目都由一个前导<li>标签来定义。HTML语言允许用type属性来指定出现在无序列表条目前的项目符号。此属性的值包括：disc、circle和square。

  在CSS中有关列表的设置丰富了列表的外观，除了上述HTML语言可以实现符号以外，CSS还可以通过list-style-image属性定义浏览器来标记一个列表项的图像(这个属性值是一个图像文件的url或者关键字，默认值为none)。

【例2-4】在网页中创建无序列表，并用制作好的图像替换列表前的圆点。

🎬 视频+素材 (光盘素材\第02章\例2-4)

----

01 打开网页后，选中其中需要创建无序列表的文本，选择【插入】|【项目列表】命令，即可创建无序列表。

⇅ | **Benefits**
••• | • 项目一
  | • 项目二
  | • 项目三

02 选中创建的无序列表，选择【查看】|【代码】命令，切换【代码】视图。

```
13 ▼    <ul>
14          <li>项目一</li>
15          <li>项目二</li>
16          <li>项目三</li>
17      </ul>
```

03 将鼠标指针插入<ul>标签中，按下空格键输入st，按下回车键，选择style选项。

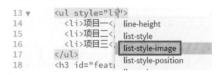

04 输入li，在弹出的列表中选择list-style-image选项，按下回车键。

05 在弹出的列表中选择url()选项。

06 按下回车键，在弹出的列表中选择【浏览】选项。

```
<ul style="list-style-image: url()">
    <li>项目一</li>              浏览...
    <li>项目二</li>              例2-1/
    <li>项目三</li>              例2-2/
</ul>                          例2-3/
<h3 id="features"> Features</h3>
```

07 打开【选择文件】对话框，选择一个本地站点中保存的图标文件后，单击【确定】按钮。

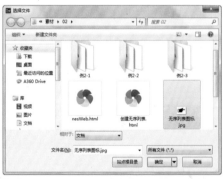

08 此时，将在代码视图中添加以下一段代码：

```
<ul style="list-style-image: url( 无序
列表图标 .jpg)">
```

09 按下F12键预览网页，在弹出的提示对话框中单击【是】按钮，即可在浏览器中显示修改圆点图标后的无序列表。

Benefits
- ☛ 项目一
- ☛ 项目二
- ☛ 项目三

2 创建有序列表

在各个项目中将赋予编号或字母表来创建的目录称为"有序列表"。在有序列表中各项目之间的顺序是非常重要的。在每项可以赋予数字、罗马数字的大小写以及字母表的大小写等各种排列方式，其实编号可以从1开始，也可以从中间的编号开始。

与无序列表类似，HTML语言中使用<ol>和<li>标签定义有序列表，如右侧代码，<ol>标签定义的有序列表中，编号从第一个条目开始向后递增，后继的以<li>标签标记的有序列表元素都会得到一个编号。可以在<ol>标签中用type属性来改变编号样式本身。

```
<ol type="value">
    <li> 项目一 </li>
    <li> 项目二 </li>
    <li> 项目三 </li>
</ol>
```

在以上HTML代码中的<ol>标签中，type属性值A代表用大写字母进行编号，a代表使用小写字母进行编号，I代表使用大写罗马数字进行编号，i代表使用小写罗马数字进行编号，1代表使用普通阿拉伯数字进行编号。

在Dreamweaver中，用户可以参考以下方法，使用菜单栏命令为文本定义有序列表。

01 选中文本中需要定义有序列表的文本，选择【插入】|【编号列表】命令，创建如下图所示的默认编号列表。

Benefits
1. Facility to customize to match your website theme
2. Detailed and Compact view options
3. All the power and flexibility of jQuery

02 选择【编辑】|【列表】|【属性】命令，打开【列表属性】对话框，单击【样式】按钮，在弹出的列表中可以选择有序列表的编号类型，在【开始计数】文本框中录入起始计数。

03 单击【确定】按钮，即可创建如下图所示的有序列表。

Benefits
ii. Facility to customize to match your website theme
iii. Detailed and Compact view options
iv. All the power and flexibility of jQuery

在【列表属性】对话框中主要参数选项的功能说明如下。

◗ 【列表类型】下拉列表：可以选择列表类型。

◗ 【样式】下拉列表：设置选择的列表样式。

◗ 【新建样式】下拉列表：可以选择列表的项目样式。

◗ 【开始计数】文本框：可以设置编号列表的起始编号数字，只对编号列表作用。

◗ 【重设计数】文本框：可以重新设置编号列表的编号数字，只对编号列表作用。

2.2.3 使用【检查拼写】功能

在网页中输入文本时，输入错字往往会给设计者留下深刻的教训。

在使用Dreamweaver制作网页时，将鼠标光标定位于网页文档的顶部，选择

【工具】|【检查拼写】命令，可以打开【拼写检查】对话框，自动搜索当前网页文档中可能出现的文本输入错误，并提示修改如下图所示的修改建议。

　　【检查拼写】对话框中各主要选项的功能说明如下。

　　● 【添加到私人】按钮：单击该按钮，可以将高亮显示的字词添加到用户的个人字典中，避免Dreamweaver在以后将其标记为错误。

　　● 【忽略】按钮：当用户不需要理会当前被高亮显示的字词并继续搜索文本时，可以单击该按钮。

　　● 【更改】按钮：如果用户在建议列表中看到了正确的替代字词，可以选择后，单击【更改】按钮。如果没有提供建议，用户可以输入正确的字词到【更改为】文本框中，并单击【更改】按钮。

　　● 【忽略全部】按钮：当用户需要Dreamweaver忽略当前文档中所有发生的检查时，可以单击该按钮。

　　● 【全部更改】按钮：单击该按钮可以使当前字词的所有实例都被【更改为】文本框中的字词所替换。

　　● 【字典中找不到单词】提示：显示当前文档中检查到的可能存在拼写错误的单词。

　　● 【更改为】文本框：显示Dreamweaver建议将该单词修改为某个单词。

　　● 【建议】列表框：显示可能正确的几种单词拼写。

2.3　设置文本基本属性

　　在 Dreamweaver 中，用户选择【窗口】|【属性】命令，打开下图所示【属性】面板设置文本的大小、颜色等属性，并且除了可以设置 HTML 的基本属性以外，也可以通过单击 CSS 按钮切换 CSS 【属性】面板设置 CSS 文本的扩展属性。

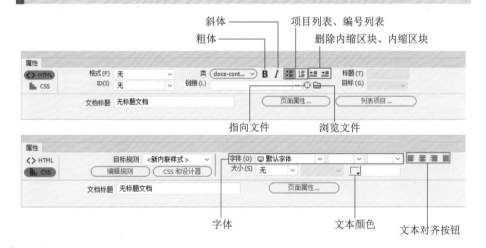

2.3.1 使用文本【属性】面板

在制作网页时，选中文本或文本所在的位置插入点后，可以利用【属性】面板对文本属性进行以下修改。

1 格式

在【格式】下拉列表中包含软件预定义的字体样式。选择的字体样式将应用于插入点所在的整个段落中，因此不需要另外选择文本。

● 无：不指定任何格式。

● 段落：将多行的文本内容设置为一个段落。选择段落格式后，在选择内容的前后部分分别生成一个空行。

● 标题1~标题6：提供网页文件中的标题格式。数字越大，字号越小。

● 预先格式化的：在文档窗口中输入的键盘空格将如实显示在页面中。

2 类

用于选择当前文档中使用的样式。如果是与文本相关的样式，可以如实应用字体大小或字体颜色等属性。

3 B 和 I

单击B按钮，可以将选中的页面文本设置为粗体；单击I按钮，可以将文本字体设置为斜体。

4 项目列表、编号列表

单击【项目列表】按钮，可以在选中的文本上创建项目列表；单击【编号列表】按钮，可以在选中的文本上创建编号列表。

5 删除内缩区块、内缩区块

【删除内缩区块】按钮和【内缩区块】按钮，用于设置文本以减少右缩进或增加右缩进。

右缩进 　　　　删除右缩进

Getting Started 　　Getting Started

Welcome 　　　　**Welcome**

6 字体

【字体】选项区域用于指定网页中被选中文本的字体。除了现有字体外，还可以在页面中添加使用新字体。

7 大小

【大小】选项区域用于指定网页文本字体的大小。使用HTML标签时，可以指定1~7的大小，默认大小为3，用户可以根据需要使用+或-来修改字体大小；使用CSS时，可以用像素或磅值等单位指定字体大小。

8 文本颜色

【文本颜色】按钮用于指定选中文本的颜色。在Dreamweaver中，用户可以利用颜色选择器或【吸管】工具设置文本字体的颜色，也可以通过直接输入颜色代码的方式设置文本颜色。

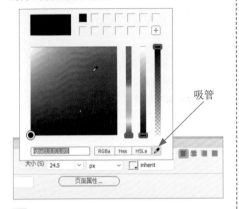

吸管

9 对齐

【对齐】选项区域中的文本对齐按钮用于指定文本的对齐方式，可以选择左对齐、居中对齐、右对齐、两端对齐等不同对齐方式。

10 添加新字体

指定网页文件的文本字体时，用户应使用在所有系统上都安装的基本字体。中文基本字体即Windows自带的宋体、黑体、隶书等。

在【属性】面板中单击【字体】按钮，在弹出的堆栈列表中将列出如Times New Roman、Times、serif等各种字体。应用字体堆栈就可以在文本中一次性指定三种以上的字体。例如，可以对文本应用宋体、黑体、隶书三种中文字体构成的字体堆栈，之后，在网页访问者的计算机中首先确认是否安装有"宋体"字体，若没有相关字体就再检查是否有"黑体"字体，如果也没有该字体，就用"隶书"字体来显示页面中的文本，即预先指定可使

用的两三种字体后，从第一种字体开始一个一个进行确认(第三种字体最好指定为Windows自带的基本字体)。

【例2-5】通过【属性】面板在网页中自定义字体堆栈。 视频

01 在【属性】面板的左侧单击CSS按钮，切换CSS【属性】面板，单击【字体】按钮，在弹出的列表中选择【管理字体】选项。

管理字体

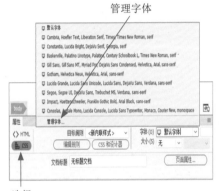

选择

02 打开【管理字体】对话框，选择【自定义字体堆栈】选项卡，通过单击 << 按钮，将【可用字体】列表框中选择的堆栈字体，移动至【选择的字体】列表框中。

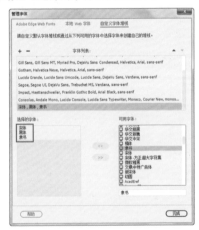

03 单击【完成】按钮，在【属性】面板中再次单击【字体】按钮，在弹出的列表中将显示添加的自定义字体堆栈。

2.3.2 HTML 与 CSS 文本代码

除了使用【属性】面板可以设置网页中文本的属性以外，用户还可以通过在【代码】视图中编辑HTML和CSS代码，设置文本的属性。下面将分别介绍。

1 HTML 实现方法

粗体

在HTML语言中，<strong>标签明确地将包括在它和其结束标签</strong>之间的字符或文本变成粗体。例如以下代码，设置文本"友情链接"为粗体。

<strong> 友情链接 </strong>

效果如下图所示。

友情链接

斜体

<em>标签中的内容都是用斜体字来显示，除强调以外，当引入新的术语或在引用特定类型的术语或概念作为固定样式时，也可以使用<em>标签，以下代码为设置文字"友情链接"为斜体。

<em> 友情链接 </em>

效果如下图所示。

友情链接

段落

<p>标签标示一个段落的开始。大多数文字处理程序都只使用一种特殊字符(如回车符)来标记段落的结束，而在HTML中，每一个段落都必须由一个<p>开始，再由一个相对应的</p>结束。如以下代码设置文本"友情链接"为一个独立的段落。

<p> 友情链接 </p>

换行

标签将打断HTML文档中正常段落的行间距而换行。在HTML中没有结束标签，只是简单地指出在文本流中要从哪里开始新的一行。大多数浏览器会停止在本行中继续添加文字和图像，转移到下一行的开始处，然后继续添加文字和图像。如以下代码为在文本中插入一个换行。

<p> 友情
 链接 </p>

效果如下图所示。

友情
链接

2 CSS 实现方法

字体

在CSS中通过font-family属性可以设置以逗号分开的字体名称列表。以下代码设置了页面字体为宋体。

```
body {
font-family:" 宋体 "
}
```

字号

CSS中的font-size属性允许使用相对或绝对长度值、百分比及关键字来定义字体大小。以下代码设置了页面字号为16磅。

```
body {
font-size: 16pt
}
```

文字颜色

在CSS中设置前景色使用color属性。以下代码设置了页面文字为"红色"。

```
body {
font-color: red;
}
```

斜体

在CSS中，使用font-style属性可使文本倾斜。默认样式为normal，可以设置成italic或oblique。以下代码设置了页面文字为斜体。

```
body {
```

```
font-style:italic;
}
```

粗体

在CSS中，使用font-weight属性控制着书写字母的粗细。这个属性的默认值是normal，也可以指定bold来得到字体的粗体版本，或者使用bolder和lighter来得到比父元素字体更粗或更细的版本。以下代码设置了页面文字为粗体。

```
body {
font-weight:bold;
}
```

2.4 在网页中插入图像

图像是网页中最基本的元素之一，制作精美的图像可以大大增强网页的视觉效果。图像所蕴含的信息量对于网页而言越加显得重要。使用 Dremweaver 在网页中插入图像通常是用于添加图形界面（例如按钮）、创建具有视觉感染力的内容（例如照片、背景等）或交互式设计元素。

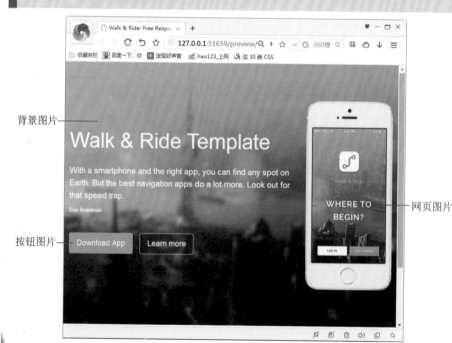

背景图片

网页图片

按钮图片

保持较高画质的同时尽量缩小图像，文件的大小是图像文件应用在网页中的基本要求。在图像文件的格式中符合这种条件的有GIF、JPG/JPEG、PNG等。

🔵 **GIF**：相比JPG或PNG格式，GIF文件虽然相对比较小，但这种格式的图片文件最多只能显示256种颜色。因此，很少使用在照片等需要很多颜色的图像中，多使用在菜单或图标等简单的图像中。

🔵 **JPG/JPEG**：JPG/JPEG格式的图片比GIF格式使用更多的颜色，因此适合体现照片图像。这种格式适合保存用数码相机拍摄的照片、扫描的照片或是使用多种颜色的图片。

🔵 **PNG**：JPG格式在保存时由于压缩而会损失一些图像信息，但用PNG格式保存的文件与原图像几乎相同。

📘 知识点滴

网页中图像的使用会受到网络传输速度的限制，为了减少下载时间，一个页面中的图像文件大小最好不要超过100KB。

2.4.1 插入网页图像素材

在【设计】视图中直接为网页插入图片是一种比较快捷的方法。用户在文档窗口中找到网页上需要插入图片的位置后，选择【插入】| Image命令，然后在打开的【选择图像源文件】对话框中选中电脑中的图片文件，并单击【确定】按钮即可。

在网页源代码中，插入图片的HTML标记只有一个，那就是<img>标签。<img>标签的src属性是必需的，它的值是图像文件的URL，也就是引用该图像的文档的绝对地址或相对地址。

```
<img src="file_name">
```

📘 知识点滴

如果用户在 Dreamweaver 中插入一个 Photoshop 图像文件 (PSD 格式的文件)，即可在网页中创建一个图像智能对象。智能对象与源文件紧密链接。无须打开 Photoshop 即可在 Dreamweaver 中更改源图像并更新图像，用户可以在 Dreamweaver 中将 Photoshop 图像文件插入到网页中，然后让 Dreamweaver 将这些图像文件优化为可用于网页的图像 (GIF、JPEG 或 PNG 格式)。执行此类操作时，Dreamweaver 是将图像作为智能对象插入的，并维护与原始 PSD 文件的实时链接。

2.4.2 设置网页背景图像

背景图像是网页中的另外一种图像显示方式，该方式的图像既不影响文件输入也不影响插入式图像的显示。在Dreamweaver中，用户将鼠标光标插入至网页文档中，然后单击【属性】检查器中的【页面属性】按钮，即可打开【页面属性】对话框设置当前网页的背景图像，具体方法如下。

01 按下Ctrl+Shift+N组合键快速创建一个网页文档后，在【属性】面板中单击【页面属性】按钮。

02 在打开的【页面属性】对话框的【分

类】列表框中选中【外观(CSS)】选项，然后单击对话框右侧【外观(CSS)】选项区域中的【浏览】按钮。

03 打开【选择图像源文件】对话框，选中一个图像文件后，单击【确定】按钮。

04 返回【页面属性】对话框，依次单击

【应用】和【确定】按钮，即可为网页设置背景图像。

在【页面属性】对话框的【外观(CSS)】选项区域中，用户可以通过【重复】下拉列表中的选项设置背景图像在页面中的重复显示参数，包括repeat、repeat-X、repeat-Y和no-repeat 4个选项，分别对应重复显示、横向重复、纵向重复和不重复显示几项设置。

2.5 设置网页图像属性

在 Dreamweaver 中选中不同的网页元素，【属性】面板将显示相应的属性参数。如果选中图片，【属性】面板将显示如下图所示的设置界面，用于设置图像的属性。

选中网页图像后显示的【属性】面板

2.5.1 使用图像【属性】面板

使用Dreamweaver在网页文档中插入

图像后，可以在图像的【属性】面板中设置图像的大小、源文件等参数。掌握图像

【属性】面板中的各项设置功能，有利于制作出更加精美的网页。

1 设置图像名称

在Dreamweaver中选中网页中的图像后，在打开的【属性】面板的ID文本框中用户可以对网页中插入的图像进行命名操作。

> **知识点滴**
>
> 在网页中插入图像的时候可以不设置图像名称，但在图像中应用动态HTML效果，或利用脚本的时候，应输入英文来表示图像，不可以使用特殊字符，并且在输入的内容中不能有空格。

2 设置图像大小

在Dreamweaver中调整图像大小有两种方法。

👉 选中网页文档中的图像，打开【属性】面板，在【宽】和【高】文本框中分别输入图像的宽度和高度，单位为像素。

👉 选中网页中的图像后，在图像周围会显示3个控制柄，调整不同的控制柄即可分别在水平、垂直、水平和垂直3个方向调整图像大小。

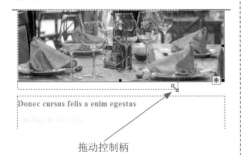

拖动控制柄

3 设置显示图像替换文本

在利用Dreamweaver设计网页的过程中，若用户需要替换网页中的某个图像，可以参考以下实例所介绍的方法。

【例2-6】使用Dreamweaver在网页中设置图像的替换文本。

🎬 视频+素材 (光盘素材\第02章\例2-6)

01 选中网页中插入的图像文件，按下Ctrl+F3组合键。

02 显示图像【属性】面板，在【替换】下拉列表中输入替换文本内容。

03 按下F12键在浏览器中显示网页，当图片无法显示时，即可显示图像替换文本。

4 更改图像源文件

在图像【属性】面板的src文本框中显示了网页中被选中图像的文件路径，若用户需要使用其他图像替换页面中选中的图像，可以单击src文本框后的【浏览文件】按钮，再选择新图像文件源文件。

5 设置图像链接

在图像【属性】面板的【链接】文本框中用户可以设置单击图像后，显示的链接文件路径。当用户为一个图像设置超链接后，可以在【目标】下拉列表中指定链接文档在浏览器中的显示位置。

6 设置原始显示图像

当网页中的图像太大时，会需要很长的读取时间。在这种情况下，用户可以在图像【属性】面板的【原始】文本框中临时指定网页暂时先显示一个较低分辨率的图像文件。

知识点滴

除了上面介绍的一些设置以外，在【属性】面板中还有一些设置选项，其各自的功能说明如下。

● 地图：用于制作映射图。

● 编辑：对网页中图像进行大小调整或设置亮度/对比度等简单的编辑操作。

● 类：用于将用户定义的类形式应用在网页图像中。

2.5.2 HTML 图像属性代码

图像可以设置的属性很多，包括图像的边框、大小和排列方式等。

1 宽度和高度

Height和width属性用于指定图像的尺寸。这两个属性都要求是整数值，并以像素为单位。以下代码为插入pic.jpg图片，设置宽度为180像素，高度为180像素。

```
<img sec"pic.jpg" width="180"
height="180">
```

2 替换文字

alt属性指定了替代文本，用于在图像无法显示时或者用户禁用图像显示时，代替图像显示在浏览器中的内容。另外，当用户将鼠标光标移动到图像上时，最新的浏览器会在一个文本框中显示描述性文本。例如，下面所示的代码为插入pic.jpg图片，使用文本"网站技术支持"作为提示信息。

```
<img sec"pic.jpg" alt=" 网站技术支持 ">
```

3 边框

在<img>标签中使用border属性和一个用像素标识的宽度值就可以去掉或者加宽图像的边框。例如，下面的代码为插入pic.jpg图片，并设置宽度为1像素的边框。

```
<img sec"pic.jpg" border="1">
```

效果如下图所示。

4 对齐

在<img>标签中可以通过align属性来控制带有文字包围的图像对齐方式。例如，下面的代码为插入语pic.jpg图片，然后将插入的这张图片的对齐方式设置为居左。

```
<img sec"pic.jpg" align="left">
```

align属性的具体属性值说明如下。

属 性	说 明
top	文字的中间线在图片上方
middle	文字的中间线在图片中间
bottom	文字的中间线在图片底部
left	图片在文字的左侧
right	图片在文字的右侧

(续表)

属 性	说 明
absbottom	文字的底线在图片底部
absmiddle	文字的底线在图片中间
baseline	英文文字基准线对齐
texttop	英文文字上边线对齐

5 垂直边距和水平边距

在<img>标签中通过设置hspace属性

可以以像素为单位指定图像左边和右边的文字与图像之间的间距；而vspace属性则是上面和下面的文字与图像之间距离的像素数。例如以下代码为插入pic.jpg图片，然后对插入的图片设置水平间距和垂直间距为10像素，设置对齐方式为居左。

```
<img src="pic.jpg" hspace="10" vspace="10" align="left">
```

2.6 处理网页图像效果

Dreamweaver虽然并不是用于处理图像的软件，但使用该软件在网页中插入图像时，用户也可以使用系统自带的图像编辑功能，对图像的效果进行简单的编辑。

在Dreamweaver文档窗口中选中页面中的某个图像后，【属性】面板中将显示【编辑】选项区域，利用该区域中的各种按钮，可以对图像进行以下处理操作。

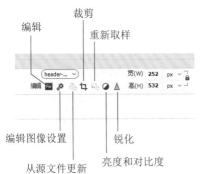

在上图所示的图像【编辑】选项区域中，各按钮的详细使用方法如下。

1 设置外部编辑软件

选中网页中的图片后，单击【属性】检查器上的【编辑】按钮，可以打开在【首选项】对话框中设置使用的外部图像编辑工具(例如Photoshop)。

在【首选项】对话框中，设置外部图像编辑器的具体操作方法如下。

01 选择【编辑】|【首选项】命令，打

开【首选项】对话框，在【分类】列表中选择【文件类型/编辑器】选项。在【编辑器】列表框上单击【+】按钮。

02 打开【选择外部编辑器】对话框，选择Photoshop软件的启动文件，单击【打开】按钮。

03 返回【首选项】对话框，依次单击【应用】和【关闭】按钮即可。

2 编辑图像设置

在【属性】检查器中单击【编辑图像

设置】按钮 ，在打开的【图像优化】对话框中，用户可以设置优化图像效果。

3 从源文件更新

当Photoshop中的图像源文件发生变动时，Dreamweaver中可以通过使用【从源文件更新】按钮 ，设置同步更新图像。

01 启动Photoshop，使用素材文件制作一个如下图所示的网页图片。

02 将Photoshop制作的图片文件保存，在Dreamweaver中选择【插入】| Image命令，打开【选择图像源文件】对话框，选中保存的PSD文件。

03 单击【确定】按钮，在打开的【图像

优化】对话框中设置图像在网页中的显示优化参数，单击【确定】按钮，将PSD图片文件插入到网页中。

04 在Photoshop中对图片文件进一步处理，完成后选择【文件】|【存储】命令，保存制作好的图片素材。

05 返回Dreamweaver，选中页面中的图片，按下Ctrl+F3组合键，显示【属性】面板，单击【从源文件更新】按钮 即可同步更新图像。

4 裁剪图片

在Dreamweaver中选中网页文档上插入的图像后,在【属性】面板中单击【裁剪】按钮✄,用户可以通过图片四周的控制柄设置裁剪图片。

拖动控制柄

完成图片裁剪范围的调整后,按下回车键确认,将在网页中得到裁剪后的图片。

5 设置图片亮度和对比度

单击【属性】面板中的【亮度和对比度】按钮⊙,在打开的对话框中,可以设置图像的亮度和对比度参数。

6 设置锐化图片

单击【属性】面板中的【锐化】按钮△,可以在打开的对话框中设置图像的锐化参数,使图片的效果更加鲜明。

7 重新取样图片

当网页中的图像被修改后,单击【属性】面板中的【重新取样】按钮🖺,重新采样图像信息。

2.7 创建鼠标经过图像

浏览网页时经常看到当鼠标光标移动到某个图像上方后,原图像变换为另一个图像,而当光标离开后又返回原图像的效果。根据光标移动来切换图像的这种效果称为鼠标经过图像效果,而应用这种效果的图像称为鼠标经过图像。在很多网页中为了进一步强调菜单或图像,经常使用鼠标经过图像效果。

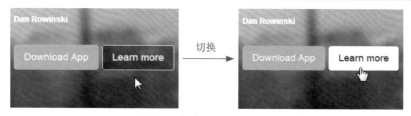

切换

鼠标经过图像时显示不同的图像效果

下面将通过实例操作,介绍使用Dreamweaver在网页中创建鼠标经过图像的具体方法。

【例2-7】使用Dreamweaver 在网页中创建上图所示的鼠标经过图片。

▶视频+素材 (光盘素材\第02章\例2-7)

01 在Dreamweaver中打开网页文档后，将鼠标指针插入网页中需要创建鼠标经过图像的位置。

鼠标指针置于这里

02 按下Ctrl+F2组合键显示【插入】面板，单击其中的【鼠标经过图像】按钮。

单击

03 打开【插入鼠标经过图像】对话框，单击【原始图像】文本框后的【浏览】按钮。

04 打开【原始图像】对话框，选择一张图像作为网页打开时显示的基本图像。

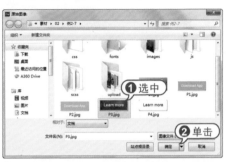

05 单击【确定】按钮，返回【插入鼠标经过图像】对话框，单击【鼠标经过图像】文本框后的【浏览】按钮。

06 打开【鼠标经过图像】对话框，选择一张图像，作为当鼠标指针移动到图像上方时显示的替换图像。

07 单击【确定】按钮，返回【插入鼠标经过图像】对话框，单击【确定】按钮，即可创建下图所示的鼠标经过图像。

08 按下F12键，在打开的提示对话框中单击【是】按钮，保存并预览网页，即可查看网页中鼠标经过图像的效果。

在【插入鼠标经过图像】对话框中各选项的功能说明如下。

🔵 【图像名称】文本框：用于指定鼠标经过图像的名称，在不是由JavaScript等控制图像的情况下，可以使用软件自动赋予的默认图像名称。

🔵 【原始图像】文本框：用于指定网页中基本显示的图像。

🔵 【鼠标经过图像】文本框：用于指定鼠标光标移动到图像上方时所显示的替换图像。

🔵 【替换文本】文本框：用于指定鼠标光标移动到图像上时显示的文本。

🔵 【按下时，前往的URL】文本框：用于指定单击转换图像时移动到的网页地址或文件名称。

知识点滴

网页中的鼠标经过图像实质是通过JavaScript脚本完成的，在 <head> 标签中添加的代码由 Dreamweaver 软件自动生成，分别定义了 MM_swapImgRestore()、MM_swapImage() 和 MM_preloadImages() 三个函数。

2.8　进阶实战

本章的进阶实战部分将通过实例介绍使用 Dreamweaver 制作如下图所示的简单图文网页，用户可以通过操作巩固所学的知识。

实战一：制作图文混排首页

实战二：制作文本说明页面

2.8.1 ◆ 制作网站图文混排首页

【例2-8】使用Dreamweaver制作一个图文混排的网站首页。

🎥 视频+素材 (光盘素材\第02章\例2-8)

01 打开本章素材文件提供的网页模板后，在页面顶部输入准备好的文本。

在这一行输入导航文本

02 按下Ctrl+F3组合键，显示【属性】面板，单击CSS按钮，切换到CSS【属性】面板，单击【字体】按钮，在弹出的列表中选择【管理字体】选项。

03 打开【管理字体】对话框，选择【自定义字体堆栈】选项卡，在【可用字体】列表中选择Impact和Imprint MT Shadow字体后，单击 << 按钮，将其移动至【选择的字体】列表框中。

04 单击【完成】按钮，创建一个自定义字体堆栈。在网页中选中步骤1输入的文本，单击【属性】面板中的【字体】按钮，为文本应用自定义的字体堆栈，在【大小】文本框中输入24，并单击【文本颜色】按钮□。

05 打开【颜色选择器】对话框，选择一种颜色作为文本颜色。

06 完成导航栏文本的输入后，将鼠标指针插入页面中下图所示的位置，选择

鼠标指针置于这里

07 在菜单栏中选择【插入】| Image命令，打开【选择图像源文件】对话框，选中一个提前制作好的PSD图像素材文件。

08 单击【确定】按钮，在打开的【图像优化】对话框中保持默认设置，单击【确定】按钮。

09 打开【保存Web图像】对话框，将PSD素材图像保存至本地站点文件夹中，单击【保存】按钮。

鼠标指针置于文本段落头部

10 将鼠标指针插入网页中的Div标签内容，输入一段文本，然后选中该文本，在【属性】面板中单击【目标规则】按钮，在弹出的列表中选择.main_text h2规则。

输入一段标题文本

11 将鼠标指针置于步骤10输入文本结尾处，按下回车键，在菜单栏中选择【插入】| HTML |【水平线】命令，插入一条水平线。

12 在【属性】面板中将水平线的【宽】设置为100%。

13 将鼠标指针置于页面中水平线的下方，输入一段文本，并在【属性】面板中设置文本的字体格式。

14 将鼠标指针插入至步骤13输入文本的头部，在【文档】工具栏中单击【拆分】按钮，切换【拆分】视图。

15 在【代码】视图中输入以下代码：

```
<marquee height="100" width="800"
scrollamount="1" direction="up"
align="absmiddle">
```

16 在这段文字的结尾处输入结束标签</marquee>。

声明滚动文本

```
<marquee height="100" width="800"
scrollamount="1" direction="up"
align="absmiddle">
"Lorem ipsum dolor sit amet, consectetur
adipisicing elit, sed do eiusmod tempor
incididunt ut labore et dolore magna aliqua.
Ut enim ad minim veniam, quis nostrud
exercitation ullamco laboris nisi ut aliquip
ex ea commodo consequat. Duis aute irure
dolor in reprehenderit in voluptate velit
esse cillum dolore eu fugiat nulla pariatur.
Excepteur sint occaecat cupidatat non
proident, sunt in culpa qui officia deserunt
mollit anim id est laborum."
</marquee>
```

输入结束标签

17 将鼠标指针置于滚动文本的下方，选择【插入】| HTML |【水平线】命令，再次插入一行水平线。

18 将鼠标指针分别置于页面底部的3个单元格中，选择【插入】| Image命令，在单元格中插入3个图像素材文件。

19 将鼠标指针置于页面底部的单元格中,选择【插入】| Image命令,在其中插入一个图像素材文件,在【属性】面板中将图像的宽设置为375像素,高设置为210像素。

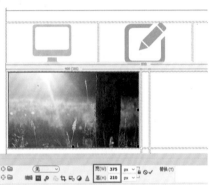

20 使用同样的方法,在页面中插入另外一张图片,并在图片下方的单元格中输入如下图所示的文本。

21 在网页底部的单元格中插入一个水平线,并输入如下图所示的文本。

Copyright 2012-2027 More Templates 进阶实战 | Collect from 网页模板

22 将鼠标指针插入文本Copyright 与文本2012-2027之间,在【文档】工具栏单击【拆分】按钮,切换【拆分】视图,输入代码:

```
&copy;
```

```
<tr>
  <td align="center"
  valign="middle">Copyright &copy; 2012-
  2027 More Templates 进阶实战 | Collect
  from 网页模板</td>
</tr>
```

23 此时,将在两段文本之间添加如下图所示的特殊字符。

Copyright © 2012-2027

24 在【属性】面板中单击【页面属性】按钮,打开【页面属性】对话框,单击【背景图像】文本框后的【浏览器】按钮。

25 打开【选择图像源文件】对话框,选择一个图像背景素材文件。

26 单击【确定】按钮，返回【页面属性】对话框，依次单击【应用】和【确定】按钮，为网页设置背景图片。

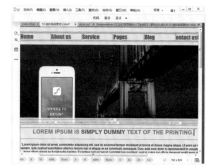

27 按下F12键，在弹出的对话框中单击【是】按钮，保存并在浏览器中预览网页。

2.8.2 制作网站文本说明页面

【例2-9】使用Dreamweaver 制作一个包含大量文本的内容页面。

视频+素材 (光盘素材\第02章\例2-8)

01 打开素材文件提供的网页模板后，将鼠标指针置于页面左侧的div标签中。

02 在菜单栏中选择【插入】| Image命令，打开【选择图像源文件】对话框，选择一个图像素材文件，单击【确定】按钮。

03 选中页面中插入的图像，按下Ctrl+F3组合键，打开【属性】面板，将图片的宽和高都设置为40像素。

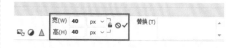

04 将鼠标指针置于图片后方，输入文本"DocWeb"，并在【属性】面板中设置文本的目标规则和字体属性。

05 在页面下方的div标签中输入一段文本，然后选中输入的文本，在HTML【属性】面板中单击【格式】按钮，在弹出的列表中选择【标题2】选项。

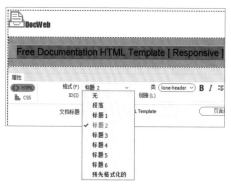

06 在CSS【属性】面板中设置标题文本的字体属性，并单击【左对齐】按钮≡。

07 将鼠标指针插入页面下方的div标签中，输入准备好的网页素材文本，并选中如下图所示的标题文本。

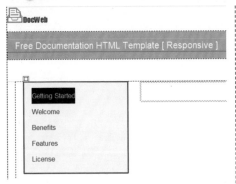

08 在HTML【属性】面板中单击【粗体】按钮 **B**，设置加粗文本，然后将鼠标指针置于页面右侧的表格中。

指针置于这里

09 按下Ctrl+F2组合键，打开【插入】面板，单击【鼠标经过图像】按钮，打开【插入鼠标经过图像】对话框，分别设置【原始图像】和【鼠标经过图像】的文件地址，单击【按下时，前往的URL】文本框后的【浏览】按钮。

10 在打开的对话框中选择一个链接网页文档，单击【确定】按钮。返回【插入鼠标经过图像】对话框，单击【确定】按钮，在页面中插入如下图所示的鼠标经过图像。

11 将鼠标指针置于表格的下方，输入如下图所示的网页素材文本。

12 选中文档中的文本Welcome，在HTML【属性】面板中单击【格式】按钮，在弹出的列表中选择【标题3】选项，设置文本的标题格式。

13 选中如下图所示的段落，在【属性】面板中单击【格式】按钮，在弹出的列表中选择【预先格式化的】选项。

14 选中如下图所示的段落，在【属性】面板中单击【内缩区块】按钮，将选中

的文本向右缩进。

Welcome

Are you listening to your customers?

As they say: You cannot improve what you cannot measure, but the paradox is you cannot measure everything - happiness, hatred, anger ... but you can measure customer satisfaction. Yes, you can measure customer satisfaction by analyzing likes and dislikes of your customers. You can gauge popularity of your website or products. You can also

15 选中如下图所示的文本，单击【属性】检查器中的【项目列表】按钮 ▤，为文本添加无序列表。

- See how many visitors like the new design of your website or logo
- Analyze what your readers want to see on your blog
- Understand how helpful the content on your support forum or website is
- Know the latest trends and user's opinion before launching a new product or service

16 在【文档】工具栏中单击【拆分】按钮，切换【拆分】视图，将鼠标指针插入 <ul>标签中，按下空格键，输入st，按下回车键。

```
<ul st>
  <li  style          ors like the new design of your
  <li>Analyze what your readers want to see on your blo
  <li>Understand how helpful the content on your suppor
  <li>Know the latest trends and user's opinion before
</ul>
```

17 输入li，在弹出的列表中选择list-style-image选项，按下回车键。

```
<ul style="li">
  <li>See how          line-height
  <li>Analyze          list-style
  <li>Underst          list-style-image
  <li>Know th          list-style-position
</ul>                  list-style-type
<p> </p>
<p>Opineo al           <uri> | none ( none )
to listen to           The list-style-image CSS property
website.</p
```

18 在弹出的列表中选择url()选项。

```
<ul style="list-style-image: ">
  <li>See how many visitors   inherit
  <li>Analyze what your reade  none
  <li>Understand how helpful   url()
  <li>Know the latest trends and user's
</ul>
```

19 按下回车键，在弹出的列表中选择【浏览】选项。

```
<ul style="list-style-image: url()">
  <li>See how many visitors like    浏览...
  <li>Analyze what your readers w    css/
  <li>Understand how helpful the     img/
  <li>Know the latest trends and     js/
</ul>                                 screenshot/
<p> </p>
<p>Opineo allows you to do all of this and much
```

20 打开【选择文件】对话框，选择一个图标文件后，单击【确定】按钮。

21 此时，页面中无序列表的效果如下图所示。

☞ See how many visitors like t

☞ Analyze what your readers v

☞ Understand how helpful the

☞ Know the latest trends and

or service

22 选中页面中的文本Benefits，在【属性】面板中将文本的格式设置为【标题3】。

23 选中如下图所示的文本，选择【编辑】|【列表】|【编号列表】命令，为选中的文本设置一个有序列表。

Benefits

1. Use Opineo to conduct pre-release surveys before launching new products or services
2. Analyze new trends in the industry
3. Run crowd-sourced campaigns with Opineo to mature new ideas, website designs or logos
4. Conduct popularity surveys with free Opineo widget
5. Create and host polling surveys with Opineo

24 在菜单栏中选择【编辑】|【列表】|【属性】命令，打开【列表属性】对话框，参考下图所示设置列表参数。

25 单击【确定】按钮，重新定义页面中有序列表的样式。

26 重复以上设置，为页面中的文本设置有序列表和标题文本格式。

27 将鼠标指针插入网页底部的单元格中，输入如下图所示的说明文本，并在【属性】面板中设置文本的字体属性。

28 按下F12键，在打开的对话框中单击【是】按钮保存网页，在浏览器中预览网页的效果。

2.9 疑点解答

问：什么是图像的相对路径和绝对路径？

答：在网页文档中插入图像后，在浏览器中预览时经常会出现看不到这些插入图像的现象，这是由于图像文件的路径输入错误而导致的。路径指的是从当前HTML文件如何找到图像文件的地址的方法。如果要正确管理这些路径，用户可以把HTML文件和图像文件分离，另外创建用于保存图像文件的文件夹。

下面是对于网页制作初学者而言最容易混淆的相对路径与绝对路径的说明。

● **相对路径**：观察下图所示的文件夹结构。在img文件夹下面有imagesA文件夹，在imagesA文件夹下面有Work1文件夹。如果将img文件夹称为父文件夹，则imagesA称为子文件夹。以Work1文件夹为基准的时候，imagesA文件夹为父文件夹，Work1文件夹为子文件夹。背景图像bj.png在imagesA文件夹中，而图像download.png和icon.png则在imagesA文件夹的Work子文件夹中。在这种情况下，把图像路径表示为相对路径时，重要的是网页文件的位置。网页文件about.html在imagesA文件夹中，而背景图像也在同一文件夹内，因此背景图像只要在【属性】面板的src文本框中输入文件名即可。但是其他两个图像在子文件夹的Work文件夹中，应该用"文件夹名称/文件名称"的规则输入，例如Work/download.png。

父文件夹中的网页文件————————————父文件夹中的图片文件

● **绝对路径**：一般在导入主页以外的其他网页中的图像时使用绝对路径。如果在其他网页中找到需要的图像，则右击图像后，在弹出的菜单中选择【属性】命令，在打开的【属性】面板中，在地址(src)文本框中显示选择图像的地址。将图像所在的位置用主页的整体地址来表示的方式，被称为"绝对路径"。

第3章

制作多媒体网页

　　除了在页面中使用文本和图像元素来表达网页信息以外，我们还可以向其中插入Flash SWF、HTML5 Video以及Flash Audio等内容，以丰富网页的效果。本章将通过实例操作，详细介绍制作多媒体效果网页的具体方法。

对应光盘视频

3.1 插入 Flash SWF 动画

在众多网页编辑器中，很多人选择 Dreamweaver 的重要原因是该软件与 Flash 的完美交互性。Flash 可以制作出各种各样的动画，因此是很多网页设计者在制作网页动画时的首选软件。在 Dramweaver 中选择【插入】| HTML | Flash SWF 命令，即可在网页中插入 Flash 动画，并显示如下图所示的 Flash SWF【属性】面板。

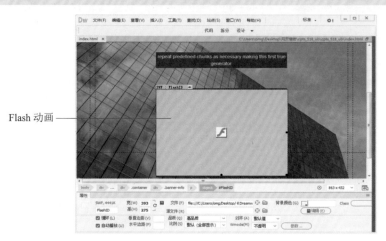

Flash 动画

插入 Flash 动画后将显示 Flash SWF【属性】面板

3.1.1 插入 SWF 格式的动画

在网页中插入Flash动画的方法如下。

01 将鼠标指针插入网页中合适的位置后，按下Ctrl+Alt+F组合键(或选择【插入】| HTML | Flash SWF命令)。

02 打开【选择SWF】对话框，选中Flash动画文件后，单击【确定】按钮。

03 此时，即可将选定的Flash动画文件插入至网页中。

在网页源代码中用于插入Flash动画的标签有两个，分别是<object>标签和<param>标签，其代码如下。

使用 <object> 标签声明 Flash 对象

```
<object id="FlashID" classid="clsid:D27CDB6E-AE6D-
11cf-96B8-444553540000" width="393" height="275">
    <param name="movie" value="flash2649.swf">
    <param name="quality" value="high">
    <param name="wmode" value="opaque">
    <param name="swfversion" value="7.0.70.0">
    <param name="expressinstall"
value="Scripts/expressInstall.swf">
    ...
</object>
```

使用 <param> 标签声明 Flash 对象

1 <object> 标签

<object>标签最初是Microsoft用来支持ActiveX applet，但不久后，Microsoft又添加了对JavaScript、Flash的支持。该标签的常用属性值说明如下。

属 性	说 明
classid	指定包含对象的位置
codebase	提供一个可选的 URL，浏览器从这个 URL 中获取对象
width	指定对象宽度
height	指定对象高度

2 <param> 标签

<param>标签为一个包含它的<object>标签或者<applet>标签及其结束标签之间，有时和其他<param>标签一起使用。用<param>标签将参数传递给嵌入的对象，这些参数是Flash对象正常工作所需要的，其属性值说明如下。

属 性	说 明
name	参数的名称
value	参数的值

在Dreamweaver中，还使用了以下JavaScript脚本来保证在任何版本的浏览器平台下，Flash动画都能正常显示。

```
<script
src="Scripts/swfobject_modified.js">
</script>
```

在页面的正文，使用了以下JavaScript脚本实现了对脚本的调用。

```
<script type="text/javascript">
swfobject.registerObject("FlashID");
</script>
```

知识点滴

如果要在浏览器中观看 Flash 动画，需要安装 Adobe Flash Player 播放器，该播放器可以通过 Adobe 官方网站下载。

3.1.2 调整 Flash 动画大小

使用Dreamweaver在网页中插入Flash动画后，用户可以使用Flash SWF【属性】面板进行大小和相关属性调整，对网页文档中Flash动画大小的调整实际是对其背景框大小的调整(Flash动画本身也会随之变化)。

调整Flash大小的具体操作方法如下。

01 选中页面中插入Flash动画，在【属性】面板的【高】和【宽】文本框中输入具体参数值。

02 在网页中任意位置单击，即可对Flash动画的尺寸进行调整。

除此之外，选中页面中的Flash动画，其右下角会出现3个控制柄，将鼠标指针移动到这些控制柄上，按住左键拖动，也可以调整Flash动画的大小，如果需要实现等比例缩放，可以在拖动控制柄的同时按住Shift键。

3.1.3 设定 Flash 动画信息

在网页中插入Flash动画后，用户可以在【属性】面板的Flash ID、【文件】文本框和class列表框中设置Flash动画的相关设置信息，具体如下。

📌 Flash ID文本框：用于为当前Flash动画分配一个ID号。

📌 【文件】文本框：用于指定当前SWF动画文件的路径信息，对于本地SWF文件，用户可以通过单击该文件夹后的【浏览文件】按钮🗀进行设置。

Flash ID   浏览文件

📌 class下拉列表：用于为当前Flash动画指定预定的类。

当需要调用网络上的Flash动画文件时，可以通过查看来源网页的HTML源代码找到Flash文件的实际URL地址(即Flash文件所在网页的网址)，然后把这段URL绝对地址复制到SWF【属性】面板的【文件】文本框中即可调用。

【例3-1】练习在网页中插入Flash动画，然后通过【属性】面板调用来自网络的Flash动画。 ▶视频

01 打开一个包含Flash动画的网页，右击页面空白处，在弹出的菜单中选择【查看源代码】命令。

02 在新的浏览器窗口中打开网页的源代码，使用浏览器的【查找】功能，查找源代码中的关键字URL，找到Flash动画的URL地址。

03 选中并右击网页源代码中的Flash动画URL地址，例如上图中的地址：

http://sucai.flashline.cn/flash5/yinyue/
1087af77787d4ad4912f18d31f00118a.swf

04 打开Dreamweaver，创建一个网页，并选择【插入】| HTML | Flash SWF命令，在页面中插入任意一个Flash动画。

05 选中页面中插入的Flash动画，将步骤3复制的URL地址，粘贴至【属性】面板的【文件】文本框中。

06 按下F12键，在打开的提示对话框中单击【是】按钮保存网页，即可使用浏览器在制作的网页中浏览网页调用网络Flash动画的效果。

3.1.4 控制 Flash 动画播放

Flash动画在Dreamweaver中的播放控制设置包括【循环】控制、【自动播放】控制、【品质】设置、【比例】设置和【播放预览】设置等。选中网页中的Flash动画后，【属性】面板中可以显示相应的设置项目。下面分别介绍【属性】面板中控制Flash动画播放设置的功能说明。

📌 【循环】复选框：选中该复选框后，Flash文件在播放时将自动循环。

● 【自动播放】复选框：选中该复选框后，在网页载入完成时Flash动画将自动播放。

● 【品质】下拉列表框：用于设置Flash播放时间的品质，以便在播放质量和速度之间取得平衡，该下拉列表框中主要包括【高品质】、【自动高品质】、【低品质】和【自动低品质】4个选项。

● 【比例】下拉列表框：用于设置当Flash动画大小为非默认状态时，以何种方式与背景框匹配。该下拉列表框中包含3个选项，分别为【默认】、【无边框】和【严格匹配】。

3.1.5 设置 Flash 动画边距

Flash动画的边距指的是Flash动画与其周围网页元素之间的间距，其边距分为【垂直边距】和【水平间距】。设置Flash动画边距的方法非常简单，只需要在选中页面中的Flash动画后，在【属性】面板中的【垂直边距】和【水平边距】文本框输入相应的属性值即可。

设置Flash动画的边距参数之后，页面中的Flash动画将会发生相应的变化，效果如下图所示。

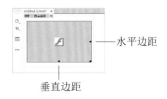

水平边距

垂直边距

3.1.6 对齐方式与颜色设置

Flash的对齐方式与图像对齐方式类似，包括水平对齐和垂直对齐。Flash的【背景颜色】用于设置Flash动画的背景框颜色，默认情况下为空，即保持Flash动画原有背景色。

下面通过一个实例介绍在页面中设置Flash对齐方式和背景色的具体操作。

【例3-2】设置页面中Flash动画的对齐方式和背景颜色。

素材 (光盘素材\第03章\例3-2)

01 打开素材网页后，选中网页中下图所示的Flash动画，按下Ctrl+F3组合键显示【属性】命令。

02 单击【属性】面板中的【对齐】按钮，在弹出的列表中选择【居中】选项。

03 此时，页面中Flash动画的对齐效果如下图所示。

04 单击【属性】面板中的【背景颜色】按钮 □ ，在打开的颜色选择器中即可为Flash动画设置背景颜色。

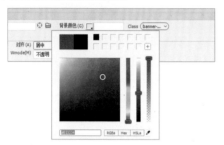

05 完成Flash动画背景颜色的设置后，将在【背景颜色】文本框中显示背景颜色的具体属性值。

知识点滴

设置 Flash 的背景颜色后，默认情况下是不能查看其背景颜色的，除非将 Flash 大小设置为小于其本身大小。另外，由于 Flash 动画文件本身仍包含背景颜色，因此在网页中Flash 的背景不会透明，除非进行了背景透明的相关设置。

3.1.7 Flash 附加参数设置

在Dreamweaver中，用户可以对插入网页中的Flash动画进行相应的参数设置，例如透明参数Wmode。除了该参数外，其他的参数都需要在其【属性】面板中单击【参数】对话框进行设置。下面将分别对Wmode参数及【参数】对话框中的参数进行介绍。

1 Wmode 参数

Wmode参数是用于对Flash进行透明设置的最常用参数，它独立作为下拉列表框存在于SWF【属性】面板中，其中包括【窗口】、【不透明】和【透明】3个属性值选项。

🍭 【窗口】选项：选择该属性值，可以使Flash始终位于页面的最上层，其具有不透明属性值的功能。

🍭 【不透明】选项：该属性值是插入Flash后【属性】面板中的默认值，在浏览器中预览Flash文件时都不能看到网页的背景颜色，而是以Flash文件的背景颜色遮挡了网页的背景颜色。

🍭 【透明】选项：选择该属性值后，与不透明的属性完全相反，在浏览器中浏览包含Flash动画的网页时，不会显示Flash对象的背景颜色。

2 【参数】对话框

单击SWF【属性】面板中的【参数】按钮，将打开如下图所示的【参数】对话框，在其中可以添加、删除Flash动画参数或调整参数的载入顺序。

🍭 【添加参数】按钮 ＋：在【参数】对话框中，默认有两个参数项，单击 ＋ 按钮可以添加参数项，在添加的参数项后单击 ☞ 按钮可以添加参数名，但必须保证创建了站点。

● 【删除参数】按钮━：在【参数】对话框中选中一个参数后，单击━按钮，可以删除参数项。

● 【调整参数顺序】按钮▲和▼：在【参数】对话框中单击▲和▼按钮，可以在对话框中上移或下移参数项。

3.2 插入 Flash Video 视频

Flash Video 视频并不是 Flash 动画，它的出现是为了解决 Flash 以前对连续视频只能使用 JPEG 图像进行帧内压缩，并且压缩效率低，文件很大，不适合视频存储的弊端。Flash Video 视频采用帧间压缩的方法，可以有效地缩小文件大小，并保证视频的质量。在 Dreamweaver 中选择【插入】| HTML | Flash Video 命令，可以打开下图所示的【插入 FLV】对话框，设置在网页中插入 Flash Video 视频。

在上面左图所示的【插入FLV】对话框中根据网页制作进行以下设置后，单击【确定】按钮，即可将视频添加到网页中。

● 视频类型：选择视频的类型，包括【累进式下载视频】和【流视频】两个选项。

● URL：输入FLV文件的网络地址，或单击【浏览】按钮可以设置视频文件的URL地址。

● 外观：选择Flash Video视频的外观。

● 宽度和高度：设置Flash Video视频的大小。

● 限制高宽比：保持Flash视频宽度和高度的比例。

● 自动播放：在浏览器中读取视频文件的同时立即运行Flash视频。

● 自动重新播放：在浏览器中运行Flash视频后自动播放。

如果用户在【FLV】对话框的【视频类型】下拉列表中选择【流视频】选项，将显示如上面右图所示的设置界面。Flash视频是一种流媒体格式，它可以使用HTTP服务器或专门的Flash Communication Server流服务器进行传输。

● 服务器URI：用于设置输入流媒体文件的地址。

● 流名称：用于定义流媒体文件的名称。

⚫ 实时视频输入：用于流媒体文件的实时输入。

⚫ 缓冲时间：用于设置流媒体文件的缓冲时间，以秒为单位。

下面将通过一个实例，介绍在网页中插入Flash Video视频的具体操作。

【例3-3】在网页文档中插入一个Flash Video视频。

素材 (光盘素材\第03章\例3-3)

01 打开素材网页文档后，将鼠标指针插入网页中合适的位置，选择【插入】| HTML | Flash Video命令，打开【插入FLV】对话框，单击URL文本框后的【浏览】按钮。

02 打开【选择FLV】对话框，选中一个本地.flv文件后单击【确定】按钮。

03 返回【插入FLV】对话框，单击【外观】按钮，在弹出的列表中选择一种视频

播放器外观，在【高度】文本框中输入200。

04 单击【确定】按钮，即可在网页中插入一个如下图所示的Flash Video视频。

05 按下F12键，在打开的提示对话框中单击【是】按钮，保存网页，并在浏览器中预览网页的效果，用户可以通过单击Flash视频下方的播放器控制视频的播放。

3.3　插入普通音视频

在Dreamweaver中选择【插入】| HTML |【插件】命令，可以在网页中插入一个用于插入普通音视频文件的插件，并同时显示如下图所示的【属性】面板。

选中页面中插件后显示的【属性】面板

在插件【属性】面板中，各选项参数的功能说明如下。

- 【插件】文本框：可以输入用于播放媒体对象的插件名称，使该名称可以被脚本引用。

- 【宽】文本框：可以设置对象的宽度，默认单位为像素。

- 【高】文本框：可以设置对象的高度，默认单位为像素。

- 【垂直边距】文本框：设置对象上端和下端与其他内容的间距，单位为像素。

- 【水平边距】文本框：设置对象左端和右端与其他内容的间距，单位为像素。

- 【源文件】文本框：设置插件内容的URL地址，既可以直接输入地址，也可以单击其右侧的【浏览文件】按钮，从磁盘中选择文件。

- 【插件URL】文本框：输入插件所在的路径。在浏览网页时，如果浏览器中没有安装该插件，则从此路径上下载插件。

- 【对齐】下拉列表：选择插件内容在文档窗口中水平方向的对齐方式。

- 【边框】文本框：设置对象边框的宽度，其单位为像素。

- 【参数】按钮：单击该按钮，将打开【参数】对话框，提示用户输入其他在【属性】检查器上没有出现的参数。

流式视频文件的形式主要使用ASF或WMV格式。而利用Dreamweaver参数面板就可以调节各种WMV画面。它可以在播放时移动视频的进度滑块，也可以在视频下面显示标题。这些都是可以通过调节参数来设置的。与视频播放相关的参数说明如下表所示。

属 性	说 明
filename	播放的文件名称
autosize	固定播放器大小
autostart	自动播放
autorewind	自动倒转
clicktoplay	单击播放按钮
enabled	功能按钮
showtracker	播放的 Tracker 状态
enabletracker	Tracker 的调节滑标
enablecontextmenu	快捷菜单
showstatusbar	状态表示行
showcontrols	控制面板
showaudiocontrols	音频调节器
showcaptioning	标题窗口
mute	静音
showdisplay	表示信息

下面通过一个实例，介绍通过"插件"在网页中添加音视频的具体方法。

【例3-4】在网页文档中插入视频。

素材 (光盘素材\第03章\例3-3)

01 将鼠标指针置于网页中合适的位置，选择【插入】| HTML |【插件】命令。

02 打开【选择文件】对话框，选择一个视频文件，单击【确定】按钮。

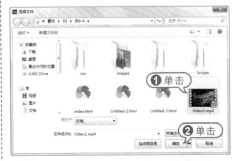

03 此时，将在页面中插入一个效果如下图所示的插件。

04 在【属性】面板中将插件的【宽】设置为320，【高】设置为200。

05 按下F12键，在打开的提示对话框中单击【是】按钮，保存网页，并在浏览器中浏览网页，即可在载入浏览器的同时播放音视频，效果如下图所示。

在网页源代码中，使用<embed>标签来插入音视频或视频文件，例如下面代码中嵌入了Video1.mp4文件，宽度为320像素，高度为200像素。

```
<embed src="Video1.mp4"
width="320" height="200"></embed>
```

<embed>标签可以在网页中放置如MP3音乐、电影、SWF动画等多种媒体内容，其常用的属性如下表所示。

属　性	说　明
Src	背景音乐的源文件
width	宽度
height	高度
type	嵌入多媒体的类型

（续表）

属　性	说　明
loop	循环次数
hidden	控制面板是否显示
starttime	开始播放的时间，格式为mm:ss
Volume	音量大小，取0~100之间的值

如果需要在网页中制作背景音乐，可以参考以下方法操作。

01 参考【例3-4】介绍的方法，在网页中任意位置插入一个音乐文件，例如"Sleep Away.mp3"，并在【属性】面板中设置插件的宽和高的参数。

02 在【文档】工具栏中单击【拆分】按钮，在【代码】视图中找到<embed>标签。

```
<p>
  <embed src="Sleep Away.mp3" width="0" height="0"></embed>
</p>
```

03 在以上代码中，将width和height的参数设置为0。

```
<embed src="Sleep Away.mp3"
width="0" height="0"></embed>
```

04 按下F12键，在打开的提示对话框中单击【是】按钮，保存网页，并使用浏览器查看网页，即可设置网页背景音乐。

除了上面介绍的方法以外，用户还可以使用<bgsound>标签来制作背景音乐效果，例如以下代码嵌入了Sleep Away.mp3音乐文件，并无限循环播放。

```
<bgsound src="Sleep Away.mp3"
loop="-1"></bgsound>
```

3.4　插入 HTML5 音视频

Dreamweaver 允许用户在网页中插入和预览 HTML5 音频与视频。下面将通过实例，介绍在网页中插入 HTML5 Video 和 HTML5 Audio 的方法。

3.4.1　插入 HTML5 视频

HTML5视频元素提供一种将电影或视频嵌入网页的标准方式。在Dreamweaver中，用户可以通过选择【插入】| HTML | HTML5 Video命令，在网页中插入一个

HTML5视频，并通过【属性】检查器设置其各项参数值。

【例3-5】在网页文档中插入一个HTML5 Vedio视频。

◉ 素材 ▶ (光盘素材\第03章\例3-5)

01 打开网页素材文档后，将鼠标指针置于页面中合适的位置，选择【插入】| HTML | HTML5 Video命令，在页面中插入一个如下图所示的HTML5视频。

02 按下Ctrl+F3组合键，显示【属性】面板，单击【源】文本框后的【浏览】按钮 。

03 打开【选择视频】对话框，选择一个视频文件，单击【确定】按钮。

04 在【属性】面板的W文本框中设置视频在页面中的宽度，在H文本框中设置视频在页面中的高度。

05 在【属性】检查器中选中Controls复选框，设置显示视频控件(例如播放、暂停和静音等)，选中AutoPlay复选框，设置视频在网页打开时自动播放。

06 按下F12键，在打开的提示对话框中

单击【是】按钮，保存网页，并在浏览器中浏览网页，页面中的HTML5视频效果如下图所示。

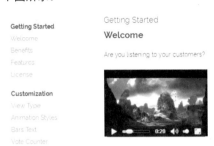

在HTML 5视频的【属性】检查器中，比较重要的选项功能如下。

◉ ID文本框：用于设置视频的标题。

◉ W(宽度)文本框：用于设置视频在页面中的宽度。

◉ H(高度)文本框：用于设置视频在页面中的高度。

◉ Controls复选框：用于设置是否在页面中显示视频播放控件。

◉ AutoPlay复选框：用于设置是否在打开网页时自动加载播放视频。

◉ Loop复选框：设置是否在页面中循环播放视频。

◉ Muted复选框：设置视频的音频部分是否静音。

◉ 【源】文本框：用于设置HTML5视频文件的位置。

◉ 【Alt源1】和【Alt源2】文本框：用于设置当【源】文本框中设置的视频格式不被当前浏览器支持时，打开的第2种和第3种视频格式。

◉ 【Flash回退】文本框：用于设置在不支持HTML5视频的浏览器中显示SWF文件。

3.4.2 插入 HTML5 音频

使用Dreamweaver在网页中插入和设置HTML5 音频的方法与插入HTML 5视频的方法类似。下面通过实例详细介绍。

【例3-6】在网页文档中插入一个HTML 5 Audio视频。

素材 (光盘素材\第03章\例3-6)

01 打开网页素材文件，将鼠标指针置于页面中合适的位置，选择【插入】| HTML | HTML 5 Audio命令，插入一个HTML5音频。

- A reference to latest jQuery library
- A reference to Opineo script file sudo nano opineo.js

The following customization options are available in Opineo:

02 选中页面中的HTML5音频，在【属性】检查器中单击【源】文本框后的【浏览】按钮 。

03 打开【选择音频】对话框，选中一个音频文件，单击【确定】按钮。

04 在【属性】面板中参考设置HTML5 Video视频的方法，设置HTML5音频的属性参数。

05 按下F12键，在打开的提示对话框中单击【是】按钮，保存网页，并在浏览器中浏览网页，即可通过HTML5音频播放控制栏控制音频的播放，效果如下图所示。

- A reference to latest jQuery library
- A reference to Opineo script file sudo nano opineo.js

The following customization options are available in Opineo

3.5 进阶实战

　　本章的进阶实战部分将通过实例介绍制作如下图所示多媒体网页的方法，用户可以通过具体的操作巩固所学的知识。

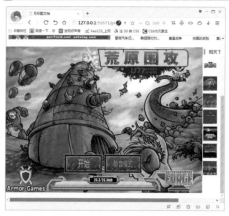

实战一：制作 Flash 游戏页面

实战二：音乐播放页面

3.5.1 制作 Flash 游戏网页

【例3-7】制作一个可以玩Flash游戏的网页界面。

素材 (光盘素材\第03章\例3-7)

01 按下Ctrl+Shift+N组合键，创建一个空白网页。

02 按下Ctrl+F3组合键，显示【属性】面板，并单击其中的【页面属性】按钮。

03 打开【页面属性】对话框，在【分类】列表框中选择【外观(HTML)】选项，然后在对话框右侧的选项区域中设置【左边距】、【右边距】【上边距】和【下边距】为0，单击【确定】按钮。

04 选择【插入】| Div命令，打开【插入Div】对话框，单击【确定】按钮，在网页中插入一个Div标签。

05 将鼠标指针置于页面中插入Div标签的后面，按下Ctrl+Alt+T组合键，打开Table对话框，设置在页面中插入一个3行3列，表格宽度为800像素的表格。

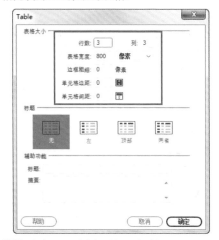

06 选中页面中插入的Div标签。

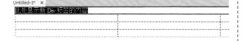

07 在Div【属性】面板中单击【CSS设计器】按钮，打开【CSS设计器】面板。

08 在【CSS设计器】面板的【源】窗格中单击【+】按钮，在弹出的列表中选择【在页面中定义】选项。

09 在【选择器】窗格中单击【+】按钮，在显示的文本框中输入".Div1"。

10 在【属性】窗格中单击background-image按钮，在显示的选项区域中单击【浏览】按钮。

11 打开【选择图像源文件】对话框，选择一个图像文件后，单击【确定】按钮。

12 在【属性】窗格中单击【文本】按钮，在显示的选项区域中将color设置为rgba(245,243,243,1.00)，将fonty-family

设置为【微软雅黑】，将font-size设置为12px。

13 在【属性】面板中单击【布局】按钮，在显示的选项区域中设置height为30px。

14 在【属性】窗格的padding选项区域中将左边距和右边距都设置为60px。

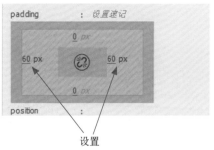

设置

15 在Div【属性】面板中单击Class按钮，在弹出的列表中选择Div1选项。

16 将鼠标指针插入Div标签中，按下Ctrl+Alt+T组合键，打开Table对话框，在其中插入1行6列，表格宽度为800像素的表格。

在 Div 标签中插入表格

17 选中Div标签中插入的表格，在【属性】检查器的CellPad文本框中输入8，单击Align按钮，在弹出的列表中选中【居中对齐】选项。

18 将鼠标插入表格的各个单元格中，输入文本，并在【属性】面板设置表格中单元格的宽度与对齐方式。

可参考素材文件中提供的文本

19 选中步骤5在页面中插入的表格，在表格【属性】面板中单击Align按钮，在弹出的列表中选择【居中对齐】选项。

20 选中表格的第一行单元格，在【属性】面板中单击【合并所选单元格，使用跨度】按钮，将选中的单元格合并。

21 将鼠标指针插入合并后的单元格中，按下Ctrl+Alt+I组合键，打开【选择图像源文件】对话框，选择一个图像文件，单击【确定】按钮，在单元格中插入一个图像。

22 选中表格第2行的第1、2列单元格，使用步骤20的方法将选中的单元格合并。

合并这里的两个单元格

23 按下Ctrl+S组合键保存网页，将鼠标指针插入合并后的单元格中，选择【插入】| HTML |【插件】命令，打开【选择文件】对话框，选择一个Flash游戏动画文件后，单击【确定】按钮。

24 选中页面中Flash插件所在的单元格，在【属性】面板中单击【水平】按钮，在弹出的列表中选择【左对齐】选项。

25 将鼠标指针插入表格第2行第3列单元格中，在【属性】面板中单击【水平】按钮，在弹出的列表中选择【居中对齐】选项，单击【垂直】按钮，在弹出的列表中选择【顶端】选项。

26 再次按下Ctrl+Alt+T组合键，打开Table对话框，在单元格中插入一个8行1列、表格宽度为100的嵌套表格，并在嵌套表格中插入图片和文本。

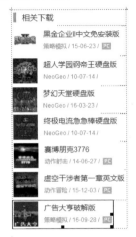

27 选中表格第3行单元格，在【属性】面板中单击【合并所选单元格，使用跨度】按钮，将其合并。

28 将鼠标指针插入合并后的单元格中，在【属性】面板中单击【水平】按钮，在弹出的列表中选择【居中对齐】选项。

29 在单元格中输入网页底部文本后，按下Ctrl+S组合键将网页保存。

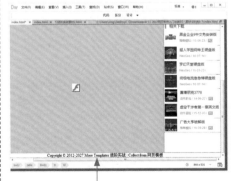

输入网页底部文本

30 按下F12键在浏览器中查看网页效果。

3.5.2 制作音乐播放网页

【例3-8】制作一个可以让浏览者点播音乐的网页。

📀 素材 (光盘素材\第03章\例3-8)

◀ ------

01 按下Ctrl+Shift+N组合键创建一个空白网页，按下Ctrl+F3组合键显示【属性】面板。

02 单击【属性】面板中的【页面属性】按钮，打开【页面属性】对话框，在【分类】列表框中选择【外观(CSS)】选项，将【左边距】、【右边距】、【上边距】和【下边距】都设置为50，然后单击【确定】按钮。

03 按下Ctrl+Alt+T组合键，打开Table对话框，将【行数】设置为1，将【列】设置为5，将【边框粗细】、【单元格边距】、【单元格间距】设置为0。

04 单击【确定】按钮，在页面中插入一个

1行5列的表格，选中该表格中的单元格，在【属性】面板中将【高】设置为100。

05 选择表格的第1列单元格，在【属性】面板中将【宽度】设置为300。

设置该单元格的宽度为300像素

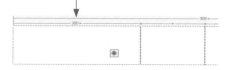

06 按下Ctrl+Alt+I组合键，打开【选择图像源文件】对话框，在单元格中插入一个图像。

07 在表格的其他单元格中输入下图所示的文本，并在【属性】面板中设置文本的字体为【微软雅黑】，【字体大小】为24像素，【字体颜色】为【#999】。

08 将鼠标指针置于表格后方，选择【插入】| HTML |【水平线】命令，在网页中插入一条水平线。

09 在【属性】面板中将水平线的宽度设置为100%。

10 将鼠标指针置于水平线的下方，选择【插入】| HTML| HTML5 Audio命令，在网页中插入一个如下图所示的HTML5 Audio音频。

11 选中页面中的HTML5音频，在【属

性】面板中单击【源】文本框后的【浏览】按钮。

12 打开【选择音频】对话框，选择一个MP3音频文件后，单击【确定】按钮。

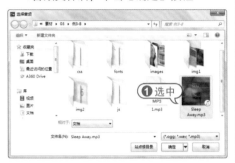

13 将鼠标指针置于HTML5音频的下方，按下Ctrl+Alt+T组合键，打开Table对话框，将【行数】和【列】都设置为1，【表格宽度】设置为900像素，单击【确定】按钮，在页面中插入一个1行1列的表格。

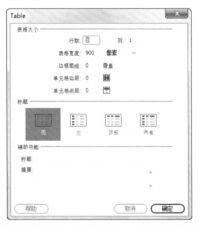

14 将鼠标指针置于上一步创建的表格中，按下Ctrl+Alt+I组合键，打开【选择图像源文件】对话框，选择一个图像文件后，单击【确定】按钮，在表格中插入一个图像。

在表格中插入图像

15 将鼠标光标置于插入图像表格的后方，按下Ctrl+Alt+T组合键，打开Table对话框，在页面中插入一个1行3列，表格宽度为900像素的表格。

16 将鼠标指针置入表格第1列单元格中，按下Ctrl+Alt+T组合键，打开Table对话框，在该单元格中插入一个10行4列的嵌套表格，并在该表格内插入如下图所示的文本和图像。

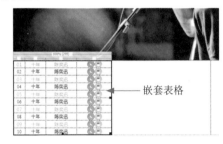

嵌套表格

17 使用同样的方法在表格的其他单元格中也插入嵌套表格，并输入内容。

18 将鼠标指针置于页面中表格的后方，按下Ctrl+Alt+T组合键，打开Table对话框，使用相同的方法，在页面中插入表格并在表格中插入图像，完成网页图文部分的制作。

19 在CSS【属性】面板中单击【CSS和设计器】按钮，打开【CSS设计器】面板，在【源】窗格中单击【+】按钮，在弹出的列表中选择【在页面中定义】选项。

20 在【选择器】窗格中单击【+】按钮，在显示的文本框中输入body，创建一个选择器。

21 在【属性】窗格中单击【背景】按钮，在显示的选项区域中单击background-color选项后的颜色选择器按钮，在打开的颜色选择器中选择一种网页背景颜色。

22 按下Ctrl+Shift+S组合键，将当前网页保存为多个网页文件。

23 分别打开保存的网页文件，选中页面中的HTML 5 Audio音频，在【属性】面板的【源】文本框中为其设置不同的音乐文件。

24 选中步骤16创建嵌套表格中的文本和图片，在【属性】面板中为其设置超链接，使其链接至相对应的网页(步骤23设置的音频播放页面)。

25 完成以上设置后，按下F12键即可在浏览器中预览网页。

3.6 疑点解答

● 问：网页中有哪些常用的视频格式？

答：常见的网页视频格式有以下几种。

● MOV：原来是苹果电脑中的视频文件格式，后来也能在计算机上播放。

● AVI：微软公司推出的视频格式文件，是目前视频文件的主流，一些游戏和教育软件的片头常常使用该格式。

● WMV：一种Windows操作系统自带的媒体播放器所使用的多媒体文件格式。

● MPG：计算机上的全屏幕活动视频的标准文件为MPG格式文件。

第4章

使用表格布局页面

网页内容的布局方式取决于网站的主题定位。在Dreamweaver中，表格是最常用的网页布局工具，表格在网页中不仅可以排列数据，还可以对页面中的图像、文本、动画等元素进行准确定位，使网页页面效果显得整齐而有序。

对应光盘视频

例4-1 在表格中输入文本
例4-2 在表格中插入图像
例4-3 设置表格的属性
例4-4 排序表格中的内容

例4-5 在网页中导入表格
例4-6 制作婚嫁网站首页
例4-7 制作网站引导页面

4.1 制作表格的方法

网页能够向访问者提供的信息是多样化的，包括文字、图像、动画和视频等。如何使这些网页元素在网页中的合理位置上显示出来，使网页变得不仅美观而且有条理，是网页设计者在着手设计网页之前必须要考虑的问题。表格的作用就是帮助用户高效、准确地定位各种网页数据，并直观、鲜明地表达设计者的思想。

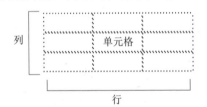

将复杂的内容利用表格整理

表格由行和列组成，并根据行和列的个数决定形状。行和列交叉形成了矩形区域。即表格中的一个矩形单元称为单元格。

表格宽度、标题、摘要等参数，单击【确定】按钮。

4.1.1 创建表格

在Dreamweaver中，按下Ctrl+Alt+T组合键(或选择【插入】| Table命令)，可以打开Table对话框，通过在该对话框中设置表格参数，可以在网页中插入表格，具体操作方法如下。

01 将鼠标指针插入网页中合适的位置，按下Ctrl+Alt+T组合键。

02 打开Table对话框，设置行数、列、

上图所示Table对话框中各选项的功能说明如下。

🔖 【行数】文本框：可以在文本框中输入表格的行数。

【列】文本框：可以在文本框中输入表格的列数。

【表格宽度】文本框：可以在文本框中输入表格的宽度，在右边的下拉列表中可以选择度量单位，包括【百分比】和【像素】两个选项。

【边框粗细】文本框：可以在文本框中输入表格边框的粗细。

【单元格边距】文本框：可以在文本框中输入单元格中的内容与单元格边框之间的距离值。

【单元格间距】文本框：可以在文本框中输入单元格与单元格之间的距离值。

【标题】文本框：用于设定表格的标题。

【摘要】文本框：输入关于表格的摘要说明。该内容虽然不显示在浏览器中，但可以在平面阅读器上识别，并可以被转换为语音。

03 单击【确定】按钮，即可在网页中插入如下图所示的表格。

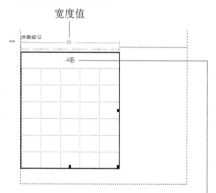

表格标题

如上图所示，在网页中插入表格后，将会在表格的边框显示整个表格的宽度值。在后期调整表格宽度时，该值也会一起发生改变。

单击表格边框显示的宽度值，在弹出的列表中，选择【使所有宽度一致】选项，可以使代码与页面中显示的宽度一致。

保持表格的选中状态，切换【代码】视图，在网页源代码中可以看到，定义一个表格，在<table>标签和</table>结束标签之间包含所有的元素。

表格元素包括数据项、行和列的表头以及标题，每一项都有自己的修饰标签。按照从上到下、从左到右的顺序，可以为表格的每列定义表头和数据。

用户可以将任意元素放在HTML的表格单元格中，包括图像、表单、分割线、表头，甚至另一个表格。浏览器会将每个单元格作为一个窗口处理，让单元格的内容填满空间，当然在这个过程中会有一些特殊的格式规定和范围。

在网页源代码中，只需要用5个标签就可以生成一个样式较为复杂的表格。

<table>标签：在文档主体内容中封闭表格及其元素。

<tr>标签：定义表格中的一行。

<td>标签：定义数据单元格。

<th>标签：定义表头。

<caption>标签：定义表格标题。

下面将分别介绍以上5个标签的具体使用方法。

1 <table>、<tr> 和 <td> 标签

表格中所有的结构和数据都被包含在表格标签<table>和</table>之间。其中，<table>标签包含了许多影响表格宽度、高度、摘要以及边框、页面对齐方式和背景颜色的属性，例如，本书前面实例创建表格中<table>标签如下图所示。

表格宽度为300

<table width="300" border="1" summary="A组数据信息">

边框粗细为1

摘要文字

在打开表格<table>标签后面紧跟的是第一个行标签<tr>。在HTML中，单元格标签为一对<td>和</td>标签。使用<tr>标签可以在表格中新建行。在<tr>标签中可以放置一个或多个单元格，单元格包括由<td>标签定义的数据。<tr>标签接受一定的特殊属性，然后和表格的一般属性一起来控制其效果。<tr>标签内的<td>标签会在一行中创建单元格及其内容。数据通常会默认左对齐，与表格行标签<tr>中的其他标签一样，单元格标签支持丰富的样式和内容对齐属性，这样可以将它们用于单个数据格。这些属性会覆盖原来当前行的默认值。还有一些特殊的属性，可以控制单元格在表格中跨越的行或列的数目。<td>标签也支持一般的表格属性。浏览器会自动创建一个在垂直方向和水平方向上足够大的表格，用于显示所有单元格的内容。

```
9    <table>        <!--声明表格开始-->
10      <tr>         <!--声明行开始-->
11        <td>       <!--声明单元格开始-->
12        </td>      <!--声明单元格结束-->
13      </tr>        <!--声明行结束-->
14   </table>        <!--声明表格结束-->
```

2 <th> 标签

将<th>标签引入表格，会在表格的一行中创建表头。表头用粗体样式标记，文本表头会在中间对齐。<tr>标签内<td>标签会在一行中创建表头，其他内容的默认对齐方式也可能和数据的对齐方式不同。数据通常默认为左对齐，可是文本表头会在中间对齐。与表格行标签<tr>中的其他标签一样，表头标签支持丰富的样式和内容对齐属性，这样可以将它们用于表头单元格。这些属性会覆盖原来当前行的默认值。与<td>标签一样，<th>标签中的内容可以是放置到文档主体中的任意元素，包括文字、图像等，甚至可以是另一个表格。

```
9    <table>        <!--声明表格开始-->
10      <tr>         <!--声明行开始-->
11        <th>       <!--声明表头开始-->
12        </th>      <!--声明表头结束-->
13      </tr>        <!--声明行结束-->
14   </table>        <!--声明表格结束-->
```

3 <caption> 标签

一般情况下，表格需要一个标题来说明其内容。通常浏览器都提供了一个表格标题标签，在<table>标签后立即加入<caption>标签及其内容，<caption>标签也可以放在表格和行标签之间的任何地方。标题可以包括任何主体内容，这一点类似表格中的单元格。

```
9    <table>        <!--声明表格开始-->
10   <caption>标题内容</caption>
11      <tr>         <!--声明行开始-->
12        <th>       <!--声明表头开始-->
13        </th>      <!--声明表头结束-->
14      </tr>        <!--声明行结束-->
15   </table>        <!--声明表格结束-->
```

除了上面介绍的5种标签以外，还可以在表格源代码中使用<thead>、<tbody>以及<tfoot>标签划分表格。

♣ <thead>标签：使用<thead>标签可以定义一组表的首行。在<thead>标签中可以放置一个或多个<tr>标签，用于定义表首中的行。当以大部分方式打印表格或显示表

格时，浏览器会复制这些表首。因此，如果表格的出现多于一页的话，在每个打印页上都会重复这些表首。

```
10 ▼ <thead>
11    表首内容
12    </thead>
```

🔵 <tbody>标签：使用<tbody>标签，可以将表格分成一个单独的部分，该标签可以将表格中的一行或几行合成一组。

```
10 ▼ <tbody>
11    表主体内容
12    </tbody>
```

🔵 <tfoot>标签：使用<tfoot>标签，可以为表格定义一个表注。与<thead>类似，它可以包括一个或多个<tr>标签，这样可以定义一些行，浏览器将这些行作为表格的表注。因此，如果表格跨越了多个页面，浏览器重复这些行。

```
10 ▼ <tfoot>
11    表注内容
12    </tfoot>
```

4.1.2 调整表格

在网页中插入表格后，可以通过调节表格大小、添加与删除行和列等操作，使表格的形状符合网页制作的需要。

1 调整表格大小

当表格四周出现黑色边框时，就表示表格已经被选中。将光标移动到表格右下方的尺寸手柄上，光标会变成 🔩 或 ↕ 形状。

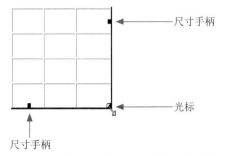

在此状态下按住鼠标左键，向左右、上下或对角线方向拖动即可调整表格的大小，如下图所示。

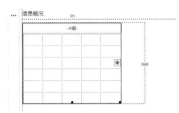

当鼠标指针移动到表格右下方的手柄处，光标变为 🔩 时，可以通过向下拖动来增大表格的高度。

2 添加行和列

在网页中插入表格后，在操作过程中可能会出现表格的中间需要嵌入单元格的情况。此时，在Dreamweaver中执行以下操作即可。

01 将鼠标指针插入表格中合适的位置，右击鼠标，在弹出的菜单中选择【表格】|【插入行或列】命令。

02 打开下图所示的【插入行或列】对话框，在其中设置行数、列数以及插入位置。

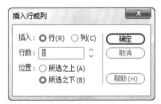

上图所示【插入行或列】对话框中各

选项的功能说明如下。

🔵 【插入】选项区域：选择添加【行】或添加【列】。

🔵 【行(列)数】文本框：用于设定要添加行或列的个数。

🔵 【位置】选项区域：选择添加行或列的位置，包括【所选之上】和【所选之下】、【当前列之前】和【当前列之后】等选项。

03 单击【确定】按钮，即可在表格中添加指定数量的行或列。

知识点滴

将鼠标指针插入到表格最后一行的最后一个单元格中，按下 Tab 键，可以快速插入一个新行。

3　删除行和列

删除表格行最简单的方法是将鼠标指针移动到行左侧边框处，当光标变为➡时单击，选中想删除的行，然后按下Delete键。

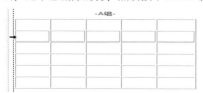

要删除表格中的列，可以将鼠标指针移动到列上方的边缘处，当光标变为↓时单击，选中想要删除的列，然后按下Delete键即可。

4　合并与拆分单元格

在制作页面时，如果插入的表格与实际效果不相符，例如有缺少或多余单元格的情况，可根据需要，进行拆分和合并单元格操作。

🔵 在要合并的单元格上按住鼠标左键拖动将其选中，选择【编辑】|【表格】|【合并单元格】命令即可合并单元格。

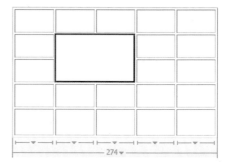

🔵 选择需要拆分的单元格，选择【编辑】|【表格】|【拆分单元格】命令，或单击【属性】面板中的合并按钮∺，打开【拆分单元格】对话框；选择要把单元格拆分成行或列，然后再设置要拆分的行数或列数，单击【确定】按钮即可拆分单元格。

5　创建合适的表格宽度

在网页中创建表格后，为了使表格在页面中能够以符合网页制作的要求显示，用户需要为表格设置一个合适的宽度。

在Table对话框中设置表格宽度的单位有百分比和像素两种。当设置表格的宽度为80%时，如果当前打开的窗口宽度为300像素，表格实际宽度为浏览器窗口宽度的80%，即240像素。如果浏览器窗口的宽度为600像素，则表格的实际宽度为480像素。综上所述，将表格的宽度用百分比来指定时，随着浏览器窗口宽度的变化，表格的宽度也会发生变化。与此相反，如果用像素来指定表格的宽度，则与浏览器窗口的宽度无关，总会显示一个确定的宽度。因此，当缩小窗口的宽度时，有时会出现看不到表格中部分内容的情况。

如果用户希望网页在任何窗口大小下观看效果都一样，可以将网页最外围表格的宽度设置为以百分比为单位；如果希望网页保持一个绝对的大小，不会随浏览器显示的大小改变而改变，则可以设置表格使用像素作为单位。

4.2 添加表格的内容

在网页中插入的表格中可以添加包括文本、图像、动画等类型的各种页面元素。添加表格内容的方法很简单，用户只需要将鼠标光标定位到要添加内容的单元格中，然后按照添加网页元素的方法操作即可。下面将通过一个实例，介绍在网页表格中添加下图所示文本和图像等内容的具体操作，帮助新手用户快速掌握网页表格的操作。

在网页中插入表格并设置其标题文本格式

插入表格

插入图像

输入内容文本

4.2.1 在表格中输入文本

在表格中输入文本的方法与在网页中输入文本的方法基本相同，将鼠标指针插入到需要输入文本的表格单元格中，即可输入相关的文字，同时，也可以在【属性】面板中设置表格文本的格式。

【例4-1】在网页中创建一个表格，并在其中输入文本。

📹视频+素材 (光盘素材\第04章\例4-1)

01 打开网页素材文档后，将鼠标指针置于页面中合适的位置，按下Ctrl+Alt+T组合键，打开Table对话框，设置创建一个3行4列、宽度为100%，并附有标题文本的表格，如下图所示。

02 选中页面中表格的标题文本"Photographers"，按下Ctrl+F3组合键显示【属性】面板，在【字体】选项区域中设置文本的字体，在【大小】选项区域设置文本的大小和颜色。

03 将鼠标指针分别插入表格第2行和第3行单元格中，输入表格内容文本。

内容文本　　　　　　　标题文本

04 在【属性】面板中分别设置表格各单元格内的文本格式和颜色，完成表格内容文本的设置。

图（Photographers 表格顶部）

4.2.2 在表格中插入图像

在表格中插入图像的方法与在网页中插入图像的方法类似，下面通过操作介绍。

【例4-2】继续【例4-1】的操作，在网页中的表格上插入并调整图像。

视频+素材 (光盘素材\第04章\例4-2)

01 将鼠标指针置入表格第一行第一列的单元格内，按下Ctrl+Alt+I组合键，打开【选择图像源文件】对话框，选择一个图像素材文件。

02 单击【确定】按钮，在网页中插入一个图像。在【属性】面板中设置图像宽和高的参数，使其在单元格中的效果如下图。

03 重复以上操作，在表格中插入更多的图像，按下Ctrl+S组合键，完成表格制作。

4.3 设置表格和单元格属性

表格由单元格组成，即使是一个最简单的表格，也包含一个单元格。而表格与单元格的属性完全不同，选择不同的对象（表格或单元格），【属性】面板将会显示相应的选项参数。本节将主要介绍在网页制作中如何通过设置表格属性，制作出效果出色的表格。

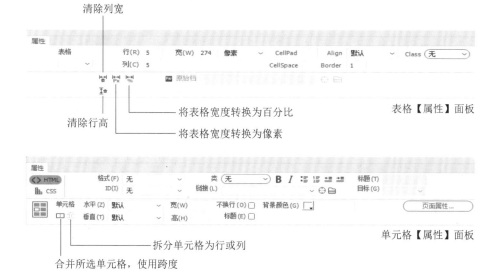

表格【属性】面板

单元格【属性】面板

4.3.1 设置表格属性

在Dreamweaver中，将鼠标指针移动至表格左上方，当光标变为 时单击(或选择【编辑】|【表格】|【选择表格】命令)，可以选中整个表格，并显示如上图所示的【属性】面板。

在表格【属性】面板中，各选项的功能说明如下。

● 【表格】文本框：用于输入表格的名称。

● 【行】和【列】文本框：用于设置表格的行和列的个数。

● 【宽】文本框：用于指定表格的宽度。以当前文档的宽度为基准，可以指定百分比或像素为单位。默认单位为像素。

● Cellpad文本框：用于设置表格内容和单元格边框之间的间距。可以认为是表格内侧的空格。将该值设置为0以外的数值时，在边框和内容之间会生成间隔。

● Align下拉列表：用于设置表格在文档中的位置，包括【默认】、【左对齐】、【居中对齐】和【右对齐】4个选项。

● Class下拉列表：用于设置表格的样式。

● 【将表格宽度转换为像素】按钮 ：单击该按钮后，可以将设置为百分比的表格宽度转换为像素单位。

💡【将表格宽度转换为百分比】按钮 ：单击该按钮后，可以将设置为像素单位的表格宽度转换为百分比。

💡【清除列宽】按钮 ：单击该按钮可以忽略表格中的宽度，直接更改成可表示内容的最小宽度。

💡【清除行高】按钮 ：单击该按钮可以忽略表格中的高度，直接更改成可表示内容的最小高度。

💡【原始档】文本框：用于设置原始表格设计图像的Fireworks源文件路径。

💡 CellSpace文本框：用于设置单元格之间的间距。该值设置为0以外的数值时，在单元格和单元格之间会出现空格，因此两个单元格之间有一些间距。

💡 Border文本框：用于设置表格的边框厚度。大部分浏览器中，表格的边框都会采用立体性的效果方式，但在整理网页而使用的布局表格文档中，最好不要显示边框，将Border值设置为0。

在网页源代码中，<table>标签的常用属性如下表所示。

属　　性	说　　明
border	边框
width	宽度
height	高度
bordercolor	边框颜色
bgcolor	背景颜色
background	背景图像
cellspacing	单元格间距
cellpadding	单元格边距
align	排列
frame	设置边框效果

例如，下面的代码声明表格边框为1像素、宽度为400像素；高度为200像素；边框颜色为#ffffff，背景颜色为#666699；背景图像为Pic.jpg；单元格间距为3像素；单元格边距为10像素；排列方式为居中对齐。

```
<table width="400" height="200"
 border="1" bgcolor="#666699"
bordercolor="#ffffff"
background="Pic.jpg" align="center"
cellpadding="10" cellspacing="3">
</table>
```

其中align属性在水平方向上可以设置表格的对齐方式，包括左对齐、居中对齐、右对齐等3种方式，属性值如下表。

属　　性	说　　明
left	左对齐
right	右对齐
center	居中对齐

标准的frame属性为表格周围的行修改边框效果，默认值为box，它告诉浏览器在表格周围画上全部四条线。border和box的作用一样。void值会将所有frame的四条线删除。Frame值为above、below、lhs和rhs时，浏览器会分别在表格的顶部、底部、左边和右边显示不同的边框线。hsides值会在表格的顶部和底部(水平方向)显示边框，vsides值会在表格的左边和右边(垂直方向)显示边框。属性值说明如下表。

属　　性	说　　明
above	显示上边框
below	显示下边框
border	显示所有边框
box	显示上下左右边框
hsides	显示上下边框
lhs	显示左边框
rhs	显示右边框
void	不显示边框
vsides	显示左右边框

4.3.2 设置单元格属性

在页面中选中表格中的单元格后，【属性】面板中将显示如下图所示的单元格【属性】设置区域，在其中可以设置单元格的背景颜色或背景图像、对齐方式、边框颜色等属性。

单元格【属性】面板中各选项的功能说明如下。

■ 【合并所选单元格，使用跨度】按钮▢：选择两个以上的单元格后，单击该按钮，可以将选中的单元格合并。

■ 【拆分单元格为行或列】按钮▥：单击该按钮后，在打开的对话框中选择行或列以及拆分的个数，就可以拆分所选的单元格。

■ 【垂直】下拉列表：用于设置单元格中的图像或文本的纵向位置，包括【顶端】、【居中】、【底部】、【基线】和【默认】5种形式。

■ 【水平】下拉列表：设置单元格中的图像或文本的横向位置。

■ 【宽】和【高】文本框：用于设置单元格的宽度和高度。

■ 【不换行】复选框：输入文本时，选中该复选框，即使输入的文本超出单元格宽度，也不会自动换行。

■ 【标题】复选框：选中该复选框后，将明显地表示单元格标题并居中对齐。

■ 【背景颜色】文本框：用于设置单元格的背景颜色。

在网页源代码中，<td>或<th>标签的属性和<table>标签的属性也非常相似，用于设定表格中某一单元格或表头的属性。常用属性说明如下表所示。

属　性	说　明
align	单元格内容的水平对齐
valign	单元格内容的垂直对齐
bgcolor	单元格的背景颜色
background	单元格的背景图像
width	单元格的宽度
height	单元格的高度
rowspan	跨行
colspan	跨列

例如，以下代码声明了单元格边框为1像素、宽度为400像素；高度为200像素；边框颜色为#ffffff；背景颜色为#666699；背景图像为Pic.jpg；水平垂直居中。

```
<td width="400" height="200"
 border="1" bgcolor="#666699"
bordercolor="#ffffff"
 background="Pic.jpg" valign="center"
 valign="middle">
</td>
```

其中valign属性在垂直方向上可以设定行的对齐方式，包括顶端、居中、底部、基线4种对齐方式。属性值的说明如下。

属　性	说　明
top	顶端
middle	居中
bottom	底部
baseline	基线对齐

在表格表头或单元格中使用colspan属性，可以将一行中的一个单元格扩展为两列或更多列。

```
1 ▼ <table>
2 ▼     <tr>
3             <td colspan="2">
4             </td>
5       </tr>
6 </table>
```

同样，使用rowspan属性将一个单元格扩展到表格中的上下几行。

```
1 ▼ <table>
2 ▼     <tr>
3             <td rowspan="2">
4             </td>
5       </tr>
6 </table>
```

下面通过一个实例，介绍通过设置网页中表格属性，排版页面布局的方法。

【例4-3】在网页中通过设置表格和单元格属性排版网页布局。

🎬视频+素材 (光盘素材\第04章\例4-3)

01 按下Ctrl+Shift+N组合键，创建一个空白网页文档，然后按下Ctrl+Alt+T组合键，打开Table对话框，设置【行数】为1，【列】为2，【表格宽度】为1008像素，【边框粗细】、【单元格边距】、【单元格间距】均为0像素。

02 单击【确定】按钮，在页面中插入一个1行2列的表格。

03 将鼠标指针分别插入页面中表格的2个单元格内，按下Ctrl+Alt+I组合键，在其中插入图像素材。

在表格中插入图像

04 将鼠标指针插入表格的后面，按下Ctrl+Alt+T组合键，插入一个1行8列，宽度

为1008像素的表格。

05 在【文档】工具栏中单击【拆分】按钮，切换【拆分】视图，找到表格代码。

表格代码

将以下代码：

```
<table width="1008" border="0"
cellspacing="0" cellpadding="0">
```

修改为：

```
<table width="1008" border="0"
cellspacing="0" cellpadding="0"
background="img/BJ.jpg">
```

为表格添加背景图像，效果如下图。

添加表格背景图片

06 将鼠标指针分别置于表格第2至第7个单元格中，输入文本并设置文本格式。

07 将鼠标指针插入表格的后面，按下

Ctrl+Alt+T组合键，插入一个1行3列，宽度为1008像素的表格，然后使用鼠标调整表格每一列的宽度和高度。

08 将鼠标指针插入表格的第1列中，切换到【拆分】视图，将以下代码：

```
<th width="201" height="165"
 scope="col">
```

修改为：

```
<th width="201" height="165"
 scope="col" background="img/
P3.jpg">
```

为单元格添加背景图像。

09 将鼠标指针插入表格第3列中，使用同样的方法，为该单元格添加背景图像。

设置这两个单元格的背景图像

10 在【文档】工具栏中单击【设计】按钮，切换回【设计】视图。将鼠标指针插入上图所示表格第2列单元格中，按下Ctrl+Alt+T组合键，在该单元格中插入一个

1行1列、宽度为85%的嵌套表格。

插入嵌套表格

11 在【属性】检查器中单击Align按钮，在弹出的列表中选择【居中对齐】选项。

12 将鼠标指针插入到第2列单元格中，在单元格【属性】面板中单击【垂直】按钮，在弹出的列表中选择【顶端】选项。

13 切换【拆分】视图，在【代码】视图中将代码：

```
<th width="605" height="165"
 valign="top" scope="col">
```

修改为：

```
<th width="605" height="165"
 valign="top" scope="col"
 background="img/P4.jpg">
```

为第2列单元格也添加背景图。

14 返回【设计】视图，在第2列单元格中的嵌套表格中输入文本并插入图像。

置文本格式。

19 按下F12键，在打开的对话框中单击【是】按钮，保存网页，并在浏览器中浏览网页效果。

15 将鼠标指针插入大表格的外侧，按下Ctrl+Alt+T组合键，插入一个1行3列，宽度为1008像素的表格。

16 选中表格的所有单元格，在【属性】面板中单击【背景颜色】按钮▣，打开颜色选择器，单击【吸管工具】按钮✐。

17 单击网页头部插入的图片，拾取其中的颜色，作为单元格的背景颜色。

18 将鼠标指针插入表格第2列单元格中，在其中输入文本，并在【属性】面板中设

知识点滴

将表格的边框粗细设置为0后插入表格，此时边框将以点的形式出现。当几个表格重复插入时会很难找出各个表格的包含关系，而且也很难选择表格。在这种情况下，可以在Dreamweaver中单击状态栏中的表格标签，选取表格和表格元素。

4.4 排序表格数据

在 Dreamweaver 中使用表格展示大量数字、文本数据时，利用软件提供的【排序表格】功能，可以对表格指定的内容进行排序。下面通过一个实例介绍具体操作方法。

【例4-4】在Dreamweaver中对网页表格中的内容进行排序处理。

🎬 视频+素材 (光盘素材\第04章\例4-4)

01 打开网页素材文档后，选中网页中需要排序的表格，选择【编辑】|【表格】|

【排序表格】命令。

团队统计	全部会员	平均数据	今日新增	今日统计值	
A	普卡	4534	+50	4734	全部收入：1256668
B	银卡	4534	+2	4532	全部支出：3836465.84
					全部积分：546464
C	金卡	4534	+10	4437	**26.83%** 全盘返出
D	钻卡	4534	+50	4464	全部收入：1256668
E	合计	4534	+50	4656	全部支出：3836465.84
					全部积分：546464

02 打开【排序表格】对话框，根据数据排序要求设置相应的排序参数。

　　【排序表格】对话框中各选项的功能说明如下。

　　🌀【排序按】下拉列表：选择使用哪个列的值对表格的行进行排序。

　　🌀【顺序】下拉列表：确定是按字母还是按数字顺序以及是以升序(A到Z，数字从小到大)或是以降序对列进行排序。

　　🌀【再按】和【顺序】下拉列表：确定将在另一列上应用的第二种排序方法的排序顺序。在【再按】下拉列表中指定将应用第二种排序方法的列，并在【顺序】弹出的菜单中指定第二种排序方法的排序顺序。

　　🌀【排序包含第一行】复选框：指定将表格的第一行包括在排序中。如果第一行是不应移动的标题，则不选择此选项。

　　🌀【排序脚注行】复选框：指定按照与主体行相同的条件对表格的tfoot部分中的所有行进行排序。

　　🌀【排序标题行】复选框：指定在排序时，包括表格的标题行。

　　🌀【完成排序后所有行颜色保持不变】复选框：设置排序之后表格行属性与同一内容保持关联。

03 单击【确定】按钮，即可按排序设置排序选中表格中的数据，效果如下。

团队统计	全部会员	平均数据	今日新增	今日统计值
C	金卡	4534	+10	4437
D	钻卡	4534	+50	4464
B	银卡	4534	+2	4532
E	合计	4534		4656
A	普卡	4534	+50	4734

4.5　导入和导出网页表格

　　使用 Dreamweaver，用户不仅可以将另一个应用程序，例如 Excel 中创建并以分隔文本格式（其中的项以制表符、逗号、冒号、分号或其他分隔符隔开）保存的表格式数据导入到网页文档中并设置为表格的格式，而且还可以将 Dreamweaver 中的表格导出。

4.5.1　导入表格式数据

　　在页面中需要添加数据时，如表格数据预先存储在其他应用程序(例如Excel、Word或记事本)中，可以直接将数据导入。

- ➤

【例4-5】在Dreamweaver中为网页导入表格式数据。

◉ 视频+素材 (光盘素材\第04章\例4-5)

◀- - - - - - - - - - - - - - - - -

01 启动【记事本】工具，然后输入表格式数据，并使用逗号分隔数据。

02 在Dreamweaver中选择【文件】|【导入】|【表格式数据】命令，打开【导入表格式数据】对话框。

03 在【导入表格式数据】对话框中单击【浏览】按钮，打开【打开】对话框，然后在该对话框中选中步骤1创建的文件，并单击【打开】按钮。

04 返回【导入表格式数据】对话框后，单击【定界符】下拉列表按钮，在弹出的下拉列表中选中【逗点】选项。

05 单击【确定】按钮，即可在网页中导入表格式数据。

导入的表格

【导入表格式数据】对话框中主要参数选项的具体作用如下。

● 【数据文件】文本框：可以设置要导入的文件名称。用户也可以单击【浏览】按钮选择一个导入文件。

● 【定界符】下拉列表框：可以选择在导入的文件中所使用的定界符，如Tab、逗号、分号、引号等。如果在此选择【其他】选项，在该下拉列表框右面将出现一个文本框，用户可以在其中输入需要的定界符。定界符就是在被导入的文件中用于区别行、列等信息的标志符号。定界符选择不当，将直接影响到导入后表格的格式，而且有可能无法导入。

● 【表格宽度】选项区域：可以选择创建的表格宽度。其中，选择【匹配内容】单选按钮，可以使每个列足够宽以适应该列中最长的文本字符串；选择【设置为】单选按钮，将以像素为单位，或按占浏览器窗口宽度的百分比指定固定的表格宽度。

● 【单元格边距】文本框与【单元格间距】文本框：可以设置单元格的边距和间距。

● 【格式化首行】下拉列表框：可以设置表格首行的格式，可以选择【无格式】、【粗体】、【斜体】或【加粗斜体】4种格式。

● 【边框】文本框：用于设置表格边框的宽度，单位为像素。

4.5.2 导出表格式数据

在Dreamweaver中，用户若要将页面内制作的表格及其内容导出为表格式数据，可以参考下面所介绍的操作步骤。

01 导出表格后，选择【文件】|【导出】|【表格】命令，打开【导出表格】对话框。

02 在【导出表格】对话框中设置相应的参数选项后，单击【导出】按钮，打开【表格导出为】对话框。

03 在【表格导出为】对话框中设置导出文件的名称和类型后，单击【保存】按钮即可将导出表格。

【导出表格】对话框中主要选项的功能如下。

● 【换行符】下拉列表框：可以设置在哪个操作系统中打开导出的文件，例如在Windows，Macintosh或UNIX系统中打开导出文件的换行符方式，因为在不同的操作系统中具有不同的指示文本行结尾的方式。

● 【定界符】下拉列表框：可以设置要导出的文件以什么符号作为定界符。

4.6 进阶实战

本章的进阶实战部分将通过创建如下图所示的网页介绍使用表格规划网页布局的方法，用户可以通过实例巩固所学的知识。

实战一：制作婚嫁页面

实战二：制作网站引导页面

4.6.1 制作婚嫁网站首页

【例4-6】在Dreamweaver中利用表格设计布局，制作一个婚嫁网站首页。

●视频+素材 (光盘素材\第04章\例4-6)

01 按下Ctrl+Shift+N组合键创建一个空白网页，按下Ctrl+F3组合键显示【属性】面板，单击该面板中的【页面属性】按钮。

【页面属性】按钮

02 打开【页面属性】对话框，在【分类】列表框中选中【外观(CSS)】选项，在

对话框右侧的选项区域中将【左边距】、【右边距】、【上边距】和【下边距】都设置为0像素，单击【确定】按钮。

03 按下Ctrl+Alt+T组合键，打开Table对话框，在【行数】文本框中输入4，在【列】文本框中输入3，在【表格宽度】文本框中输入100，并单击该文本框后的按钮，在弹出的列表中选择【百分比】选项。

04 在【边框粗细】、【单元格间距】和

【单元格边距】文本框中输入0，单击【确定】按钮，在网页中插入4行3列，宽度为100%的表格。

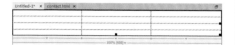

05 按住Ctrl键选中表格第1行所有的单元格和第2行中第1、3列单元格，在【属性】面板中的【背景颜色】文本框中输入"#262626"，设置单元格背景颜色。

06 选中表格第1行第2列单元格，在【属性】面板的【宽】文本框中输入1000，在【高】文本框中输入60，将【水平】设置为【居中对齐】，将【垂直】设置为【居中】。

07 按下Ctrl+Alt+T组合键，打开Table对话框，设置在单元格中插入一个1行9列，宽度为1000像素的嵌套表格。

08 按住Ctrl键选中嵌套表格的第1和第9个单元格，在【属性】面板中将单元格的宽度设置为150。

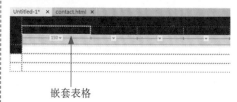

嵌套表格

09 使用同样的方法，选中嵌套表格的其他单元格，在【属性】面板中将单元格的宽度设置为100像素，并在其中输入文本。

10 选中输入了文本的单元格，在【属性】面板中将单元格内容的水平对齐方式设置为【居中对齐】。

11 将鼠标指针置于步骤4插入网页中表格的第2行第2列单元格中，按下Ctrl+Alt+I组合键，打开【选择图像文件】对话框，选择一个图像素材文件，单击【确定】按钮。

12 选中页面中插入的图像，在状态栏的标签选择器中单击<td>标签。

<td>标签

13 选中图像所在单元格，在【属性】面板中将【水平】设置为【居中对齐】，将【垂直】设置为【居中】。

14 将鼠标置于表格第3行第2列单元格中，按下Ctrl+Alt+T组合键，打开Table对话框，设置在单元格中插入一个4行3列，宽度为1000像素的表格。

15 选中嵌套表格的第1行，在【属性】面板中单击【合并所选单元格，使用跨度】按钮□，合并单元格。

合并这一行所有单元格

16 在【属性】面板中将合并后的单元格【水平】对齐方式设置为【居中对齐】。

17 按下Ctrl+Alt+I组合键，在合并后的单元格中插入如下图所示的图片。

18 选中嵌套表格的第2行第1、2列单元格，单击【属性】面板中的【合并所选单元格，使用跨度】按钮□，合并单元格。

19 在嵌套表格第2行的2个单元格中输入文本，并通过【属性】面板设置文本的水平对齐方式为【左对齐】。

20 合并嵌套表格的第3、4行单元格，选中步骤19在表格第2行第1列中输入的文本。

选中

21 在HTML【属性】面板中单击【内缩区块】按钮≝，在文本前添加内缩区块。

22 使用同样的方法，为嵌套表格第2行第2列中添加内缩区块，效果如下图所示。

为这两个单元格中的文本添加内缩区块

23 将鼠标指针置于嵌套表格第3行中，在【属性】面板中设置单元格的水平对齐方式为【居中】。

24 按下Ctrl+Alt+T组合键，打开Table，在该行单元格中插入一个1行3列嵌套于嵌套表格之内的嵌套表格，宽度为900像素。

插入 1 行 3 列的表格

25 选中表格的第1列单元格，按下Ctrl+Alt+I组合键，在其中插入图像素材，并在【属性】面板中设置该单元格的水平对齐方式为【对齐】，宽度为230像素。

插入图像

26 选中表格第2列的单元格，在【属性】面板中设置单元格的【宽度】为300，并在其中输入下图所示的文本。

同时也要设置文本的属性

27 选中表格第3列单元格，在【属性】面板中单击【拆分单元格为行或列】按钮，打开【拆分单元格】对话框，选中【行】单选项按钮，在【行数】文本框中

输入3，单击【确定】按钮。

28 将鼠标指针分别置于拆分后的第1、2列单元格中，按下Ctrl+Alt+I组合键，在其中插入图像素材。

29 将鼠标指针置于拆分后的第3列单元格中，在其中输入如下图所示的文本。

30 将鼠标指针置于页面下方的空白单元格中，在【属性】面板中设置其水平对齐方式为【居中对齐】。

设置该单元格内容居中对齐

31 按下Ctrl+Alt+T组合键，在单元格中插入一个1行2列，宽度为900像素的表格。

插入 1 行 2 列的表格

32 在【属性】面板中将插入表格中所有单元格的水平对齐方式设置为【居中对齐】，然后按下Ctrl+Alt+T组合键，在其中分别插入如下图所示的图像素材。

33 将鼠标指针置于页面下方的空白单元格中，选择【插入】| HTML |【水平线】命令，在其中插入一条水平线，并在水平线直线输入网页底部文本内容。

34 按下Shift+F11组合键，打开【CSS设计器】面板，在【源】窗格中单击【+】按钮，在弹出的列表中选择【在页面中定义】选项。

35 在【选择器】窗格中单击【+】按钮，在显示的文本框中输入.t1。

创建一个选择器

36 在【属性】窗格中单击【背景】按钮，在显示的选项区域中将background-color的参数设置为rgba(255,255,255,1.00)。

37 将鼠标指针插入网页的内容单元格中，在状态栏的标签检查器中单击<table>标签，选中一个表格。

指针插入这里

<table> 标签

38 在表格【属性】面板中单击class按钮，在弹出的列表中选择t1选项。

39 按下Ctrl+S组合键，打开【另存为】对话框，将制作的网页文件以文件名index.htmlb保存。按下F12键，即可在浏览器中查看网页的效果。

4.6.2 制作网站引导页面

【例4-7】通过在网页插入表格，制作一个网站引导页面。

视频+素材 (光盘素材\第04章\例4-6)

01 按下Ctrl+Shift+N组合键创建一个空白网页，选择【文件】|【页面属性】命令，打开【页面属性】对话框。

02 在【页面属性】对话框的【分类】列表框中选中【外观(CSS)】选项，然后在对话框右侧的选项区域中将【左边距】、【右边距】、【上边距】和【下边距】都设置为0，单击【确定】按钮。

03 按下Ctrl+Alt+T组合键，打开Table对话框，在【行数】和【列】文本框中输入3，在【表格宽度】文本框中输入100，并单击该文本框后的按钮，在弹出的列表中选择【百分比】选项。

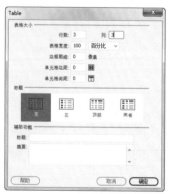

04 单击【确定】按钮，在页面中插入一

个3行3列的表格，选中表格的第1列。

选中这一列

05 按下Ctrl+F3组合键，显示【属性】面板，在【宽】文本框中输入25%，设置表格第1列的宽度占表格总宽度的25%。

06 选中表格的第3列，在【属性】面板的【宽】文本框中输入45%，设置表格第3列的宽度占表格总宽度的45%。

07 将鼠标指针置于表格第2行第2列单元格中，按下Ctrl+Alt+T组合键，打开Table对话框，设置在单元格中插入一个3行2列，宽度为300像素的嵌套表格。

08 选中嵌套表格的第1行，单击【属性】面板中的【合并所选单元格，使用跨度】按钮，将该行中的2个单元格合并，在其中输入文本并设置文本格式。

09 使用同样的方法，合并嵌套表格的第2行，并在其中输入文本。

一个图像素材文件后，单击【确定】按钮。

10 选中嵌套表格的第3行，在【属性】面板中将单元格的水平对齐方式设置为【左对齐】，然后按下Ctrl+Alt+I组合键，在该行的两个单元格中插入如下图所示的图像素材。

11 按下Shift+F11组合键，显示【CSS设计器】面板，在【源】窗格中单击【+】按钮，在弹出的列表中选择【在页面中定义】选项。

12 在【选择器】窗格中单击【+】按钮，在显示的文本框中输入.t1，创建一个选择器。

13 在【属性】窗格中单击【布局】按钮，在显示的选项区域中将height设置为550px。

14 单击【属性】窗格中的【背景】按钮，在显示的选项区域中单击background-image选项后的【浏览】按钮。

15 打开【选择图像源文件】对话框，选择

16 选中网页中插入的表格，在【属性】面板中单击class按钮，在弹出的列表中选择t1选项，此时网页中的表格效果如下图所示。

17 将鼠标指针置于网页中的表格之后，按下Ctrl+Alt+T组合键，打开Table对话框，设置在网页中插入一个5行2列，宽度为800像素的表格。

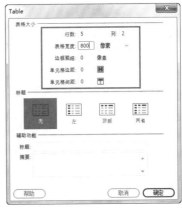

18 选中页面中插入的表格，在【属性】

面板中单击Align按钮，在弹出的列表中选择【居中对齐】选项。

19 选中表格的第1行第1列单元格，在【属性】面板中将该单元格内容的水平对齐方式设置为右对齐。

20 选中表格第1行第2列单元格，在【属性】面板中将该单元格内容的水平对齐方式设置为左对齐。

21 将鼠标指针置入表格第1行的单元格中，按下Ctrl+Alt+I组合键，打开【选择图像源文件】对话框，在该行中的2个单元格内分别插入一张图片。

22 选中表格的第2行单元格，在【属性】面板中单击【合并所选单元格，使用跨度】按钮，将该行单元格合并，并将单元格内容的水平对齐方式设置为【居中对齐】。

合并该行

23 将鼠标指针置于合并后的单元格中，

按下Ctrl+Alt+I组合键，打开【选择图像源文件】对话框，选择在该单元格中插入一个如下图所示的图像素材文件。

24 选中表格第3、4行第1列单元格，在【属性】面板中将单元格内容的水平对齐方式设置为【右对齐】。

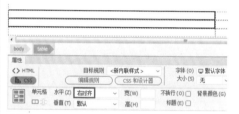

25 选中表格第3、4行第2列单元格，在【属性】面板中将单元格内容的水平对齐方式设置为【左对齐】。

26 将鼠标指针置于表格第3行第1列单元格中，按下Ctrl+Alt+T组合键，打开Table对话框，在单元格中插入一个2行2列，宽度为260像素的嵌套表格。

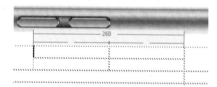

27 将鼠标指针置于表格第1行第1列单元格中，在【属性】面板中将表格内容的水平对齐方式设置为【左对齐】，【宽】设置为50像素。

28 按下Ctrl+Alt+I组合键，打开【选择图像源文件】对话框，在选中单元格中插入一个素材图像。

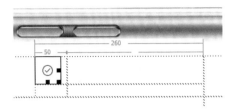

29 选中嵌套表格第2列单元格，在【属性】面板中将单元格内容的对齐方式设置为【左对齐】。

30 将鼠标指针置于嵌套表格第1行第2列单元格中，单击【属性】面板中的【拆分单元格为行或列】按钮，打开【拆分单元格】对话框，选中【行】单选项按钮，在【行数】文本框中输入2，单击【确定】按钮，将该单元格拆分成如下图所示的2个单元格。

31 将鼠标指针分别置于拆分后的两个单元格中，在其中输入如下图所示的文本。

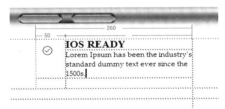

32 选中嵌套表格，使用Ctrl+C(复制)、Ctrl+V(粘贴)组合键，将其复制到表格第3、4行其余的单元格中。

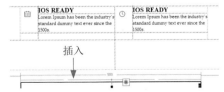

33 选中表格第3、4行第2列单元格，在【属性】面板中设置单元格内容的对齐方式

为【左对齐】，然后分别双击各个单元格中嵌套表格内的插入的图像，打开【选择图像源文件】对话框，替换图像源文件。

34 选中表格第5行，在【属性】面板中设置该行单元格的【高】为80。

设置该行的行高

35 将鼠标指针置于表格之后，选择【插入】| HTML |【水平线】命令，插入一条水平线，并在【属性】面板中设置水平线的宽度为100%。

36 将鼠标指针置于水平线的后方，按下Ctrl+Alt+T组合键，在页面中插入一个1行2列，宽度为500像素的表格。

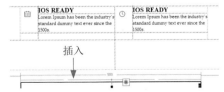

插入

37 将鼠标指针置于表格的单元格中，插入如下图所示的网页素材。

Dreamweaver CC 2017网页制作入门与进阶

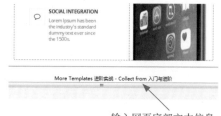

输入网页底部文本信息

38 将鼠标指针置于表格的后方，选择【插入】| HTML |【水平线】命令，再插入一条宽度为100%的水平线，并在水平线下方输入网页底部文本。

39 按下Ctrl+S组合键，打开【另存为】对话框，将制作的网页文件以文件名index.html保存。按下F12键，即可在浏览器中查看网页的效果。

4.7 疑点解答

● 问：如何合理地使用表格嵌套？

答：初学制作网页的人往往会尝试设计一个可将所有内容都包含在其中的表格，其实这种做法应用于网页并不是非常的好用。因为一个表格在被多次拆分、合并后，会变得很复杂，并且难以控制。经常会出现调整一个单元格，影响到其他单元格的状况。另一个原因是，浏览器在解析网页时，会将表格的所有内容下载完毕后才会显示出来，如果整个网页包含在一个大表格中，而其中的内容又非常多，访问者就需要在整个页面显示为空白的情况下等待非常长的时间才能浏览到网页的内容。

因此，在制作网页时，合理地应用表格嵌套，不但可以使表格简单，并且能够让网页的浏览速度大大提高。如下图所示的表格嵌套结构是比较合理的。网页首先会显示出最上面的表格，然后依次显示导航条、内容和版权信息。

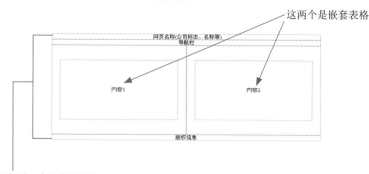

这两个是嵌套表格

每一行都是一个独立的表格

第5章

创建与设置网页链接

当网页制作完成后，需要在页面中创建链接。使网页能够与网络中的其他页面建立联系。链接是一个网站的灵魂，网页设计者不仅要知道如何去创建页面之间的链接，更应了解链接地址的真正意义。

对应光盘视频

5.1 制作基本链接

超链接是网页中重要的组成部分，其本质上属于一个网页的一部分，它是一种允许网页访问者与其他网页或站点之间进行连接的元素。各个网页链接在一起后，才能真正构成一个网站。本节将主要介绍包括文本、图像、图像映射等网页基本链接的具体方法。

5.1.1 制作文本图像链接

超级链接(Hypertext Link，以下简称为"链接")的Hypertext中Hyper的语源为含有"之上"之意的希腊语Huper。超文本文档可以解释为"还存在与当前文档相连的其他文档"的意思。表示这些文档之间由"看不见的线"相连，因此通过当前的文字或图片跟随该连接线，就可以查看其他文档。

在Dreamweaver中，要为文档中的文本或图片设置链接，可以参考以下方法。

01 选中网页中的文本或图像，右击鼠标，在弹出的菜单中选择【创建链接】命令。

02 打开【选择文件】对话框，选择一个网页文件后，单击【确定】按钮，即可在选中图文与该网页之间创建一个链接。

03 如果用户需要创建的链接并非本地计算机上的文件，而是网络中的一个网址，则可以在选中图像或文本后，在【属性】面板的【链接】文本框中输入需要链接的网址，然后按下回车键即可。

除此之外，在【代码】视图中，使用<a>标签的href属性来创建链接，以链接到同一文档的其他位置或其他文档中。在这种情况下，当前文档是链接的源，href定义属性的值，URL是目标。

```
11 ▼ <a href="www.baidu.com">
12    网页文本或图像对象
13    </a>
```

在<a>标签和</a>结束标签之间可以添加常规文本、换行符合图像等，其常用的属性如下表所示。

属 性	说 明
href	指定链接地址
name	给链接命名
target	指定链接的目标窗口

如果用户需要在链接被点击时让浏览器打开另一个窗口，并在新打开的窗口中载入新的URL，可以在<a>标签中通过使用target属性来实现。

```
11 ▼ <a target="_blank" href="www.baidu.com">
12    网页文本或图像对象
13    </a>
```

Target属性的属性值说明如下表。

属 性	说 明
_parent	在上一级窗口中打开
_blank	在新窗口中打开
_self	在同一个窗口中打开
_top	在浏览器整个窗口中打开

5.1.2 制作图像映射链接

在Dreamweaver中，选中网页内需要添加链接的图像后，在【属性】面板中将显示如下图所示的"图像热区"工具，利用这些工具，用户可以在网页图像上创建图像映射链接，之后，当网页在浏览器中被显示时，鼠标指针移动到图像映射链接上将可以通过单击链接到其他文档。

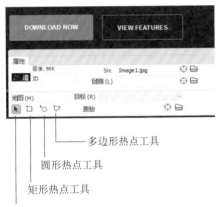

```
多边形热点工具
圆形热点工具
矩形热点工具
指针热点工具
```

"图像热区"工具中各个按钮的功能说明如下。

● 【地图】文本框：输入需要的映像名称，即可完成对热区的命名。如果在同一个网页文档中使用了多个图像映射链接，则应该保证这里输入的名称是唯一的。

● 【指针热点工具】按钮：可以将光标恢复为标准箭头状态，这时可以从图像上选取热区，被选中的热区边框上会出现控制点，拖动控制点可以改变热区的形状。

● 【矩形热区工具】按钮：单击该按钮，然后按住鼠标左键在图像上拖动，可以绘

制出矩形热区。

● 【圆形热区工具】按钮：单击该按钮，然后按住鼠标左键在图像上拖动，可以绘制出矩形热区。

● 【多边形热点工具】按钮：单击该按钮，然后在图像上要创建多边形的每个端点位置单击，可以绘制出多边形热区。

下面用一个简单的实例，介绍创建图像映射链接的具体操作方法。

【例5-1】在网页中的图像上创建一个图像映射链接。

● 视频+素材 (光盘素材\第05章\例5-1)

01 打开网页后选中其中的图像，选择【窗口】|【属性】命令，显示【属性】面板，并单击其中的【矩形热点工具】按钮□。

02 按住鼠标左键，在图像上拖动，绘制如下图所示的矩形热点区域。

按住鼠标左键拖动

03 选中创建的矩形热点区域后，【属性】面板将显示如下图所示的热点设置。在【链接】文本框中输入链接对应的URL地址，即可创建图像映射链接。

在网页源代码中，创建映射链接的方式是使用<img>标签的usemap属性，它要和对应的<map>和<area>标签同时使用。

为了让客户端图像映射能够正常工作，用户需要在文档的某处包含一组坐标

及URL，使用它们来定义客户端图像映射的鼠标敏感区域和每个区域相对应的超链接，以便用户单击或选择。可以将这些坐标和链接作为常规<a>标签或特殊的<area>标签的属性值；<area>说明集合或<a>标签都要包含在<map>及其结束标签</map>之间。<map>段可以出现在文档主体的任何位置。

下面的代码定义了图像映射、矩形热点区域以及链接地址。

```
<img src="Image1.jpg" alt=""
usemap="#Map"/>
<map name="Map">
<area shape="rect"
coords="99,400,260,453" href="www.
baidu.com">
</map>
```

<map>标签中的name属性的值时<img>标签中usemap属性所使用的名称，该值用于定位图像映射的说明。

<area>标签为图像映射的某个区域定义坐标和链接，其coords属性定义了客户端图像映射中对鼠标敏感的区域的坐标，其常用属性及说明如下。

属 性	说 明
coords	图像映射中对鼠标敏感的区域的坐标
shape	图像映射中区域的形状
href	指定链接地址

坐标的数字及其含义取决于shape属性中决定的区域形状，shape属性可以将客户端图像映射中的链接区域定义为矩形、圆形或多边形，其属性值如下表。

属 性	说 明
rect	矩形区域
circle	圆形区域
poly	多边形区域

5.2　制作锚点链接

制作网页时，最好将所有内容都显示在一个画面上。但是在制作文档的过程中经常需要插入很多内容。这时由于文档的内容过长，因此需要移动滚动条来查找所需的内容。如果不喜欢使用滚动条，可以尝试在页面中使用锚点链接。

通过锚点链接快速返回网页顶部

对于需要显示大段内容的网页，例如说明、帮助信息和小说等，浏览时需要不断翻页。如果网页浏览者需要跳跃性浏览页面的内容，就需要在页面中设置锚点链接，锚点的作用类似于书签，可以帮助我们迅速找到网页中需要的部分。

应用锚点链接时，当前页面会在同一个网页中的不同位置进行切换，因此在网页各个部分应适当创建一些返回到原位置(例如返回顶部、转到首页等)的锚点。如此，浏览位置移动到网页下方后，可以通过此类锚点快速返回。

下面通过一个实例，介绍使用Dreamweaver创建锚点链接的方法。

【例5-2】在网页中创建锚点链接。

🎬 视频+素材 (光盘素材\第05章\例5-2)

◀------------------

01 打开网页Index.html后，选中其中的文本Welcome，在【属性】面板的ID文本框中输入welcome。

02 重复同样的操作，为网页中的其他标题文本设置ID。

03 选中网页顶部左侧的导航栏中的文本Welcome，在HTML【属性】面板的【链接】文本框中输入：#welcome。

04 重复步骤3的操作，为导航栏中其他文本设置相应的网页内部链接。

05 将鼠标指针插入页面中标题文本Welcome之前，在【文档】工具栏中单击【拆分】按钮，切换至【拆分】视图，在底部的代码窗口中输入：

```
<a name="top" hefr="index.html#top">
</a>
```

```
53 ▼        <h3 id="welcome">
54 ▼        <a name="top" hefr="index.html#top">
55          </a>
56          Welcome </h3>
```

06 此时，设计视图中将添加如下图所示的锚点图标。

锚点图标

07 单击【文档】工具栏中的【设计】按钮，切换回设计视图，然后向下滚动页面，并选中标题文本上下图所示的图像。

08 在图像【属性】面板的【链接】文本框中输入：#top。

09 按下F12键,在打开的提示对话框单击【是】按钮,在浏览器中预览网页效果,即可实现本节开头部分所示网页的效果。

在Dreamweaver中命名锚点需要两个步骤。首先将要命名的锚点放置在网页中的某个位置。这个位置在HTML中将被编码为一个使用名称属性的锚点数标识,在其开始标签和结束标签之间不包括任何内容。在HTML中,命名锚点的代码如下。

```html
<a name="top">
</a>
```

第二步就是为要命名的锚点添加链接。由符号(#)指定的部分中,命名锚点将会被引用,代码如下所示。

```html
<a href="#top">
</a>
```

如果锚点链接时指向具体页面的锚点,第二步就是要为命名的锚点添加一个来自网页页面上其他任何位置的链接。这样,在一个Internet地址的最后由(#)指定的部分中,命名锚点将会被引用,代码如下所示。

```html
<a href="index.html#top">
</a>
```

5.3 制作音视频链接

网页中使用源代码链接音乐或视频文件时,单击链接的同时会自动运行播放软件,从而播放相关内容。如果链接的是 MP3 文件,则单击链接后,将会打开【文件下载】对话框,在该对话框中单击【打开】按钮,就可以听到音乐。下面将通过实例介绍在Dreamweaver 中创建音视频链接的方法。

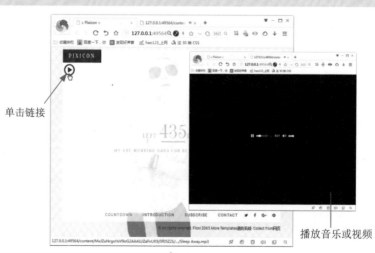

单击链接

播放音乐或视频

【例5-3】在网页中创建音视频链接。

视频+素材 (光盘素材\第05章\例5-3)

01 打开网页素材文件后,选中网页中的播放图像,在【属性】面板中单击【矩形】热点工具,在图片上绘制如下图所示的热点区域。

02 选中绘制的热点区域，在【属性】面板中单击【链接】文本框后的【浏览文件】按钮 。

03 打开【选择文件】对话框，选中一个音乐文件后，单击【确定】按钮。

04 将网页保存后，按下F12键预览网页，单击页面中设置的音频链接，并在打开的【文件下载】对话框中单击【打开】按钮，浏览器将在打开的窗口中播放音乐。

5.4 制作下载链接

在软件和源代码下载网站中，下载链接是必不可少的，该链接可以帮助访问者下载相关的资料。下面将通过实例，介绍在 Dreamweaver 中创建下载链接的方法。

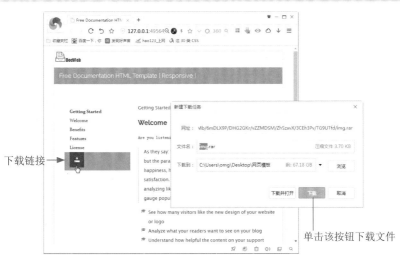

下载链接

单击该按钮下载文件

【例5-4】 在网页中创建文件下载链接。

视频+素材 (光盘素材\第05章\例5-4)

01 打开网页素材文件后，选中页面中需要设置下载链接的网页元素，例如下图所示的图像。

02 在图片【属性】面板中单击【链接】文本框后的【浏览文件】按钮 。

03 在打开的【选择文件】对话框中选中一个文件后，单击【确定】按钮。

04 单击【属性】检查器中的【目标】按钮，在弹出的下拉列表中选中 new 选项。

05 选择【文件】|【保存】命令，将网页保存，然后按下F12键预览网页，即可通过文件下载链接下载文件。

知识点滴

即使使用链接来连接压缩文件，只要压缩文件保存在计算机硬盘中，网页访问者单击下载链接就不会打开【文件下载】对话框。将利用链接方式来连接的压缩文件上传到网页服务器后再单击网页中的链接时，才会打开【文件下载】对话框。

5.5 制作电子邮件链接

电子邮件链接是一种特殊的链接，单击电子邮件链接，可以打开一个空白邮件通讯窗口，在该窗口中用户可以创建电子邮件，并设定将其发送到指定的地址。下面将通过实例，介绍在 Dreamweaver 中创建电子邮件链接的具体方法。

自动打开电子邮件软件

电子邮件链接

【例5-5】在网页中创建电子邮件链接。

🎬 视频+素材 (光盘素材\第05章\例5-5)

01 打开网页素材文档后，选中网页中需要设置电子邮件链接的网页对象，例如下图所示的图像热点区域。

Telephone: +1 900 703 7065　　E-mail: example@mail.com　　FAX: +1 900 998 5555

02 在【属性】检查器的【链接】文本框中输入：

mailto:miaofa@sina.com

03 在【属性】检查器的邮件链接后，先输入符号【?】，然后输入【subject=】为电子邮件设定预置主题，具体代码如下：

mailto:miaofa@sina.com? subject=网站管理员来信

04 在电子邮件链接后添加一个连接符【&】，然后输入【cc=】，并输入另一个电子邮件地址为邮件设定抄送，具体代码如下：

mailto:miaofa@sina.com? subject = 网站管理员来信 &cc=duming1980 @hotmail.com

05 将网页保存后，按下F12键预览网页。当用户单击网页中的电子邮件链接时，弹出的邮件应用程序将自动为电子邮件添加主题和抄送邮件地址。

> **知识点滴**
>
> 如果在网页中单击电子邮件链接后，浏览器没有打开邮件编辑软件，就说明计算机没有安装过邮件软件。

5.6 进阶实战

本章的进阶实战部分将通过实例制作如下图所示的网页，网页中应用表格构建网页结构，通过设置链接创建页面文本与其他文档的连接，实现网页的功能。用户可以通过具体的操作巩固所学的知识。

实战一：制作摄影社区首页

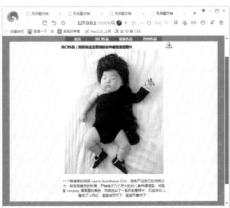

实战二：制作图片展示页面

5.6.1 制作摄影社区首页

【例5-6】创建一个用于展示摄影照片的图片浏览网页。

🎬 视频+素材 (光盘素材\第05章\例5-6)

01 按下Ctrl+Shift+N组合键创建一个网页文档，按下Ctrl+F3组合键显示【属性】面板，单击其中的【页面属性】按钮。

02 打开【页面属性】对话框，在【分类】列表框中选择【外观(CSS)】选项，将【背景颜色】设置为rgba(138,135,135,1)，将【上边距】、【下边距】设置为0像素，将【左边距】、【右边距】设置为50像素。

03 按下Ctrl+Alt+T组合键，打开【表格】对话框，将【行数】和【列】都设置为1，将【表格宽度】设置为685像素，将【边框粗细】、【单元格边距】和【单元格间距】设置为0像素。

04 单击【确定】按钮，在页面中插入一个表格，在【属性】面板中将Align设置

为【居中对齐】。将鼠标指针插入单元格内，按下Ctrl+Alt+I组合键，打开【选择图像源文件】对话框，选择一个图像素材文件，单击【确定】按钮，在单元格中插入一个图像。

05 将鼠标指针置于表格的外侧，按下Ctrl+Alt+T组合键，在网页中再插入一个1行4列，宽度为685像素的表格。

06 将鼠标指针置于插入表格的任意单元格中，在状态栏中单击<tr>标签，在【属性】面板中将【水平】设置为【居中对齐】，将【垂直】设置为【居中】，将【宽】设置为25%，将【高】设置为30。

单击 <tr> 标签选中表格行中的所有单元格

07 单击【属性】面板中的【背景颜色】按钮🎨，在打开的颜色选择器中设置单元格的背景颜色为：#5C5C5C。

08 将鼠标指针置于表格的所有单元格中输入文本，并在【属性】面板中设置文本的字体属性。

09 将鼠标指针插入到表格的外侧，按下Ctrl+Alt+T组合键，插入一个10行3列，宽度为685像素的表格。

10 选中表格第3列单元格，在【属性】面板中单击【合并所选单元格，使用跨度】按钮，合并该列单元格。

合并该列

11 使用同样的方法，合并表格中的其他单元格，并在表格中输入文本，并插入水平线和图像素材。

12 将鼠标指针置于表格外侧，按下Ctrl+Alt+T组合键，在页面中插入一个3行4列、宽度为685像素的表格。

13 合并表格的第一列单元格，然后在表格的每个单元格中插入下图所示的图像素材，并设置单元格的背景颜色为：#EBEBEB。

14 选中步骤13制作的表格，按下Ctrl+C键将其复制，然后将鼠标指针置于表格的后方，按下Ctrl+V组合键，将复制的表格粘贴。

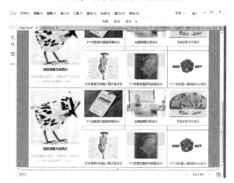

15 编辑粘贴后表格中的图片，使其效果如下图所示。

16 将鼠标指针置于表格外侧，按下Ctrl+Alt+T组合键，在页面中插入一个2行3列，宽度为685像素的表格。

17 合并表格的第一行，并在其中插入一条水平线，将鼠标指针插入表格第2行第2列的单元格中，在其中输入文本，并设置文本的字体格式。

18 选中输入的文本"进阶实战"，在HTML【属性】面板的【链接】文本框中输入：

http://www.tupwk.com.cn/improve2/

设置文本链接

19 选中网页中的图像，单击图像【属性】面板中【矩形热点工具】按钮，在图像上创建如下图所示的矩形热点工具。

双麻花辫美女旅行写真

20 在热点【属性】面板中单击【目标】按钮，在弹出的列表中选择new选项，然后单击【链接】文本框后的【浏览文件】按钮。

21 打开【选择文件】对话框，选中一个

照片图片文件后，单击【确定】按钮，设置一个图像热点链接。

22 选中网页中的图片，在【链接】文本框中输入一个网页URL地址，然后单击【目标】按钮，在弹出的列表中选择_blank选项，创建一个图像链接。

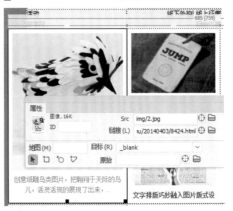

23 重复以上操作，为网页中的文本、图片创建链接，完成后按下Ctrl+Shift+S组合键，打开【另存为】对话框，将网页文件以文件名index.html保存。

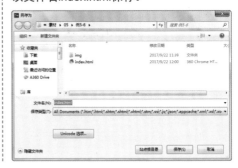

24 按下F12键预览网页，单击页面底部的文本"进阶实战"，将打开本书实例素材和课件下载网页。

测试文本链接

25 单击网页中的图像热点链接，将在打开的浏览器窗口中显示相应的图片。

新窗口中显示的图片

26 单击页面中的图像链接，将在打开的浏览器窗口链接网络上与该图像相关的网页。

5.6.2 **制作图片展示页面**

【例5-7】以【例5-6】创建的网页为基础，制作图片展示页面。

视频+素材 (光盘素材\第05章\例5-6)

01 打开【例5-6】制作的index.html网页，按下Ctrl+Shift+S组合键，打开【另存为】对话框，将网页以Pic1.html为名另存。

02 删除Pic1.html页面中不需要的表格，并修改其中的文本。

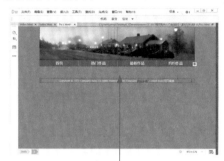

只保留基本内容

03 按下Ctrl+S组合键，将Pic1.html文件保存。按下Ctrl+Shift+S组合键，打开【另存为】对话框，将网页另存为Pic2.html和Pic3.html。

04 打开Pic1.html页面，按下Ctrl+Alt+T组合键，打开Table对话框，设置在页面中插入一个3行3列，宽度为100%的表格。

05 选中表格的第2列单元格，在HTML【属性】面板的【背景颜色】文本框中将单元格的背景颜色设置为：#FFFFFF。

06 将鼠标指针插入表格第1行第2列单元格中，输入文本并在CSS【属性】面板中设置文本的字体格式。

输入标题文本

07 选中表格第1列和第3列单元格，在【属性】面板中将单元格的背景颜色设置为：#EBEBEB。

08 将鼠标指针置于表格第2行第1列单元格中，按下Ctrl+Alt+I组合键，在该单元格中插入如下图所示的图像素材。

插入图片

09 在图像【属性】面板中单击【链接】文本框后的【浏览文件】按钮 ，打开【选择文件】对话框，选中【例5-6】制作的index.html文件，单击【确定】按钮。

10 选中图像所在的单元格，在单元格【属性】面板中单击【水平】按钮，在弹出的列表中选择【居中对齐】选项；单击【垂直】按钮，在弹出的列表中选择【居中】选项，

设置图像在单元格中居中显示。

11 使用同样的方法，设置表格第2行第3列单元格，并在其中插入图像。

12 按住Ctrl键的同时选中表格的第1和第3列，在【属性】面板中设置这两列单元格的宽度为25%。

13 将鼠标指针插入表格第2行第2列单元格中，按下Ctrl+Alt+I组合键，在该单元格中插入需要展示给浏览器看的图像素材，并在单元格【属性】面板中设置图像居中显示。

14 将鼠标指针插入表格第3行第2列单元格中，输入照片图像文本说明，在【属性】面板中设置文本的字体格式。

15 选中表格的第1行，在【属性】面板中将【水平】设置为【左对齐】，【垂直】

设置为【底部】，【高】设置为50。

16 在表格第1行第3列单元格中按下Ctrl+Alt+I组合键，插入如下图所示的文件下载图标。

17 选中插入的图像，在【属性】面板中单击【链接】文本框后的【浏览文件】按钮，打开【选择文件】对话框，选中一个压缩文件。

18 单击【确定】按钮，在网页中创建一个文件下载链接。

19 选中表格第2行第3列中插入的图像，在【属性】面板中单击【链接】文本框后的【浏览文件】按钮，打开【选择文件】对话框，选中Pic2.html文件，单击【确定】按钮。

20 单击【属性】面板中的【目标】按钮，在弹出的列表中选择_self选项。

21 按下Ctrl+S组合键，将Pic1.html文件保存。选中网页中制作的表格，按下Ctrl+C组合键将其复制。

22 打开Pic2.html文件，将鼠标指针插入至页面中合适的位置，按下Ctrl+V组合键，将复制的表格粘贴至页面中。

23 双击表格第2行第2列单元格中的图像，打开【选择图像源文件】对话框，选择第二张需要展示的素材图片，单击【确定】按钮，修改图像源文件。

24 选中表格第2行第1列单元格中的图像，单击【属性】面板的【链接】文本框后的【浏览文件】按钮，将图像文件的链接文件修改为Pic1.html。

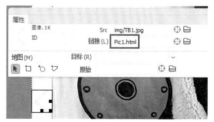

25 使用同样的方法将表格第2行第3个单元格中图像的链接文件修改为Pic3.html。

26 按下Ctrl+S键保存网页。打开Pic3.html文件，然后使用上面介绍的方法，修改网页中的图像源文件与图像链接文件。

27 打开【例5-6】创建的index.html文件，选中页面中的文本"人像摄影"，在【属性】面板的【链接】文本框中设置该文本链

接为本地所创建的Pic1.html网页文件。

28 按下F12键，在打开的提示对话框中单击【是】按钮，保存网页，并在浏览器中查看网页效果，单击页面中的文本链接【人像摄影】，即可链接到本例所制作的网页。单击网页中的各种链接，可以切换不同的页面或下载图像文件。

5.7 疑点解答

问：什么是链接的绝对路径、文档相对路径与根相对路径？

答：从作为链接起点的文档到作为链接目标的文档之间的文件路径，对于创建链接至关重要。一般来说，链接路径可以分为绝对路径与相对路径两类。

绝对路径

绝对路径指包括服务器协议在内的完全路径，比如：

> http://www.xdchiang/dreamweaver/ index.htm

使用绝对路径与链接的源端点无关，只要目标站点地址不变，无论文档在站点中如何移动，都可以正常实现跳转而不会发生错误。如果想要链接当前站点之外的网页或网站，就必须使用绝对路径。

绝对路径链接方式不利于测试。如果在站点中使用绝对路径地址，要想测试链接是否有效，必须在Internet服务器端进行。此外，采用绝对路径不利于站点的移植。例如，一个较为重要的站点，可能会在几个服务器上创建镜像，同一个文档也就有几个不同的网址，要将文档在这些站点之间移植，必须对站点中的每个使用绝对路径的链接进行一一修改，这样才能达到预期目的。

相对路径

相对路径包括根相对路径和文档相对路径两种：

使用Dreamweaver制作网页时，需要选定一个文件夹来定义一个本地站点，模拟服务器上的根文件夹，系统会根据这个文件夹来确定所有链接的本地文件位置，而根相对路径中的根就是指这个文件夹。

文档相对路径就是指包含当前文档的文件夹，也就是以当前网页所在文件夹为基础来计算的路径。文档根相对路径(也称相对根目录)的路径以"/"开头，路径是从当前站点的根目录开始计算(例如在C盘Web目录建立的名为web的站点，这时/index.htm路径为C:\Web\index.htm。根相对路径适用于链接内容频繁更换环境中的文件，这样即使站点中的文件被移动了，链接仍可以生效，但是仅限于在该站点中)。

如果网站的目录结构过深，在引用根目录下的文件时，用根相对路径会更好些。比如网页文件中引用根目录下images目录中的一个图good.gif，在当前网页中用文档相对路径表示为：../../.. /images/good.gif，而如果使用根相对路径，只要表示为：/images/good.gif即可。

第6章

利用CSS样式表修饰网页

CSS是英语Cascading Style Sheets(层叠样式表)的缩写,它是一种用于表现HTML或XML等文件式样的计算机语言。用户在制作网页的过程中,使用CSS样式,可以有效地对页面的布局、字体、颜色、背景和其他效果实现精确控制。

对应光盘视频

例6-1 设置附加外部样式表　　　例6-7 添加后代选择器
例6-2 添加类选择器　　　　　　例6-8 添加伪类选择器
例6-3 添加ID选择器　　　　　　例6-9 添加伪元素选择器
例6-4 添加标签选择器　　　　　例6-10 编辑CSS样式类型
例6-5 添加通配符选择器　　　　例6-11 编辑CSS样式背景
例6-6 添加分组选择器　　　　　本章其他视频文件参见配套光盘

6.1 认识 CSS 样式表

CSS 样式表是网页设计中必不可少的重要元素，根据其使用情况，可以制作出效果截然不同的网页。本节将介绍 CSS 样式的使用方法。

6.1.1 CSS 样式表的功能

要管理一个系统的网站，使用CSS样式，可以快速格式化整个站点或多个文档中的字体、图像等网页元素的格式。并且，CSS样式可以实现多种不能用HTML样式实现的功能。

CSS，是用来控制一个网页文档中的某文本区域外观的一组格式属性。使用CSS能够简化网页代码，加快下载速度，减少上传的代码数量，从而可以避免重复操作。CSS样式表是对HTML语法的一次革新，它位于文档的<head>区，作用范围由CLASS或其他任何符合CSS规范的文本来设置。对于其他现有的文档，只要其中的CSS样式符合规范，Dreamweaver就能识别它们。

在制作网页时采用CSS技术，可以有效地对页面的布局、字体、颜色、背景和其他效果实现精确控制。CSS样式表的主要功能有以下几点：

🔮 几乎所有的浏览器中都可以使用。

🔮 以前一些只有通过图片转换实现的功能，现在只要用CSS就可以轻松实现，从而可以更快地下载页面。

🔮 使页面的字体变得更漂亮、更容易编排，使页面真正赏心悦目。

🔮 可以轻松地控制页面的布局。

🔮 可以将许多网页的风格格式同时更新，不用再一页一页地更新。

6.1.2 CSS 样式表的规则

CSS样式表的主要功能就是将某些位置应用于文档统一类型的元素中，以减少网页设计者在设计页面时的工作量。要通过CSS功能设置网页元素的属性，使用正确的CSS规则至关重要。

1 基本规则代码

每条规则有两个部分：选择符和声明。每条声明实际上是属性和值的组合。每个样式表由一系列规则组成，但规则并不总是出现在样式表里。CSS最基本的规则(声明段落p样式)代码如下。

```
p {text-align:center;}
```

其中，规则左侧的p为选择符。选择符是用于选择文档中应用样式的元素。规则的右边text-align:center;部分是声明，由CSS属性text-align及其值center组成。

声明的格式是固定的，某个属性后跟冒号(;)，然后是其取值。如果使用多个关键字作为一个属性的值，通常用空白符将它们分开。

2 多个选择符

当需要将同一条规则应用于多个元素时，也就是多个选择符，代码(声明段落p和二级标题的样式)如下。

```
p,H2{text-align: center;}
```

将多个元素同时放在规则的左边并且用逗号隔开，右边为规则定义的样式，规则将被同时应用于两个选择符。其中的逗号告诉浏览器在这一条规则中包含两个不同的选择符。

6.1.3 CSS 样式表的类型

CSS指令规则由两部分组成：选择器和声明(大多数情况下为包含多个声明的代码块)。选择器是标识已设置格式元素的术语，例如 p、h1、类名称或ID，而声明块则用于定义样式属性。例如下面的CSS规则中，h1是选择器，大括号({})之间的所有内容都是声明块。

```
h1 {
font-size: 12 pixels;
font-family: Times New Roman;
font-weight:bold;
}
```

每个声明都由属性(例如如上规则中的font-family)和值(例如Times New Roman)两部分组成。在上面的CSS规则中，已经创建了h1标签样式，即所有链接到此样式的h1标签的文本的大小为12像素，字体为Times New Roman，字体样式为粗体。

在Dreamweaver中，选择【窗口】|【CSS设计器】命令，可以打开如下图所示的【CSS设计器】窗口。

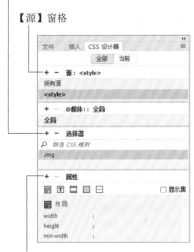

【选择器】窗格
【源】窗格
【属性】窗格

在【CSS设计器】窗口的【选择器】窗格中单击【+】按钮，可以定义选择器的样式类型，并将其运用到特定的对象。

1 类

在某些局部文本中需要应用其他样式时，可以使用"类"。在将HTML标签应用在使用该标签的所有文本中的同时，可以把"类"应用在所需的部分。

类是自定义样式用来设置独立的格式，然后可以对选定的区域应用此自定义样式。下面的CSS语句就是【自定义】样式类型，其定义了.large样式。

声明样式表开始

```
 6 ▼ <style type="text/css">
 7 ▼ .large {
 8       font-size: 150%;
 9       color: blue;
10   }
11   </style>
```

在Dreamweaver工作窗口中选中一个区域，应用.large样式，则选中的区域将变为上图代码中定义的格式。

2 标签

定义特定的标签样式，可以在使用该标签的不同部分应用同样的模式。例如，如果要在网页中取消所有链接的下划线，可以对制作链接的<a>标签定义相应的样式。若想要在所有文本中统一字体和字体颜色，可以对制作段落的<p>标签定义相应的样式。标签样式只要定义一次，就可以在今后的网页制作中应用。

HTML标签用于定义某个HTML标签的格式，也就是定义某种类型页面元素的格式，例如下面所示的CSS语句代码。

```
 6 ▼ <style type="text/css">
 7 ▼ p{
 8       font-size: 150%;
 9       color: blue;
10   }
11   </style>
```

声明段落标签样式

上图所示的代码中p这个HTML标签用于设置段落格式，如果应用了此CSS语句，网页中所有的段落文本都将采用代码中的格式。

3 复合内容

复合内容可以帮助用户轻松制作出可

应用在链接中的样式。例如，当鼠标光标移动到链接上方时出现字体颜色变化或显示隐藏背景颜色等效果。

复合内容用于定义HTML标签的某种类似的格式，CSS"复合内容"的作用范围比HTML标签要小，只是定义HTML标签的某种类型。下面所示的CSS语句就是CSS"复合内容"类型。

```
6 ▼ <style type="text/css">
7 ▼ A:visited{
8        font-size: 150%;
9        color: blue;
10  }
11  </style>
```

声明访问过后的链接样式

上图所示的代码中，A这个HTML标签用于设置链接，其中A:visited表示链接的已

访问类型，如果应用了此CSS语句，网页中所有被访问过的链接都将采用语句中设定的格式。

ID

ID选择符类似于类选择符，但其前面必须用符号(#)。类和ID的不同之处在于，类可以分配给任何数量的元素，而ID只能在某个HTML文档中使用一次。另外，ID对给定元素应用何种样式具有比类更高的优先权。下图所示的代码，定义了#id样式。

```
6 ▼ <style type="text/css">
7 ▼ #id {
8        font-size: 150%;
9        color: blue;
10  }
11  </style>
```

6.2　创建 CSS 样式表

在 Dreamweaver 中，利用 CSS 样式表可以设置非常丰富的样式，例如文本样式、图像样式、背景样式以及边框样式等，这些样式决定了页面中的文字、列表、背景、表单、图片和光标等各种元素。本节将介绍在 Dreamweaver 中创建 CSS 样式的具体操作。

在Dreamweaver中，有外部样式表和内部样式表，区别在于应用的范围和存放位置。Dreamweaver可以判断现有文档中定义的符合CSS样式准则的样式，并且在【设计】视图中直接呈现已应用的样式。但要注意的是有些CSS样式在Microsoft Internet Explorer、Netscape、Opera、Apple Safari或其他浏览器中呈现的外观不同，而有些CSS样式目前不受任何浏览器支持。下面是这两种样式表的介绍。

◆ 外部CSS样式表：存储在一个单独的外部CSS(.css)文件中的若干组CSS规则。此文件利用文档头部分的链接或@import规则链接到网站中的一个或多个页面。

◆ 内部CSS样式表：内部CSS样式是若干组包括在HTML文档头部的<style>标签中的CSS规则。

6.2.1　创建外部样式表

在Dreamweaver中按下Shift+F11组合键(或选择【窗口】|【CSS设计器】命令)，打开【CSS设计器】面板，在【源】窗格中单击【+】按钮，在弹出的列表中选择【创建新的CSS文件】选项，可以创建外部CSS样式，方法如下。

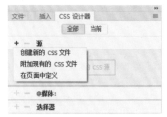

01 打开【创建新的CSS文件】对话框，单击其中的【浏览】按钮。

章将在后面的内容中详细讲解各CSS属性值的功能)。

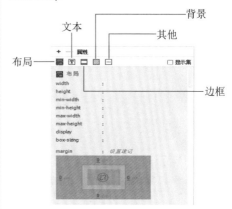

02 打开【将样式表文件另存为】对话框，在【文件名】文本框中输入样式表文件的名称，单击【保存】按钮即可。

03 返回【创建新的CSS文件】对话框，单击【确定】按钮，即可创建一个新的外部CSS文件。此时，【CSS设计器】面板的【源】窗格中将显示创建的CSS样式。

04 完成CSS样式的创建后，在【CSS设计器】面板的【选择器】窗格中单击【+】按钮，在显示的文本框中输入.large，按下回车键，即可定义一个"类"选择器。

05 此时，在【CSS设计器】面板的【属性】窗格中，取消【显示集】复选框的选中状态，可以为CSS样式设置属性声明(本

6.2.2 创建内部样式表

要在当前打开的网页中创建一个内部CSS样式表，在【CSS设计器】面板的【源】窗格中单击【+】按钮，在弹出的列表中选择【在页面中定义】选项即可。

完成内部样式表的创建后，在【源】窗格中将自动创建一个名为<style>的源项目，在【选择器】窗格中单击【+】按钮，设置一个选择器，可以在【属性】窗格中设置CSS样式的属性声明。

内部样式表

设定选择器

6.2.3 附加外部样式表

根据样式表的使用范围，可以将其分为外部样式表和内部样式表。通过附加外部样式表的方式，我们可以将一个CSS样式表应用在多个网页中。

- - - - - - - - - - - - - - - - - - - ▶

【例6-1】在Dreamweaver中设置附加外部样式表。

◉视频+素材（源文件\第06章\例6-1）
◀

01 按下Shift+F11组合键，打开【CSS设计器】面板，单击【源】窗格中的【+】按钮，在弹出的列表中选择【附加现有的CSS文件】选项。

02 打开【使用现有的CSS文件】对话框，单击【浏览】按钮。

03 打开【选择样式表文件】对话框，选择一个CSS样式表文件，单击【确定】按钮即可。

此时，【选择样式表文件】对话框中被选中的CSS样式表文件将被附加至【CSS设计器】面板的【源】窗格中。

在网页源代码中，<link>标签将当前文档和CSS文档建立一种联系，用于指定样式表的<link>及其必需的href和type属性，必须都出现在文档的<head>标签中。

```
3 ▼ <head>
4    <meta charset="utf-8">
5    <title>无标题文档</title>
6    <link href="style.css"
   rel="stylesheet" type="text/css">
7    </head>
```

上图所示代码链接外部的style.css，类型为样式表。

知识点滴

在【使用现有的CSS文件】对话框中，用户可以在【添加为】选项区域中设置附加外部样式表的方式，包括【链接】和【导入】两种，其中【链接】外部样式表指的是客户端浏览网页时先将外部的CSS文件加载到网页当中，然后再进行编译显示，这种情况下显示出来的网页跟我们预期的效果一样；而【导入】外部样式表指的是客户端在浏览网页时是先将HTML结构呈现出来，再把外部的CSS文件加载到网页当中，这种情况下显示出的网页虽然效果与【链接】方式一样，但在网页较慢的环境下，浏览器会先显示没有CSS布局的网页。

6.3 添加 CSS 选择器

CSS 选择器是一种模式，用于选择需要添加样式的元素。在 CSS 中有很多强大的选择器，可以帮助用户灵活地选择页面元素。

6.3.1 添加类选择器

在【CSS设计器】面板的【选择器】窗格中单击【+】按钮，然后在显示的文本框中输入符号(.)和选择器的名称，即可创建一个类选择器。例如，下图所创建的.large类选择器。

类选择器用于选择指定类的所有元素。下面用一个简单的例子说明其应用。

【例6-2】在网页文档中定义一个名为.large的类选择器，设置其属性为改变文本颜色(红色)。

视频+素材 (源文件\第06章\例6-2)

01 按下Shift+F11组合键，打开【CSS设计器】窗口，在【选择器】窗格中单击【+】按钮，添加一个选择器，设置其名称为.large。

02 在【属性】窗格中，取消【显示集】复选框的选中状态，单击【文本】按钮，在显示的属性设置区域中单击color按钮。

03 打开颜色选择器，单击红色色块，然后在页面空白处单击。

04 选中页面中的文本，在HTML【属性】面板中单击【类】按钮，在弹出的列表中选择large选项，即可将选中文本的颜色设置为"红色"。

6.3.2 添加ID选择器

在【CSS设计器】面板的【选择器】窗格中单击【+】按钮，然后在显示的文本框中输入符号(#)和选择器的名称，即可创建一个ID选择器。例如，下图所添加的#content选择器。

ID选择器用于选择具有指定ID属性的元素。下面用一个的实例说明其应用。

【例6-3】在网页文档中定义一个名为#Welcome的ID选择器，设置其属性为网页对象设置大小。视频

01 按下Shift+F11组合键，打开【CSS设计器】窗口，在【选择器】窗格中单击【+】按钮，添加一个选择器，设置其名称为#Welcome。

02 打开【属性】窗格，单击【布局】按钮，在显示的选项设置区域中将width参

数值设置为200像素，将height参数值设置为100像素。

布局

设置参数

03 设置color属性，为边框效果选择一种颜色，然后单击页面空白处。

04 选择【插入】| Div命令，打开【插入Div】对话框，在ID文本框中输入Welcome，单击【确定】按钮。

05 此时，将在网页中插入一个宽200像素，高100像素的Div标签。

知识点滴

ID 选择器和类选择器最主要的区别就在于 ID 选择器不能重复，只能使用一次，一个 ID 只能用于一个标签对象。而类选择器可以重复使用，同一个类选择器可以定义在多个标签对象上，且一个标签可以定义多个类选择器。

6.3.3 添加标签选择器

在【CSS设计器】面板的【选择器】窗格中单击【+】按钮，然后在显示的文本框中输入一个标签，即可创建一个标签选择器。例如，下图所添加的a标签选择器。

标签选择器用于选择指定标签名称的所有元素。下面通过一个实例说明其应用。

【例6-4】在网页文档中定义一个名为a的标签选择器，设置其属性为给网页中的文本链接添加背景图片。

视频+素材 (源文件\第06章\例6-4)

01 打开如下图所示的网页，按下Shift+F11组合键，打开【CSS设计器】窗口，在【选择器】窗格中单击【+】按钮，添加一个选择器，设置其名称为a。

02 在【属性】窗格中单击【背景】按钮，在显示的选项设置区域中单击background-image选项后的【浏览文件】按钮。

背景

浏览文件

03 打开【选择图像源文件】对话框，选择一个背景图像素材文件，单击【确定】按钮。

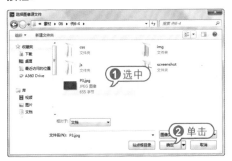

①选中

②单击

04 此时，网页中设置链接的对象将自动添加入下图所示的背景图像。

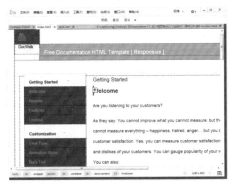

6.3.4 添加其他选择器

在网页制作中，除了会使用上面介绍的类选择器、ID选择器和标签选择器以外，有时也会用到一些特殊选择器，例如通配符选择器、伪类及伪元素选择器等。

1 通配符选择器

通配指的是使用字符代替不确定的字符。因此通配符选择器是指对对象可以使用模糊指定的方式进行选择的选择器。CSS的通配符选择器可以使用"*"作为关键字，使用方法如下。

- -

【例6-5】在网页文档中定义一个通配符选择器，将网页中所有元素的外边距设置为20像素。

🎬 视频+素材 (源文件\第06章\例6-5)

- -

01 打开如下图所示的素材网页文档，该网页中包含一个Div标签和一个图像。按下Shift+F11组合键，打开【CSS设计器】面板，在【选择器】窗格中单击【+】按钮，添加一个选择器，设置名称为"*"。

图像

Div 标签

02 在【属性】窗格中单击【布局】按钮 ▤，在显示的选项设置区域中将margin四个参数都设置为20像素。

03 此时，页面中的图像和Div标签的效果将如下图所示。

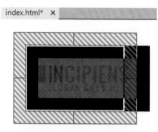

以上通配符选择器的代码如下。

```
* {
    margin-top: 20px;
    margin-right: 20px;
    margin-left: 20px;
    margin-bottom: 20px;
}
```

其中"*"表示所有对象，包含所有不同id、不同class的HTML的所有标签。

2 分组选择器

在CSS样式表中具有相同样式的元素，就可以使用分组选择器，把所有元素组合在一起，元素之间用逗号分隔，这样只需要定义一组CSS声明。

【例6-6】使用分组选择器，将页面中所有所有h1~ h6 元素以及段落的颜色设置为红色。

视频+素材 (源文件\第06章\例6-6)

01 打开网页素材文档，按下Shift+F11组合键，打开【CSS设计器】面板，在【选择器】窗格中单击【+】按钮，添加一个选择器，设置名称为h1, h2, h3, h4, h5, h6, p。

02 在【属性】面板中单击【文本】按钮，在显示的选项设置区域中，将color文本框中的参数设置为red。

03 此时，页面中h1~ h6 元素以及段落文本的颜色将变为红色。

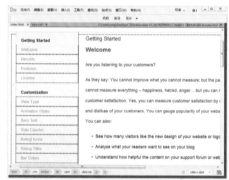

以上分组选择的代码如下：

```
h1, h2, h3, h4, h5, h6, p。{
    color: red;
}
```

3 后代选择器

后代选择器用于选择指定元素内部的所有子元素。例如，在制作网页时不需要去掉页面中所有链接的下划线，而只要去掉所有列表链接的下划线，这时就可以使用后代选择器。

【例6-7】利用后代选择器取消网页中所有列表链接的下划线。 视频

01 按下Shift+F11组合键，打开【CSS设计

器】面板，在【选择器】窗格中单击【+】按钮，添加一个选择器，设置名称为"li a"。

02 在【属性】窗格中单击【文本】按钮囝，在显示的选项设置区域中，单击text-decoration选项后的none按钮囜。

单击

03 此时，页面中所有列表文本上设置的链接将不显示下划线。

以上分组选择器的代码如下：

```
li a {
    text-decoration: none;
}
```

4 伪类选择器

伪类是一种特殊的类，由CSS自动支持，属于CSS的一种扩展类型和对象，其名称不能被用户自定义，在使用时必须按标准格式。下面先用一个实例介绍。

【例6-8】定义一个用于将网页中未访问文本链接的颜色设置为红色的伪类选择器。

🎬 视频▶

01 按下Shift+F11组合键，打开【CSS设计器】面板，在【选择器】窗格中单击【+】按钮，添加一个选择器，设置名称为"a:link"。

02 在【属性】窗格中单击【文本】按钮囝，将color的参数值设置为red即可。

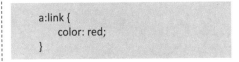

以上伪类选择器的代码为：

```
a:link {
    color: red;
}
```

其中:link就是伪类选择器设定的标准格式，其作用为选择所有未访问的链接。

下面在表格中列出几个常用的伪类选择器及其说明。

伪类选择器	说　明
:link	选择所有未访问的链接
:visited	选择所有访问过的链接
:active	用于选择活动的链接，当鼠标点击一个链接时，他就会成为活动链接，该选择器主要用于向活动链接添加特殊样式
:target	用于选择当前活动的目标元素
:hover	用于当鼠标移入链接时添加的特殊样式（该选择器可用于所有元素，不仅是链接，主要用于定义鼠标滑过效果）

5 伪元素选择器

CSS伪元素选择器有许多独特的使用方法，可以实现一些非常有趣的网页效果，其常用来添加一些选择器的特殊效果。

下面用一个简单的例子，来介绍伪元素选择器的使用方法。

【例6-9】在网页中所有段落之前添加文本"(转载自《入门与进阶素材》)"。

🎬 视频+素材▶ (源文件\第06章\例6-9)

01 打开网页素材文档后，按下Shift+F11组合键，打开【CSS设计器】面板，在【选择器】窗格中单击【+】按钮，添加一个选择器，设置名称为"p:before"。

02 在【CSS设计器】面板的【属性】窗格中单击【更多】按钮，在显示的文本框中输入content。

输入

03 按下回车键，在content选项后的文本框中输入：

" 转载自《入门与进阶素材》"

04 按下Ctrl+S组合键保存网页，按下F12键预览网页，效果如下图所示。

在段落前添加的文本

05 在【属性】窗格单击【文本】按钮，在显示的选项设置区域中还可以为上图添加的文本设置文本格式。例如，设置color参数

的值为red，将font-weight选择的参数设置为bold。

设置文本颜色

设置加粗文本

06 按下F12键预览网页，此时页面中段落文本前添加的文字效果将发生变化。

Getting Started

Welcome

转载自《入门与进阶素材》 Are you listening to your customers?

转载自《入门与进阶素材》 As they say You cannot improve what you cannot measure, but the paradox is you cannot measure everything – happiness, hatred, anger, but you can measure customer satisfaction. Yes, you can measure customer satisfaction by analyzing likes and dislikes of your customers. You can gauge popularity of your website or products. You can also

以上伪元素选择器的代码如下：

```
p:before {
    content:"转载自《入门与进阶素材》";
    color: red;
    text-decoration: none;
    font-weight: bold;
}
```

除了【例6-9】介绍的应用以外，使用:before选择器结合其他选择器，还可以实现各种不同的效果。例如，要在下图所示的列表中将列表前的小圆点去掉，并添加一个自定义的符号，可以采用以下操作。

- 软件下载页面
- 新闻推送页面
- 用户登录页面
- 网站留言页面

01 在【CSS设计器】面板的【选择器】窗格中单击【+】按钮，添加一个名为li的标签选择器。

02 在【属性】窗格中单击【更多】按钮⊟，在显示的文本框中输入list-style，按下回车键后在该选项后的参数栏中选择none选项。

03 此时，网页中列表文本前的小圆点就被去掉了。

软件下载页面
新闻推送页面
用户登录页面
网站留言页面

04 在【选择器】窗格中单击【+】按钮，添加一个名为li:before的选择器。

05 在【属性】窗格中单击【更多】按钮⊟，在显示的文本框中输入content，并在其后的文本框中输入"★"。

06 按下F12键预览网页，页面中列表的效果如下图所示。

★软件下载页面
★新闻推送页面
★用户登录页面
★网站留言页面

下面在表格中列出几个常用的伪元素选择器及其说明。

选择器	说　明
:before	在指定元素之前插入内容
:after	在指定元素之后插入内容
:first-line	对指定元素第一行设置样式
:first-letter	选取指定元素首字母

6.4 编辑 CSS 样式效果

　　通过上面的实例我们知道，使用【CSS 设计器】的【属性】面板可以为 CSS 设置非常丰富的样式，包括文字样式、背景样式和边框样式等各种常用效果，这些样式决定了页面中的文字、列表、背景、表单、图片和光标等各种元素。

　　在制作网页时，如果用户需要对页面中具体的对象上应用的 CSS 样式效果进行编辑，可以在 CSS【属性】面板的【目标规则】列表中选中需要编辑的选择器，单击【编辑规则】按钮，打开如下图所示的【CSS 规则定义】对话框进行设置。

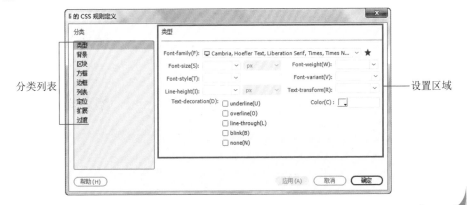

6.4.1 CSS 类型设置

在【CSS规则定义】对话框的【分类】列表中选中【类型】选项后，在对话框右侧的选项区域中，可以编辑CSS样式最常用的属性，包括字体、字号、文字样式、文字修饰、字体粗细等。

💡 Font-family(字体)：用于为CSS样式设置字体。

💡 Font-size(字号)：定义文本大小，可以通过选择数字和度量单位选择特定的大小，也可以选择相对大小。

💡 Font-style(文字样式)：用于设置字体样式，可选择normal(正常)、italic(斜体)或Oblique(偏斜体)等选项。

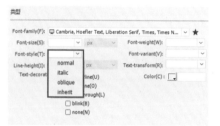

💡 Line-height(行高)：设置文本所在行的高度。通常情况下，浏览器会用单行距离，也就是下一行的上端到上一行的下端只有几磅间隔的形式显示文本框。在Line-height下拉列表中可以选择文本的行高，若选择normal(正常)选项，则由软件自动计算行高和字体大小；如果希望具体制定行高值，在其中输入需要的数值，然后选择单位即可。

设置单位

💡 Text-decoration(文字修饰)：向文本中添加下划线(underline)、上划线(overline)、删除线(line-through)或闪烁线(blink)。选择该选项区域中相应的复选框，会激活相应的修饰格式。如果不需要使用格式，可以取消相应复选框的选中状态；如果选中none(无)复选框，则不设置任何格式。在默认状态下，普通文本的修饰格式为none(无)，而链接文本的修饰格式为underline(下划线)。

💡 Font-weight(字体粗细)：对字体应用特定或相对的粗体量。在该文本框中输入相应的数值，可以指定字体的绝对粗细程度；若使用bolder和lighter值可以得到比父元素字体更粗或更细的字体。

💡 Font-variant(字体变体)：设置文本的小型大写字母变体。在该下拉列表中，可以选择所需字体的某种变形。这个属性的默认值是normal，表示字体的常规版本。也可以指定small-caps来选择字体的形式，在这个形式中，小写字母都会被替换为大写字母(但在文档窗口中不能直接显示，必须按下F12键，在浏览器中才能看到效果)。

💡 Color(颜色)：用于设置文本颜色，单击该按钮，可以打开下图所示的颜色选择器。

💡 Font-transform(文字大小写)：将所选内容中的每个单词的首字母大写，或将文本设置为全部大写或小写。在该选项中如

果选择capticalize(首字母大写)选项，则可以指定将每个单词的第一个字母大写；如果选择uppercase(大写)或lowercase(小写)选项，则可以分别将所有被选择的文本都设置为大写或小写；如果选择none(无)选项，则会保持选中字符本身带有的大小写格式。

下面用一个实例，简单介绍设置CSS类型效果的方法。

【例6-10】 通过编辑CSS样式类型，设置网页中滚动文本的字体格式和效果。

🎬 视频+素材》(源文件\第06章\例6-10)

01 打开网页素材文档后，将指针置入滚动文本中，在HTML【属性】面板中单击【编辑规则】按钮。

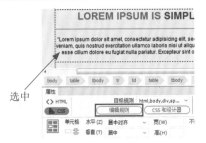

选中

02 打开【CSS规则定义】对话框，在【分类】列表中选中【类型】选项，在对话框右侧的选项区域中单击Font-family按钮，在弹出的列表中选中一个字体堆栈。

03 在Font-size文本框中输入15，然后单击该文本框后的按钮，在弹出的列表中选择px选项。

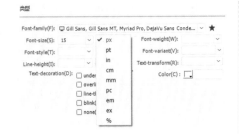

04 单击Font-style按钮，在弹出的列表中选择Oblique选项，设置滚动文本为偏斜体。

05 单击Font-variant按钮，在弹出的列表中选择small-caps选项，将滚动文本中的小写字母替换为大写字母。

06 在Text-decoration选项区域中选择none选项，设置滚动文本无特殊修饰。

07 按下Ctrl+S组合键将网页保存，按下F12键在浏览器中预览网页，页面中滚动文本的效果如下图所示。

在编辑CSS样式的文本字体设置后，在源代码中需要用一个不同的<font>标签。CSS3标准提供了多种字体属性，使用它们可以修改受影响标签内所包含文本的外观，CSS的类型属性如下表所示。

字体属性	说 明
font-family	设置字体
font-size	设置字号
font-style	设置文字样式
line-height	设置文字行高
font-weight	设置文字粗细
font-variant	设置英文字母大小写转换
text-transform	控制英文大小写
color	设置文字颜色
text-decoration	设置文字修饰

例如，以下代码声明了文字以"微软雅黑"显示，字号为9像素，红色，粗体、

斜体，加上划线和下划线，行高为12像素，英文字母首字母为大写。

```
font-family: " 微软雅黑 ";
    font-size: 9px;
    font-style: italic;
    line-height: 12px;
    font-weight: bold;
    font-variant: normal;
    text-transform: capitalize;
    color: red;
    text-decoration: overline;
```

6.4.2 CSS 背景设置

在【CSS规则定义】对话框中选中【背景】选项后，将显示下图所示的【背景】选项区域，在该选项区域中用户不仅能够设定CSS样式对网页中的任何元素应用背景属性，还可以设置背景图像的位置。

● Background-color(背景颜色)：用于设置元素的背景颜色。

● Background-image(背景图片)下拉列表：用于设置元素的背景图像。单击该选项后的【浏览】按钮，可以打开【选择图像源文件】对话框。

● Background attachment(背景固定)：确定背景图像是固定在其原始位置还是随内容一起滚动，其中包括fixed(固定)和scroll(滚动)两个选项。

● Background repeat(背景重复)：确定是否以及如何重复背景图像。该选项一般用于图片面积小于页面元素面积的情况，

其共有no-repeat(不重复)、repeat(重复)、repeat-x(横向重复)和repeat-y(纵向重复)4个选项。

● Background Position (X)(水平位置)和Background Position (Y)(垂直位置)：指定背景图像相对于元素的初始位置。可以选择left(左对齐)、right(右对齐)、center(居中对齐)或top(顶部对齐)、bottom(底部对齐)、center(居中对齐)选项，也可以直接输入数值。如果前面的附件选项设置为fixed(固定)，则元素的位置相对于文档窗口，而不是元素本身。可以为background-position属性指定一个或两个值，如果使用一个值，它将同时应用于追至和水平位置；如果使用两个值，那么第一个值表示水平偏移，第二个值表示垂直偏移。如果前面的附件选项设置为fixed(固定)，则元素的位置是相对于文档窗口，而不是元素本身。

下面用一个实例，介绍设置CSS背景效果的具体方法。

【例6-11】通过编辑CSS样式背景，替换网页的背景图像，并设置背景图像在页面中的显示位置和重复显示方式。

视频+素材 (源文件\第06章\例6-11)

01 打开下图所示网页后，按下Shift+F11组合键，显示【CSS设计器】面板。

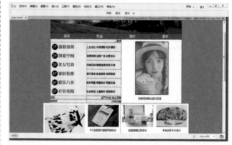

02 在【CSS设计器】面板的【选择器】窗格中单击【+】按钮创建一个名称为body的标签选择器。

03 单击状态栏上的\<body\>标签，按下Ctrl+F3组合键，打开【属性】面板，在HTML【属性】面板中单击【编辑规则】按钮。

单击 \<body\> 标签

04 打开【CSS规则定义】对话框，在【分类】列表中选择【背景】选项，在对话框右侧的选项区域中单击Background-image选项后的【浏览】按钮。

05 打开【选择图像源文件】对话框，选择一个背景图像素材文件，单击【确定】按钮。

06 返回【CSS规则定义】对话框，单击Background repeat按钮，在弹出的列表中选择no-repeat选项，设置背景图像在网页中不重复显示。

07 单击Background Position (X)按钮，在弹出的列表中选择center选项，设置背景图像在网页中水平居中显示。

08 单击Background Position (Y)按钮，在弹出的列表中选择Top选项，设置背景图像在网页中垂直靠顶端显示。

09 在Background-color文本框中输入rgba(138,135,135,1)，设置网页中不显示

背景图像的背景区域的颜色。

10 单击【确定】按钮，网页背景图像的设置效果如下图所示。

文档中的每个元素都有一种前景色和一种背景色。有些情况下，背景不是颜色，而是一幅色彩丰富的图像。Background样式属性控制着这些图像。CSS的背景属性如下表所示。

字体属性	说 明
background-color	设置元素的背景颜色
background-image	设置元素的背景图像
background-repeat	设置一个指定背景图像的重复方式
background-attachment	设置背景图像是否固定显示
background-position	设置水平和垂直方向上的位置

例如，以下代码声明了页面背景图像为icon.png图片，图像固定，按水平方式平铺，排列在页面的右下角。

```
background-attachment: fixed;
background-image: url(icon.png);
background-repeat: repeat-x;
background-position: right bottom;
```

6.4.3 CSS 区块设置

在【CSS规则定义】对话框中选中【区块】选项，将显示【区块】选项区域，在该选项区域中用户可以定义标签和属性的间距和对齐设置。

● Word-spacing(单词间距)：设置字词的间距。如果要设置特定的值，在下拉菜单中选择【值】选项后输入数值。

● Letter-spacing(字母间距)：用于设置增加或减小字母或字符的间距。与单词间距的设置相同，该选项可以在字符之间添加额外的间距。用户可以输入一个值，然后在Letter-spacing选项右侧的下拉列表中选择数据的单位(是否可以通过负值来缩小字符间距要根据浏览器的情况而定。另外，字母间距的优先级高于单词间距)。

● Vertical-align(垂直对齐)：用于指定应用此属性的元素的垂直对齐方式。

● Text-align(文本对齐)：用于设置文本在元素内的对齐方式，包括left(居左)、right(居右)、center(居中)以及justify(绝对居中)等几个选项。

● Text-indent(文本缩进)：指定第一行文本缩进的程度(允许负值)。

● White-space(空格)：用于确定如何处理元素中的空白部分。其中有三个属性值，

选择normal(正常)选项，按照正常方法处理空格，可以使多重的空白合并成一个；选择pre(保留)选项，则保留应用样式元素中空白的原始形象，不允许多重的空白合并成一个；选择nowrap(不换行)选项，则长文本不自动换行。

● Display(显示)：用于指定是否以及如何显示元素(若选择none选项，它将禁用指定元素的CSS显示)。

下面用一个实例，介绍设置CSS区块效果的具体方法。

【例6-12】通过定义CSS样式区块设置，调整网页中文本的排列方式。

● 视频+素材 (源文件\第06章\例6-12)

01 打开网页文档后，选中页面中如下图所示的标题文本。

02 在CSS【属性】面板中单击【编辑规则】按钮，打开【CSS规则定义】对话框，在【分类】列表中选中【区块】选项。

03 在对话框右侧的选项区域中的Letter-spacing文本框中输入5，然后单击该文本框后的按钮，在弹出的列表中选择px选项，设置选中文本字母间距为2像素。

04 单击Text-align按钮，在弹出的列表中选择center选项，设置选中文本在Div标签中水平居中对齐。

05 单击【确定】按钮后，页面中文本效果如下图所示。

CSS样式表可以对字体属性和文本属性加以区分，前者控制文本的大小、样式和外观，而后者控制文本对齐和呈现给用户的方式。CSS的区块属性说明如下。

字体属性	说　明
word-spacing	定义一个附加在单词之间的间隔数量
letter-spacing	定义一个附加在字母之间的间隔数量
text-align	设置文本的水平对齐方式
text-indent	设置文字的首行缩进
vertical-align	设置水平和垂直方向上的位置
white-space	设置处理空白
display	设置如何显示元素

例如，以下代码声明了单词和字母间距为2像素，文字水平居中，单词缩进5%，长文本不自动换行，关闭该样式被指定给的元素的显示。

```
letter-spacing: 2px;
text-align: center;
text-indent: 5%;
vertical-align: 10%;
word-spacing: 2px;
white-space: nowrap;
display: none;
```

6.4.4 CSS 方框设置

在【CSS规则定义】对话框中选中【方框】选项，将显示【方框】选项区域，在该选项区域中用户可以设置用于控制元素在页面上放置方式的标签和属性。

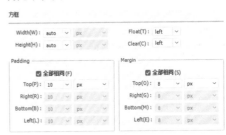

💡 Width(宽)和Height(高)：用于设置元素的宽度和高度。选择Auto(自动)选项表示由浏览器自行控制，也可以直接输入一个值，并在右侧的下拉列表中选择值的单位。只有当该样式应用到图像或分层上面时，才可以直接从文档窗口中看到设置的效果。

💡 Float(浮动)：用于在网页中设置各种页面元素(例如文本、Div、表格等)在围绕元素的哪个具体的边浮动。利用该选项可以将网页元素移动到页面范围之外，如果选择left(左对齐)选项，则将元素放置到网页左侧空白处；如果选择right(右对齐)选项，则将元素放置到网页右侧空白处。

💡 Clear(清除)：在该下拉列表中可以定义允许分层。如果选择left(左对齐)选项，则表示不允许分层出现在应用该样式的元素左侧；如果选择right(右对齐)选项，则表明不允许分层出现在应用该样式的元素右侧。

💡 Padding(填充)：用于指定元素内容与元素边框之间的间距，取消选中【全部相同】复选框，可以设置元素各个边的填充。

💡 Margin(边距)选项区域：该选项区域用于指定一个元素的边框与另一个元素之间

的间距。取消选中【全部相同】复选框，可以设置元素各个边的边距。

下面用一个实例，讲解通过设置方框属性编辑CSS样式效果的方法。

【例6-13】通过定义CSS样式的方框设置，在网页的图片中设置一个10像素的填充间距。

⊙视频+素材 (源文件\第06章\例6-13)

01 打开网页素材文档，将鼠标指针插入图片文件所在的表格单元格中，然后单击CSS【属性】面板中的【编辑规则】按钮。

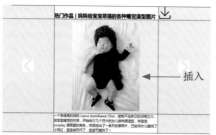

02 打开【CSS规则定义】对话框，在【分类】列表框中选择【方框】选项，在对话框右侧的选项区域中，选中padding选项区域中的【全部相同】复选框。

03 在Top(P)文本框中输入10，单击该文本框后的按钮，在弹出的列表中选择px选项。

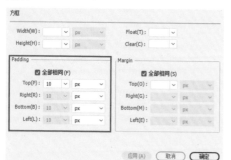

04 单击【确定】按钮，即可为单元格中的图像添加填充间距。

在网页源代码中CSS的方框属性如下表所示。

字体属性	说 明
float	设置文字环绕在一个元素的四周
clear	指定在某一个元素的某一条边是否允许有环绕的文字或对象
width	设定对象的宽度
height	设定对象的高度
margin-left、margin-right、margin-top 和 margin-bottom	分别设置在边框与内容之间的左、右、上、下的空间距离
padding-left、padding-right、padding-top 和 padding-bottom	分别设置边框外侧的左、右、上、下的空白区域大小

例如，以下代码声明了网页中元素在右侧浮动，禁止元素出现在右侧，宽度为200像素，高度为300像素，元素四周的填充区域为10像素，周围的空白为20像素。

```
clear: right;
float: right;
height: 300px;
width: 200px;
margin-top: 20px;
margin-right: 20px;
margin-bottom: 20px;
margin-left: 20px;
padding-top: 10px;
padding-right: 10px;
padding-bottom: 10px;
padding-left: 10px;
```

6.4.5 CSS 边框设置

在【CSS规则定义】对话框中选中【边框】选项后，将显示【边框】选项区域，在该选项区域中用户可以设置网页元素周围的边框属性，例如宽度、颜色和样式等。

● Style(样式)：设置边框的样式外观，有9个选项，每个选项代表一种边框样式，如下图所示。

● Width(宽度)：可以定义应用该样式元素的边框宽度。在Top(上)、Right(右)、Bottom(下)和Left(左)等4个下拉列表中，可以分别设置边框上每个边的宽度。用户可以选择相应的宽度选项，如细、中、粗或直接输入数值。Top(上)选择设置元素顶端边框的宽度，其值可以使用细、中、粗或具体的数值来指定(其他方向的边框宽度设置与其相同)。

● Color(颜色)：可以分别设置上下左右边框的颜色，或选中【全部相同】复选框为所有边线设置相同的颜色。

边框属性用于设置元素边框的宽度、样式和颜色等，CSS边框属性说明如下。

● border-color：边框颜色。

● border-style：边框样式。

● borde：设置文本的水平对齐方式。

● width：边框宽度。

● border-top-color：上边框颜色。

● border-left-color：左边框颜色。

● border-right-color：右边框颜色。

● border-bottom-color：下边框颜色。

● border-top-style：上边框样式。

● border-left-style：左边框样式。

● border-right-style：右边框样式。

● border-bottom-style：下边框样式。

● border-top-width：上边框宽度。

● border-left-width：左边框宽度。

● border-right-width：右边框宽度。

● border-bottom-width：下边框宽度。

● border：组合设置边框属性。

● border-top：组合设置上边框属性。

● border-left：组合设置左边框属性。

● border-right：组合设置右边框属性。

● border-bottom：组合设置下边框属性。

边框属性只能设置4种边框，给出一组边框的宽度和样式，为了给出一个元素的4种边框的不同值，网页制作者必须应用一个或更多属性，例如上边框、右边框、下边框、左边框、边框颜色、边框宽度、边框样式、上边框宽度、右边框宽度、下边框宽度或左边框宽度等。

其中border-style属性根据CSS3模型，可以为HTML元素边框应用许多修饰。其包括none、dotted、dashed、solid、double、groove、ridge、inset和outset，其属性值说明如下。

● none：无边框。

● dotted：边框由点组成。

● dashed：边框由短线组成。

● solid：边框是实线。

● double：边框是双实线。

● groove：边框是带有立体感的沟槽。

● ridge：边框成脊形。

● inset：边框内嵌一个立体边框。

● outset：边框外嵌一个立体边框。

例如，以下代码声明了边框宽度为6像素，边框颜色为红色，边框样式为双线。

```
border-width: 6px;
border-style:double;
border-color: red;
```

应用在网页的图片元素上后，效果如下图所示。

6.4.6 CSS 列表设置

在【CSS规则定义】对话框的【分类】列表框中选择【列表】选项，对话框右侧将显示相应的选项区域，其中各选项的功能说明如下。

💧 list-style-type(列表类型)：该属性决定了有序和无序列表项如何显示在能识别样式的浏览器上。可为每行的前面加上项目符号或编号，用于区分不同的文本行。

💧 List-style-image(项目符号图像)：用于设置以图片作为无序列表的项目符号。可以在其中输入图片的URL地址，也可以通过单击【浏览】按钮，从磁盘上选择图片文件。

💧 List-style-Position(位置)：设置列表项的换行位置。有两种方法可以用来定位与一个列表项有关的记号，即在与项目有关的块外面或里面。List-style-Position属性接受inside或outside两个值。

CSS中有关列表的属性丰富了列表的外观，CSS列表属性说明如下。

💧 list-style-type：设置引导列表项目的符号类型。

💧 List-style-image：设置列表样式为图像。

💧 List-style-Position：决定列表项目缩进的程度。

例如，以下代码设置了列表样式类型为【圆点】，列表图像为icon.jpg，位置处于外侧。

```
list-style-position: outside;
list-style-image: url(icon.jpg);
list-style-type: disc;
```

6.4.7 CSS 定位设置

在【CSS规则定义】对话框的【分类】列表框中选择【定位】选项，在显示的选项区域中可以定义定位样式。

其中，各选项的功能说明如下。

1 Position(位置)

用于设置浏览器放置APDiv的方式，包含以下4项参数。

💧 static：应用常规的HTML布局和定位规则，并由浏览器决定元素的框的左边缘和上边缘。

💧 relative：使元素相对于其包含的流移动，可以在这种情况下使top、bottom、left和right属性都用来计算框相对于其在流中正常位置所处的位置。随后的元素都不会受到这种位置改变的影响，并且放在流中的方式就像没有移动过该元素一样。

💧 absolute：可以从包含文本流中去除元素，并且随后的元素可以相应地向前移动，然后使用top、bottom、left和right属性。相对于包含块计算出元素的位置。这种定位允许将元素放在关于其包含元素的固定位置，但会随着包含元素的移动而移动。

💧 fixed：将元素相对于其显示的页面或窗口进行定位。像absolute定位一样，从包含流中去除元素时，其他的元素也会相应发生移动。

2 Visibility(显示)

该选项同于设置层的初始化显示位置，包含以下3个选项。

💧 Inherit(继承)：继承分层父级元素的可视性属性。

💧 Visible(可见)：无论分层的父级元素是否可见，都显示层内容。

💧 Hidden(隐藏)：无论分层的父级元素是否可见，都隐藏层内容。

3 Width(宽) 和 Height(高)

该选项用于设置元素本身的大小。

4 Z-index(Z 轴)

定义层的顺序，即层重叠的顺序。可以选择Auto(自动)选项，或输入相应的层索引值。索引值可以为正数或负数。较高值所在的层会位于较低值所在层的上端。

5 Overflow(溢出)

定义层中的内容超出了层的边界后发生的情况，包含以下选项。

💧 Visible(可见)：当层中的内容超出层范围时，层会自动向下或向右扩展大小，以容纳分层内容使之可见。

💧 Hidden(隐藏)：当层中的内容超出层范围时，层的大小不变，也不出现滚动条，超出分层边界的内容不显示。

💧 Scroll(滚动)：无论层中的内容是否超出层范围，层上总会出现滚动条，这样即使分层内容超出分层范围，也可以利用滚动条浏览。

💧 Auto(自动)：当层中的内容超出分层范围时，层的大小不变，但是会出现滚动条，以便通过滚动条的滚动显示所有分层内容。

6 Placement(放置)

设置层的位置和大小。具体的含义基于前面【类型】部分的设置。在top、right、bottom和left 4个下拉列表中，可以分别输入相应的值，在右侧的下拉列表中，可以选择相应的数值单位，默认的单位是像素。

7 Clip(剪辑区域)

定义可视层的局部区域的位置和大小。如果指定了层的碎片区域，则可以通过脚本语言(如JavaScript)进行操作。在top、right、bottom和left 4个下拉列表中，可以分别输入相应的值，在右侧的下拉列表中，可以选择相应的数值单位。

CSS的定位属性说明如下。

💧 width：用于设置对象的宽度。

💧 height：用于设置对象的高度。

💧 overflow：当层内的内容超出层所能容纳的范围时的处理方式。

💧 z-index：决定层的可视性设置。

💧 position：用于设置对象的位置。

💧 visibility：针对层的可视性设置。

例如，以下代码声明层的位置为绝对位置，居左280像素，居顶300像素，宽度为150像素，高度为100像素，Z值为1，溢出方式为自动。

```
overflow: auto;
position: absolute;
z-index: 1;
height: 100px;
width: 150px;
left: 280px;
top: 300px;
```

6.4.8 CSS 扩展设置

在【CSS规则定义】对话框的【分类】列表框中选择【扩展】选项，可以在显示的选项区域中定义扩展样式。

扩展		
	分页	
Page-break-before(B)：		∨
Page-break-after(T)：		∨
	视觉效果	
Cursor(C)：		∨
Filter(F)：		∨

其中，各选项的功能说明如下。

🍂 分页：通过样式来为网页添加分页符号。允许用户指定在某元素前或后进行分页，分页是指打印网页中的内容时在某指定的位置停止，然后将接下来的内容继续打在下一页纸上。

🍂 Cursor(光标)：改变光标形状，光标放置于此设置修饰的区域上时，形状会发生改变。

🍂 Filter(过滤器)：使用CSS语言实现的滤镜效果，在其下拉列表中有多种滤镜可以选择。

CSS扩展属性说明如下。

🍂 cursor：设定光标。

🍂 page-break：控制分页。

🍂 filter：设置滤镜。

其中cursor属性值的说明如下。

🍂 hand：显示为"手"形。

🍂 crosshair：显示为交叉十字。

🍂 text：显示为文本选择符号。

🍂 wait：显示为Windows沙漏形状。

🍂 default：显示为默认光标形状。

🍂 help：显示为带问号的光标。

🍂 e-resize：显示为向东的箭头。

🍂 ne-resize：显示为指向东北方向的箭头。

🍂 n-resize：显示为向北的箭头。

🍂 nw-resize：显示为指向西北的箭头。

🍂 w-resize：显示为指向西的箭头。

🍂 sw-resize：显示为指向西南的箭头。

🍂 s-resize：显示为指向南的箭头。

🍂 se-resize：显示为指向东的箭头。

例如，以下代码设置鼠标光标为等待，使用垂直翻转滤镜。

```
cursor: wait;
filter: FlipH;
```

6.4.9 CSS 过渡设置

在【CSS规则定义】对话框的【分类】列表框中选择【过渡】选项，可以在显示的选项区域中定义过渡样式。

过渡				
☑ 所有可动画属性(A)				
属性：	+ —			
		持续时间：		s ∨
		延迟：		s ∨
		计时功能(T)：		∨

其中，各选项的功能说明如下。

🍂 所有可动画属性：如果需要为过渡的所有CSS属性指定相同的持续时间、延迟和计时功能，可以选中该复选框。

🍂 属性：向过渡效果添加CSS属性。

🍂 持续时间：以秒(s)或毫秒(ms)为单位，输入过渡效果的持续时间。

🍂 延迟：过渡效果开始之前的时间，以秒或毫秒为单位。

🍂 计时功能：从可用选项中选择过渡效果样式。

CSS的过渡属性说明如下。

🍂 transition-property：指定某种属性进行渐变效果。

🍂 transition-duration：指定渐变效果的时长，单位为秒。

🍂 transition-timing-function：描述渐变效果的变化过程。

🐛 transition-delay：指定渐变效果的延迟时间，单位为秒。

🐛 transition：组合设置渐变属性。

其中，transition-property拥有指定元素中一个属性改变时指定的过渡效果，其属性值说明如下。

🐛 none：没有属性发生改变。

🐛 all：所有属性发生改变。

🐛 Ident：指定元素的某一个属性值。

其中transition-timing-function控制变化过程，其属性值说明如下。

🐛 Ease：逐渐变慢。

🐛 Ese-in：由慢到快。

🐛 Ease-out：由快到慢。

🐛 East-in-out：由慢到快再到慢。

🐛 Cubic-bezier：自定义cubic贝塞尔曲线。

🐛 linear：匀速线性过渡。

例如，以下代码说明不同浏览器针对所有属性，进行由慢到快、1秒时长的过渡效果。

```
-webkit-transition: all 1s ease-in 1s;
-o-transition: all 1s ease-in 1s;
transition: all 1s ease-in 1s;
```

6.5 使用 CSS+Div 布局页面

Dreamweaver 中的 Div 元素实际上是来自 CSS 中的定位技术，只不过软件对其进行了可视化操作。Div 体现了网页技术从二维空间向三维空间的一种延伸，是一种新的发展方向。通过 Div，用户不仅可以在网页中制作出例如下拉菜单、图片与文本的各种运动效果等网页效果，还可以实现对页面整体内容的排版布局。

Div+CSS 实现网页的布局排版

Div的全称是Division(中文翻译为"区分")，是一个区块容器标记，即<div>与 </div>标签之间的内容，可以容纳段落、标题、表格、图片等各种HTML元素。

<div>标签是用来为HTML文档内大块(Block-Level)的内容提供结构的背景的元素。<div>起始标签和结束标签之间的所有内容都是用于构成这个块的，其中包含元素的特性由<div>标签的属性来控制，或者是通过使用样式表格式化这个块来进行控制。

而<div>标签常用于设置文本、图像、表格等网页对象的摆放位置。当用户将文本、图像，或其他对象放置在<div>标签中，则可称为div block(层次)。

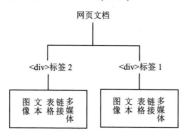

6.5.1 理解标准布局方式

站点标准不是某一个标准，而是一系列标准的集合。网页主要由结构(Structure)、表现(Presentation)和行为(Behavior)三个部分组成，对应的标准也分为三个方面，即结构化标准语言主要包括XHTML和XML；表现标准语言主要为CSS；行为标准语言主要为DOM和ECMAScript等。这些大部分是由W3C起草和发布的，也有一些是其他标准组织制定的标准。

1 网页标准

结构标准语言

结构标准语言包括XML和XHTML。XML是Extensible Markup Language的缩写，意为"可扩展标记语言"。XML是用于网络上数据交换的语言，具有与描述网页页面的HTML语言相似的格式，但是它们是两种不同用途的语言，HTML是The Exten-sibleHyper TextMarkup Language的缩写，意为"可扩展超文本标记语言"。在2000年W3C发布了XHTML1.0版本。XHTML是一个基于XML的设置语言，就是一个类似HTML语言的XML语言，所以从本质上说，XHTML是一个过渡，结合了部分XML的强大功能以及大多数HTML的简单特征。

表现标准语言

表现标准语言主要指CSS。纯CSS布局与结构式XHTML相结合能够帮助网页设计者分离外观与结构，使站点的访问及维护更加容易。

行为标准

行为标准指的是DOM和ECMAScript，DOM是Document Object Model的缩写，意为"文档对象模型"。DOM是一种与浏览器、平台、语言的接口，使得用户可以访问页面的其他标准组件。DOM解决了Netscaped的JavaScript和Microsoft的Jscript之间的冲突，给予网页设计者和开发者一个标准的方法，让他们来访问其站点中的数据、脚本和表现层对象。ECMAScript是ECMA制定的标准脚本语言(JavaScript)。

使用网页标准有以下几个好处。

💧 **更简单的开发与维护**：使用更具有语义和结构化HTML，将可以使用户更加容易、快速地理解他人编写的代码，便于开发与维护。

💧 **更快的网页下载和读取速度**：更少的HTML代码带来的是更小的文件和更快的下载速度。

💧 **更好的可访问性**：具有语义化的HTML可以让使用不同浏览设备的网页访问者都能很容易看到内容。

💧 **更高的搜索引擎排名**：内容和表现的分离使内容成为一个文本的主体，与语义化的标记相结合会提高在搜索引擎中的排名。

💧 **更好的适应性**：可以很好地适应打印和其他设备。

2 内容、结构、表现和行为

HTML和XHTML页码都是由内容、结构、表现、行为4个方面组成。内容是基础，附加上结构和表现，最后再对它们加上行为。

🔵 内容：放在页码中，想要网页浏览者看到的信息。

🔵 结构：由内容部分再加上语义化、结构化的标记。

🔵 表现：用于改变内容外观的一种样式。大多数情况下，表现就是文档看起来的样子。

🔵 行为：对内容的交互及操作效果。

6.5.2 使用 CSS+Div

适应Div布局页面主要通过Div+CSS技术实现。在这种布局中，Div全称为Division，意为"区分"，适应Div的方法与使用其他标记的方法一样，其承载的是结构；采用CSS技术可以有效地对页面布局、文字等方面实现更精确地控制，其承载的是表现。结构和表现的分离对于所见即所得的传统表格布局方式是一个很大的冲击。

CSS布局的基本构造块是<div>标签，它属于HTML标签，在大多数情况下用作文本、图像或其他页面元素的容器。当创建CSS布局时，会将<div>标签放在页面上，向这些标签中添加内容，然后将它们放在不同的位置上。与表格单元格(被限制在表格行和列中的某个现有位置)不同，<div>标签可以出现在网页上的任何位置，可以用绝对方式(指定x和y坐标)或相对方式(指定与其他页面元素的距离)来定位<div>标签。

使用Div+CSS布局可以将结构与表现分离，减少了HTML文档内的大量代码，只留下页面结构的代码，方便对其阅读，还可以提高网页的下载速度。

用户在使用Div+CSS布局网页时，必须要知道每一个属性的作用，或许目前与在布局的页面并没有关系，但在后面遇到问题时可以尝试利用这些属性来解决。如果需要HTML页面启动CSS布局，先不需要考虑页面外观，而要先思考页面内容的语义和结构。也就是需要分析内容块，以及每块内容服务的目的，然后再根据这些内容目的建立起相应的HTML结构。

一个页面按功能块划分，可以分成：标志和站点名称、主页面内容、站点导航、子菜单、搜索框、功能区、页脚等。通常采用Div元素来将这些结构定义出来，代码如下：

声明header的Div区

```
<div id="header"></div>
```

声明content的Div区

```
<div id="content"></div>
```

声明globalnav区

```
<div id="globalnav"></div>
```

声明subnav的Div区

```
<div id="subnav"></div>
```

声明search的Div区

```
<div id="search"></div>
```

声明shop的Div区

```
<div id="shop"></div>
```

声明footer的Div区

```
<div id="footer"></div>
```

每一个内容块可以包含任意的HTML元素——标题、段落、图片、表格等。每一个内容块都可以放在页面上任何位置，再指定这个块的颜色、字体、边框、背景以及对其属性等。

ID名称是控制某一个内容块的方法，通过给内容块套上div并加上唯一的ID，就可以用CSS选择器来精确定义每一个页面元素的外观表现，包括标题、列表、图片、链接等。例如为#header写一个CSS规则，就可以完全不同于#content中的图片规则。另外，也可以通过不同规则来定义不同内容块里的链接样式。例如，#globalnav a:link或者#subnav a:link或者#content a:link。也可以将不同内容块中相同元素的样式定义得不一样。例如，通过#content p和#footer p分别定义#content和#footer中p的样式。

6.5.3 插入 Div 标签

用户可以通过选择【插入】| Div命令，打开【插入Div】对话框，插入Div标签并对其应用CSS定位样式来创建页面布局。Div标签是用于定义Web页面的内容的逻辑区域的标签。可以使用Div标签将内容块居中，创建列效果以及创建不同区域的颜色等。

【例6-14】使用Div标签创建一个用于显示网页Logo的内容编辑区。

📹 视频+素材 (源文件\第06章\例6-15)

----

01 选择【插入】| Div命令，打开【插入Div】对话框，在ID文本框中输入wrapper，单击【新建CSS规则】按钮。

02 打开【新建CSS规则】对话框，保持默认设置，单击【确定】按钮。

03 打开【CSS规则定义】对话框，在【分类】列表框中选择【方框】选项，在对话框右侧的列表框区域中将Hight设置为800px，在Maring选项区域中的【全部相同】复选框中，将Top和Bottom设置为20px，将Right和left设置为40px，单击【确定】按钮。

04 返回【插入Div】对话框，在页面中插入如下图所示的Div标签。

05 将鼠标指针插入Div标签中，再次选择【插入】| Div命令，打开【插入Div】对话框，在ID文本框中输入logo，单击【新建

CSS规则】按钮，打开【新建CSS规则】对话框，单击【确定】按钮。

06 打开【CSS规则定义】对话框，在【分类】列表框中选择【背景】选项，在对话框右侧的Background-color文本框中输入一个颜色代码。

07 在【分类】列表框中选择【定位】选项，在对话框右侧的【分类】列表中选中【定位】选项，将Position设置为absolute，将Width设置为23%，单击【确定】按钮。

08 返回【插入Div】对话框，单击【确定】按钮，即可插入一个如下图所示的嵌套Div标签，用于插入Logo图像。

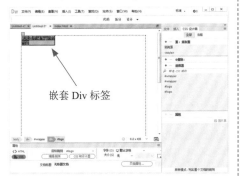

嵌套 Div 标签

09 按下Ctrl+Alt+I组合键，在嵌套Div标签中插入Logo图像文件后，页面效果如下图所示。

在【插入Div】对话框中，各项参数的含义说明如下。

🔵 【插入】下拉列表：包括【在插入点】、【在开始标签结束之后】和【在结束标签之前】等选项，其中【在插入点】选项表示会将Div标签插入到当前光标所指示的位置；【在开始标签结束之后】选项表示会将Div标签插入到选择的开始标签之后；【在结束标签之前】选项表示会将Div标签插入到选择的开始标签之前。

🔵 【开始标签】下拉列表：若在【插入】下拉列表中选择【在开始标签结束之后】或【在结束标签之前】选项，可以在该列表中选择文档中所有的可用标签，作为开始标签。

🔵 Class(类)下拉列表：用于定义Div标签可用的CSS类。

🔵 【新建CSS规则】：根据Div标签的CSS类或编号标记等，为Div标签建立CSS样式。

在设计视图中，可以使CSS布局块可视化。CSS布局块是一个HTML页面元素，用户可以将它定位在页面上的任意位置。Div标签就是一个标准的CSS布局块。

Dreamweaver提供了多个可视化助理，供用户查看CSS布局块。例如，在设计时可以为CSS布局块启用外框、背景和模型模块。将光标移动到布局块上时，页可以查看显示有选定CSS布局块属性的工具提示。

另外，选择【查看】|【设计视图选

项】|【可视化助力】命令，在弹出的子菜单中，Dreamweaver可以使用以下几个命令，为每个助理呈现可视化内容。

 CSS布局外框：显示页面上所有CSS布局块的效果。

 CSS布局背景：显示各个CSS布局块的临时指定背景颜色，并隐藏通常出现在页面上的其他所有背景颜色或图像。

 CSS布局框模型：显示所选CSS布局块的框模型(即填充和边距)。

6.6 进阶实战

本章的进阶实战部分将使用 Div+CSS 设计一个如下图所示的网页页面，用户可以通过具体的操作巩固所学的知识。

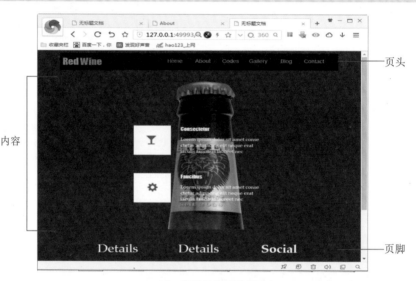

Div+CSS 制作红酒网站首页

【例6-15】使用Dreamweaver制作一个效果如上图所示的Div+CSS的上下结构网页布局。

 视频+素材 (源文件\第06章\例6-15)

01 按下Ctrl+Shift+N组合键，创建一个空白网页文档，选择【插入】| Div命令。

02 打开【插入Div】对话框，在ID文本框中输入top后，单击【新建CSS规则】按钮。

03 打开【新建CSS规则】对话框，保持默认设置，单击【确定】按钮。

04 打开【CSS规则定义】对话框，在【分类】列表框中选中【方框】选项，将Width设置为750px，Height设置为50px，在Margin选项区域中设置Left和Right为auto(自动)。

05 单击【确定】按钮,在页面中插入如下图所示的Div标签。

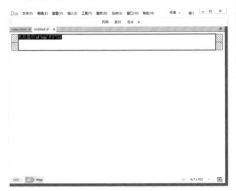

06 将鼠标光标置于Div内部,删除系统自动生成的文本,按下Ctrl+F2组合键,显示【插入】面板,在HTML选项卡中单击Div按钮。

07 打开【插入Div】对话框,在ID文本框中输入top_one,单击【新建CSS规则】按钮,打开【新建CSS规则】对话框。

08 单击【确定】按钮,打开【CSS规则定义】对话框,在【分类】列表框中选择【方框】选项,在对话框右侧的选项区域中将Width设置为15%,Height为30px,Float为left。在Padding选项区域中设置Top、Bottom、Right和Left为8px。在Margin选项区域中设置Bottom为0。

09 在【分类】列表框中选择【区块】选项,在对话框右侧的选项区域中设置Textalign为Left。

10 单击【确定】按钮,返回【插入Div标签】对话框,单击【确定】按钮,Div标签被插入到页面中,效果如下图所示。

11 将鼠标指针置于ID为top_one的Div标签

中，在其中输入文本，并在【属性】面板中设置文本的属性，使其效果如下图所示。

12 将鼠标指针置于ID为top_one的Div标签之后，单击【插入】面板中的Div按钮，打开【插入Div】对话框，在ID文本框中输入top_two，单击【新建CSS规则】按钮。

13 打开【新建CSS规则】对话框，单击【确定】按钮，打开【CSS规则定义】对话框，在【分类】列表框中选择【方框】选项，在对话框右侧的选项区域中，将Width设置为65%，Height为30px，Float为right。在Padding选项区域中设置Top为15px，Bottom、Right和Left为8px。在Margin选项区域中设置Bottom为0。

14 单击【确定】按钮，返回【插入Div】对话框，单击【确定】按钮，在页面中插入下图所示Div标签。

Red Wine

15 将鼠标指针置于ID为top_two的Div标签中，按下Ctrl+Alt+T组合键，打开Table对话框，设置在Div标签中插入一个1行6列、宽度为450像素的表格。

16 单击【确定】按钮，选中Div标签中插入的表格，在【属性】面板中将Align设置为【居中对齐】，使表格效果如下图所示。

17 在表格的每个单元格中输入文本，并设置文本的属性。

Red Wine   Home | About | Codes | Gallery | Blog | Contact

18 按下Shift+F11组合键，显示【CSS设计器】面板，在【选择器】窗格中选中top选择器，在【属性】窗格中单击【更多】按钮，在窗格中的文本框中输入background，在其后显示的文本框中输入rgba(0, 0, 0, 0.68)。

19 此时，页面中ID为top的标签效果如下图所示。

Red Wine   Home | About | Codes | Gallery | Blog | Contact

20 将鼠标指针置于Div结束标签的后面，单击【插入】面板中的Div按钮，打开【插入Div】对话框，设置【插入】为【在插入点】，ID为main。

鼠标指针置于这里

21 单击【新建CSS规则】按钮，在打开的【新建CSS规则】对话框中单击【确定】按钮，打开【规则定义】对话框，在【分类】列表框中选择【方框】选项，在对话框右侧选项区域中设置Width为750px，Height为800px，Float为Left。

22 在【分类】列表中选择【背景】选项，单击Background-image选项后的【浏览】按钮。

23 打开【选择图像源文件】对话框，选择一个图像文件作为Div标签的背景，单击【确定】按钮。

24 返回【插入Div】对话框，单击【确定】按钮，在页面中插入如下图所示的Div标签。

标签。

25 删除Div标签中系统自动生成的文本，单击【插入】面板中的Div按钮，打开【插入Div】对话框，在ID文本框中输入main_one，单击【新建CSS规则】按钮。

26 打开【CSS规则定义】对话框，在【分类】列表框中选择【方框】选项，在对话框右侧的选项区域中将Width设置为300px，Height为150px，取消Marring选项区域中的【全部相同】复选框的选中状态，将Top设置为150px，Bottom设置为0，Right和Left设置为175px，将Float设置为left。

27 单击【确定】按钮，返回【插入Div】对话框，单击【确定】按钮，在页面中插入如下图所示的Div标签。

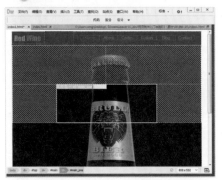

28 删除Div标签中系统自动生成的文本，单击【插入】面板中的Div选项，打开【插入Div】对话框，在ID文本框中输入Blue，单击【新建CSS规则】按钮。

鼠标指针置于这里

29 打开【新建CSS规则】对话框，单击【确定】按钮，打开【CSS规则定义】对话框，将Width和Height设置为100px，在Marring选项区域中将Top、Bottom、Right和Left设置为25px，将Float设置为left，单击【确定】按钮。

30 返回【插入Div】对话框，单击【确定】按钮，在页面中插入如下图所示的Div标签。

31 将鼠标指针插入ID为Blue的Div标签之后，单击【插入】面板中的Div按钮，打开【插入Div】对话框，在ID文本框中输入Green，单击【新建CSS规则】按钮。

32 打开【新建CSS规则】对话框，单击【确定】按钮，打开【CSS规则定义】对话框，在【分类】列表框中选择【方框】选项，在对话框右侧的选项区域中设置Width为225px，Height为100px，如下图所示。

33 单击【确定】按钮，在页面中插入下图所示的Div层。

34 将鼠标指针分别插入ID为Blue和Green的Div标签中，在其中插入图像并输入文本。

35 使用同样的方法，在页面中插入ID为main_two的Div标签。

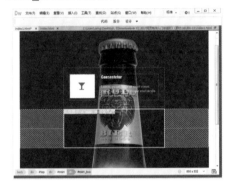

36 在Div标签中插入Blue2和Green2两个嵌套Div标签，并在其中插入文本和图像。

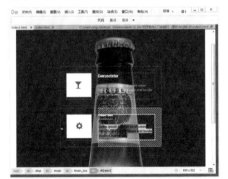

37 将鼠标指针放置在ID为main_two的Div标签之后，单击【插入】面板中的Diva按钮，打开【插入Div】对话框，在ID文本框中输入footer，单击【新建CSS规则】按钮。

38 打开【新建CSS规则】对话框，单击【确定】按钮，打开【CSS规则定义】对话框，在【分类】列表框中选择【方

框】选项，在对话框右侧分别设置Width为750px，将Height设置为250px，在Marring选项区域中将Top设置为50px，将Bottom、Right和Left设置为0，将Float设置为left。

39 在【分类】列表框中选择【背景】选项，在对话框右侧的选项区域中，将Background-color设置为rgba(39,39,49,1)。

40 单击【确定】按钮，返回【插入Div】对话框，单击【确定】按钮，在页面中插入下图所示的Div标签。

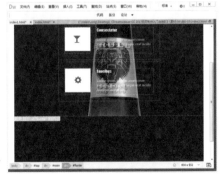

41 删除Div标签中下图自动生成的文本，按下Ctrl+Alt+T组合键，在Div标签中插入一个4行5列，宽度为750像素的表格。

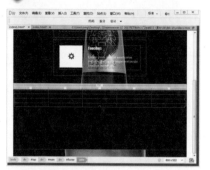

42 在表格中输入文本，并设置文本格式，使其效果如下图所示。

43 选择【文件】|【页面属性】命令，打开【页面属性】对话框，在【分类】列表框中选中【列表(CSS)】选项，在对话框右侧的选项区域中将【背景颜色】设置为rgba(39,39,49,1)。

44 单击【确定】按钮，按下Ctrl+S组合键保存网页，按下F12键预览网页效果。

6.7 疑点解答

● 问：Div+CSS 布局结构中 CSS 的命名规则？

答：采用Div+CSS布局网页时，CSS可以参考以下一些命名规则。

项　目	命　名	项　目	命　名
头	header	内容	content/container
尾	footer	导航	nav
侧栏	sidebar	栏目	column
页面外围控制整体布局宽度	wrapper	左右中	leftrightcenter
登录条	loginbar	标志	logo
广告	banmer	页面主题	main
热点	hot	新闻	news
下载	download	子导航	subnav
菜单	menu	友情链接	friendlink
搜索	search	版权	copyright
页脚	footer	内容	content
滚动	scroll	文章列表	list
标签页	tab	服务	service
标题栏目	Title	合作伙伴	partner

第7章

制作表单页面

　　表单提供了从网页浏览者那里收集信息的方法，用于调查、订购和搜索等。一般表单由两部分组成，一部分是描述表单元素的HTML源代码，另一部分是客户端脚本或者是服务器端用来处理用户信息的程序。

对应光盘视频

7.1 制作表单的方法

表单允许服务器端的程序处理用户端输入的信息，通常包括调查的表单、提交订购的表单和搜索查询的表单等。表单要求描述表单的 HTML 源代码和在表单域中输入信息的服务器端应用程序或客户端脚本。本节将主要介绍使用 Dreamweaver 在网页中创建表单的方法。

7.1.1 表单基础知识

表单在网页中是提供给访问者填写信息的区域，从而可以收集客户端信息，使网页更加具有交互的功能。

1 表单的代码

表单一般被设置在一个HTML文档中，访问者填写相关信息后提交表单，表单内容会自动从客户端的浏览器传送到服务器上，经过服务器上的ASP或CGI等程序处理后，再将访问者所需的信息传送到客户端的浏览器上。几乎所有网站都应用了表单，例如搜索栏、论坛和订单等。

表单用<form></form>标记来创建，在<form></form>标记之间的部分都属于表单的内容。<form>标记具有action、method和target属性。

🔵 action：处理程序的程序名，例如<form action="URL">，如果属性是空值，则当前文档的URL将被使用，当提交表单时，服务器将执行程序。

🔵 method：定义处理程序从表单中获得信息的方式，可以选择GET或POST中的一个。GET方式是处理程序从当前HTML文档中获取数据，这种方式传送的数据量是有限制的，一般在1KB之内。POST方式是当前HTML文档把数据传送给处理程序，传送的数据量要比使用GET方式大得多。

🔵 target：指定目标窗口或帧。可以选择当前窗口_self、父级窗口_parent、顶层窗口_top和空白窗口_blank。

知识点滴

> 表单是由窗体和控件组成的，一个表单一般包含用户填写信息的输入框和提交按钮等，这些输入框和按钮称为控件。

2 表单的对象

在Dreamweaver中，表单输入类型称为表单对象。用户要在网页文档中插入表单对象，可以单击【插入】面板中的 ˅ 按钮，在弹出的下拉列表中选中【表单】选项，然后单击相应的表单对象按钮，即可在网页中插入表单对象。

在【插入】面板的插入【表单】选项卡中比较重要的选项功能如下。

🔵 【表单】按钮▦：用于在文档中插入一个表单。访问者要提交给服务器的数据信息必须放在表单里，只有这样，数据才能被正确地处理。

🔵 【文本】按钮▭：用于在表单中插入文本域。文本域可接受任何类型的字母数字项，输入的文本可以显示为单行、多行或者显示为星号(用于密码保护)。

Text Field: [_____]

🕐 【隐藏】按钮▭：用于在文档中插入一个可以存储用户数据的域。使用隐藏域可以实现浏览器同服务器在后台隐藏地交换信息，例如，输入的用户名、E-mail地址或其他参数，当下次访问站点时能够使用输入的这些信息。

🕐 【文本区域】按钮▭：用于在表单中插入一个多行文本域。

Text Area: [_____]

🕐 【复选框】按钮☑：用于在表单中插入复选框。在实际应用中多个复选框可以共用一个名称，也可以共用一个Name属性值，实现多项选择的功能。

🕐 【单选按钮】按钮◉：用于在表单中插入单选按钮。单选按钮代表互相排斥的选择，选择一组中的某个按钮，同时取消选择该组中的其他按钮。

☐ Checkbox ○ Radio Button

🕐 【单选按钮组】按钮▦：用于插入共享同一名称的单选按钮的集合。

🕐 【选择】按钮▤：用于在表单中插入列表或菜单。【列表】选项在滚动列表中显示选项值，并允许用户在列表中选择多个选项。【菜单】选项在弹出式菜单中显示项值，而且只允许用户选择一个选项。

🕐 【文件】按钮▯：用于在文档中插入空白文本域和【浏览】按钮。用户使用文件域可以浏览硬盘上的文件，并将这些文件作为表单数据上传。

🕐 【按钮】按钮⬭：用于在表单中插入文本按钮。按钮在单击时执行任务，如提交或重置表单，也可以为按钮添加自定义名称或标签。

File: [_____] [浏览...]

[提交]
│
按钮 ·········· 空白文本域和【浏览】按钮

🕐 【图像按钮】按钮▣：用于在表单中插入一幅图像。可以使用图像按钮替换【提交】按钮，以生成图形化按钮。

知识点滴

除了上面所介绍的表单对象以外，在【表单】选项卡中，还有周、日期、时间、搜索、Tel、Url等选项，本章将逐一详细介绍。

7.1.2 创建表单

　　一个完整的表单包含了两个部分：一是在网页中描述的表单对象；二是应用程序，它可以是服务器端的，也可以是客户端的，用于对客户信息进行分析处理。浏览器处理表单的过程一般是：用户在表单中输入数据→提交表单→浏览器根据表单中的设置处理用户输入的数据。若表单指定通过服务器端的脚本程序进行处理，则该程序处理完毕后将结果反馈给浏览器(即用户看到的反馈结果)；若表单指定通过客户端(即用户方)的脚本程序处理，则处理完毕后也会将结果反馈给用户。

　　在Dreamweaver中，如果要在页面中插入表单，可以执行以下操作。

01 将鼠标指针插入到网页中合适的位置，选择【插入】|【表单】|【表单】命令，或在【插入】面板中单击【表单】按钮▣。

02 此时，即可在页面中插入一个表单，并显示表单【属性】面板。

插入页面中的表单

7.2 设置表单属性

使用 Dreamweaver 在网页中插入表单后，【属性】面板中将显示下图所示的表单属性，设置其中的各种参数，可以在页面中制作出功能各异的表单。

在上图所示的表单【属性】面板中，各选项的功能说明如下。

🗩 ID文本框：用于设置表单的名称，为了正确处理表单，一定要给表单设置名称。

🗩 Action(动作)文本框：用于设置处理表单的服务器脚本路径。如果该表单通过电子邮件方式发送，不被服务器脚本处理，需要在Action文本框中输入"mailto："以及要发送到的邮箱地址。

🗩 Method(方法)下拉列表：用于设置表单被处理后反馈页面打开的方式，共有3个选项，分别是默认、GET和POST。如果选择【默认】或GET选项，将以GET方法发送表单数据，即把表单数据附加到请求URL中发送；如果选择POST选项，将以POST方法发送表单数据，即把表单数据嵌入http请求中发送。

🗩 Entype(编码类型)下拉列表：用于设置发送数据的编码类型，共有两个选项，

分别是multipart/form-data 和application/x-www-form-urlencoded 。默认为application/x-www-form-urlencoded，其通常和POST方法协同使用，如果表单中包含文件上传域，则应该选择multipart/form-data选项。

🗩 Target下拉列表：用于设置表单被处理后使用网页打开的方式，共有_top、_self、_parent、new、_blank和默认6个选项。

🗩 Accept Charset下拉列表框：该选项用于设置服务器处理表单数据所接受的字符，共有3个选项，分别是默认、UTF-8和ISO-5589-1选项。

🗩 Auto Complete复选框：用于启用表单的自动完成功能。

🗩 No Validate复选框：用于设置提交表单时不对表单中的内容进行验证。

🗩 Title文本框：用于设置表单域的标题名称。

7.3 使用文本域和密码域

文本域是可输入单行文本的表单对象元素，也就是通常登录画面上输入用户名的部分。密码域是输入密码时主要使用的方式，其制作方法与文本域的制作方法几乎一样，但在密码域中输入内容后，网页上会显示为"*"。

这里显示网页元素对象的类型

属性							
Text	Name textfield	Class 无 ∨	Size	Value		Title	
			Max Length			Place Holder	
	☐ Disabled ☐ Required ☐ Auto Complete		Form ∨	Pattern		Tab Index	List
	☐ Auto Focus ☐ Read Only						

在【插入】面板中单击【文本】按钮□和【密码】按钮▥，在表单中插入文本域和密码域后，【属性】面板将显示如上图所示的设置区域，其中各选项的功能如下。

☝ Name文本框：用于输入文本区域的名称。

☝ Disabled复选框：设置禁止在文本区域中输入内容。

☝ Read Only复选框：使文本区域成为只读文本区域。

☝ Class下拉列表：选择应用在文本区域上的类样式。

☝ Value文本框：输入画面中作为默认值来显示的文本。

☝ Auto Focus复选框：选中该复选框，当网页被加载时，文本域会自动获得焦点。

☝ Auto Complete复选框：选中该复选框，将启动表单的自动完成功能。

☝ Tab Index文本框：用于设置表单元素Tab键的控制次序。

☝ List下拉列表框：用于设置引用数据列表，其中包含文本域的预定义选项。

☝ Pattern文本框：用于设置文本域值的模式或格式。

☝ Required复选框：选中该复选框，在提交表单之前必须填写所选项的文本域。

☝ Title文本框：用于设置文本域的提示标题文字。

☝ Place Holder文本框：用于设置对象预期值的提示信息，该提示信息会在对象为空时显示，并在对象获得焦点时消失。

☝ Max Length文本框：用于设置文本域中最多可以显示的字符数，如果不设置该文本框，则可以在对象中输入任意数量的文本。

☝ Size文本框：用于设置对象最多可以显示的字符数。

在【属性】面板中设置文本域和密码域的参数，可以在页面中实现不同效果的输入栏，下面举例说明。

01 将鼠标指针置于网页中，在【插入】面板中单击【表单】按钮，创建一个表单，将鼠标指针插入到页面中创建的表单内。

02 依次单击【插入】面板中的【文本】按钮□和【密码】按钮▥，即可在表单中创建如下图所示的文本域和密码域。

Text Field:

Password:

03 按下F12键预览网页，然后分别在文本域和密码域中输入文本，效果如下。

Text Field: 12345678

Password: ••••••••

04 选中页面中插入的文本域，在【属性】面板中的Size文本框中输入6，可以限制其显示的最多字符数为6个，在Max Length文本框中输入6，可以限制其中最多可以输入的字符数为6个，在Value文本框中输入"登录者"，设置网页在加载时文本框中自动填写的文本。

Size	6	Value	登录者		Title	
Max Length	6				Place Holder	
Form	form1	Pattern			Tab Index	

05 选中页面中的密码域，在【属性】面板中选中Auto Focus复选框，设置网页在加载后，自动设置密码域为焦点，用户可以直接在密码域中输入密码，而无须选中密码域再输入密码。

06 选中【属性】面板中的Required复选框，设置用户必须在密码域中输入密码才能提交表单。

属性			
Password	Name	password	Class (无 ∨)
	□ Disabled	☑ Required	□ Auto Complete
	☑ Auto Focus	□ Read Only	

07 再次按下F12键预览网页，文本域的尺寸和其中可以输入文本被限制，并自动填入"登录者"；网页加载时鼠标的焦点将自动定位在密码域中。

Text Field: 登录者

Password:

对于大量常用的表单元素，可以使用<input>标签来定义，其中包括文本字段、多选列表、可单击的图像和按钮等。虽然<input>标签中有许多属性，但对于每个元素来说，只有type和name属性是必需的。

用户可以用<input>标签中的name属性来为字段命名(name属性的值是任意一个字符串)；用type属性来选择控件的类型。例如，上例中在网页内插入文本域后，将自动在<input>标签添加以下属性。

```
<input type="text"
  name="textfield" id="textfield">
```

其中name属性为textfield，表示文本

框的字段名为textfield；type属性为text，表示当前控件的类型为文本域。

如果将代码中的type属性值改为password，代码如下：

```
<input type="password"
  name="textfield" id="textfield">
```

此时，文档中的控件类型将从文本域变为密码域，拥有密码域的功能。

<input>标签中常用的属性说明如下。

属 性	说 明
name	输入元素的名称
type	输入元素的类型
maxlength	输入元素的最大输入字符数
size	输入元素的宽度
value	输入元素的默认值

在不同浏览器中一行文本的组成成分也不同。HTML针对这个问题提供了一种解决方法，就是采用size和maxlength属性来分别规定文本输入显示框的长度(按字符的数目计算)，以及从用户那里接受的总字符数。这两个属性的值允许设置用户在字段内看到和填写的字符和最大数量。如果maxlength的值大于size，那么文本会在文本输入框内来回滚动。如果maxlength值小于size，那么文本输入框内会有一些多余的空格来填补这两个属性之间的差异。size的默认值和浏览器的设置有关，maxlength的默认值则不受限制。

maxlength属性和size属性分别用于设定文本显示的长度和文本输入的显示框，其在<input>标签中的代码如下：

```
<input name="textfield"
  type="password" id="lextfield"
  size="6" maxlength="6">
```

7.4 使用文本区域

文本区域与文本域不同，它是一种可以输入多行文本的表单对象。网页中最常见的文本区域是注册会员时显示的"服务条款"，如下图所示。

文本区域 ——

通过拖动滑块可以向下显示文本区域中的内容

在网页中插入文本区域后，【属性】面板显示的选项与文本域的相似，其中有区别的选项说明如下。

💧 ROWS文本框：字符宽度，用于指定文本区域中横向和纵向上可输入的字符个数。

💧 Cols文本框：行数，用于指定文本区域的行数。当文本框的行数大于指定值的时候，会出现滚动条。

下面通过一个实例，介绍在网页中创建一个文本区域的方法。

【例7-1】创建"服务条款"文本区域。
📹 视频+素材 (源文件\第07章\例7-1)

01 打开网页素材文件后，将鼠标指针插入页面中的表单内，在【插入】面板中单击【文本区域】按钮▯，在页面中插入如下图所示的文本区域。

插入文本区域

02 删除文本区域前的文本"Text Area:"，在【属性】面板中将ROWS文本框中的参数设置为10，将Cols文本框中的参数设置为100。

03 在Word或记事本等文本输入工具中输入网站的"服务条款"文本，然后将其选

中后按下Ctrl+C组合键复制文本。

04 将鼠标指针置于【属性】面板的Value文本框中，按下Ctrl+V组合键粘贴文本。

05 将鼠标指针插入文本区域的前面，按下回车键添加一个空行，并输入"文本条款"。

06 将鼠标指针插入文本区域的后面，按下回车键添加一个空行，然后在【插入】面板中单击两次【按钮】按钮，插入两个【提交】按钮。

07 在【属性】面板中将两个按钮的Value属性的值分别设置为"同意"和"拒绝"。

08 按下F12键，在打开的对话框中单击【是】按钮，保存网页并在浏览器中浏览网页。

文本区域不像单行文本域那样输入值，而是通过<textarea>标签实现。

<textarea>标签可以在页面被访问的同时创建一个多行文本域。在此区域内，用户几乎可以输入无限的文字。提交表单后，浏览器将把所有文字都收集起来，行间用回车符或换行符分隔，并将它们作为表单元素的值发送给服务器，这个值必须使用name属性中指定的名称。多行文本区域在屏幕上是独立存在的，文本主体内容可以在它的上面和下面显示，但是不会环绕显示。然而，通过定义可视矩形区域的cols和rows属性便可以控制其维数，这个矩形区域是浏览器专门用来显示多行输入的区域。通常在浏览器中，会为<textarea>标签输入的内容设置一个最小的，也就是最少的可读区域，并且用户无法改变其大小。这两个属性都用整数值表示以字符为单位的维数大小。浏览器会自动翻滚那些超出设定维数的文本。

<textarea>标签可以在用户浏览器中创建一个文本区域，其常用属性说明如下。

属　　性	说　　明
name	输入元素的名称
cows	文本区域的行数
cols	文本区域的列数

例如，以下代码声明了本章实例10行100列的文本区域。

```
<textarea name="textarea"
 cols="100" rows="10"
 id="textarea">
```

7.5　使用选择（列表 / 菜单）

选择主要使用在多个项目中选择其中一个的时候。在设计网页时，虽然也可以插入单选按钮来代替列表 / 菜单，但是用选择就可以在整体上显示矩形区域，因此显得更加整洁。在网页中插入一个选择后【属性】面板中将显示如下图所示的选项区域。

选择（列表 / 菜单）【属性】面板

在选择【属性】面板中，各选项的功能说明如下。

📍 Name文本框：网页中包含多个表单时，用于设定当前选择的名称。

📍 Disabled复选框：用于设定禁用当前选择。

📍 Required复选框：用于设定必须在提交表单之前在当前选择中选中任意一个选项。

📍 Auto Focus复选框：设置在支持HTML5的浏览器打开网页时，鼠标光标自动聚焦在当前选择上。

📍 Class下拉列表：指定当前选择要应用的类样式。

📍 Multipls复选框：设置用户可以在当前选择中选中多个选项(按住Ctrl键)。

📍 From下拉列表：用于设置当前选择所在的表单。

📍 Size文本框：用于设定当前选择所能容纳选项的数量。

📍 Selected列表框：用于显示当前选择内所包含的选项。

📍【列表值】按钮：可以输入或修改选择表单要素的各种项目。

使用Dreamweaver在表单中插入选择的具体操作方法如下。

01 将鼠标指针插入到表单内，在【插入】面板中单击【选项】按钮▤，即可在网页中插入一个如下图所示选择对象。

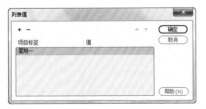

02 单击【属性】面板中的【列表值】按钮，在打开的对话框中输入项目标签。

03 单击【+】按钮，在【项目标签】列中添加更多的标签，并为每个标签添加值。

04 选中表单中的选择对象，按下Shift+F4对话框，打开【行为】面板，单击【添加行为】按钮➕，在弹出的列表中选择【跳转菜单】命令。

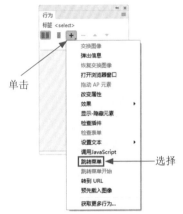

05 打开【跳转菜单】对话框，选中【菜单项】列表中的一个选项，在【选择时，转到URL】文本框中输入一个网址。

06 重复以上操作，为【菜单项】列表中的其他选项设置【选择时，转到URL】的网页地址。

07 单击【确定】按钮，在【行为】面板中为选择对象添加【调整菜单】行为。

08 按下F12键，在打开的对话框中单击【是】按钮，保存网页并在浏览器中浏览网页，效果如下图所示。

09 单击页面中的选择对象，在弹出的列表中选择一个选项，将跳转到相应的网页。

在网页中创建一个上例所示的选择对象后，在网页源代码中将创建以下代码：

```
<select name="select"
id="select" form="form1"
size="1">
<select name="select" id="select"
form="form1" size="1">
<option value=" 日期1" selected>
星期一 </option>
<option value=" 日期2"> 星期二 </
option>
<option value=" 日期3"> 星期三 </
option>
</select>
```

在以上代码中，每一列用<option>的标签可以定义一个<select>表单控件中的每个项目。浏览器将<option>标签中的内容作为<select>标签的菜单或是滚动的列表中的一个元素显示，这样，其内容只能是纯文本，不能有任何修饰。使用value属性，可以为选择对象中的每个选项设置一个值，当用户选中该选项时，浏览器会将其发送给服务器。

<select>标签的常用属性如下表。

属 性	说 明
name	列表的名称
size	列表的高度
multiple	列表中的项目（多选）

<option>标签的常用属性如下表。

属 性	说 明
value	可选的值
selected	默认选中的可选项

当<select>标签的size值超过1或者指定了multiple属性，<select>会显示为一个列表。如果需要在选择对象中一次选择多个选项，可以在<select>标签中加入multiple属性，这样可以让<select>元素像<input type=checkbox>元素那样起作用。如果没有指定multiple属性，选择对象一次只能选定一个选项，如同单选按钮组那样。size属性决定了用户一次可以看到多少个选项，size值应是一个整数，没有指定size值时，其默认值为1。当size值指定为1时，如果没有指定multiple属性值，浏览器一般会将<select>列表显示成一个弹出式菜单；当size值超过1或者指定了multiple属性值，<select>将显示为一个滚动列表。

例如，将上面实例创建列表中的size值设置为3。

通过修改 size 设置滚动列表

```
<select name="select" id="select"
form="form1" size="3">
<option value=" 日期1" selected>
星期一 </option>
<option value=" 日期2"> 星期二
</option>
<option value=" 日期3"> 星期三
</option>
</select>
```

按下F12键预览网页，滚动列表的效果将如下图所示。

Select: 星期一 / 星期二 / 星期三

7.6 使用单选按钮

单选按钮指的是多个项目中只选择一项的按钮。在制作包含单选按钮的网页时，为了选择单选按钮，用户应该把两个以上的项目合并为一个组，并且一个组的单选按钮应该具有相同的名称，这样才可以看出它们属于同一个组。

在【插入】面板中单击【单选按钮】按钮 ⊙，即可在网页中插入一个单选按钮，同时，【属性】面板将显示如下图所示的选项区域。

单选按钮【属性】面板

在上图所示的单选按钮【属性】面板中，各选项的功能说明如下。

🔔 Name文本框：用于设定当前单选按钮的名称。

🔔 Disabled复选框：用于设定禁用当前单选按钮。

🔔 Required复选框：用于设定必须在提交表单之前选中当前单选按钮。

🔔 Auto Focus复选框：设置在支持HTML5的浏览器打开网页时，鼠标光标自动聚焦在当前单选按钮上。

🔔 Class下拉列表：指定当前单选按钮要应用的类样式。

🔔 From下拉列表：用于设置当前单选按钮所在的表单。

🔔 Checked复选框：用于设置当前单选按钮的初始状态。

🔔 Value文本框：用于设置当前单选按钮被选中的值，这个值会随着表单提交到服务器上，因此必须要输入。

在【插入】面板中单击【单选按钮组】按钮 🔳，可以打开【单选按钮组】对话框，一次性在页面中插入多个单选按钮，具体操作方法如下。

01 将鼠标指针插入到表单内，在【插入】面板中单击【单选按钮组】按钮 🔳，打开【单选按钮组】对话框，通过单击【+】和【-】按钮，编辑【标签】列表框中的标签项和值。

02 单击【确定】按钮，即可在页面中插入与【标签】列表框中项目数对应的单选按钮，效果如下。

【单选按钮组】对话框中各选项的功能说明如下。

🔔 【名称】文本框：用于设置单选按钮组的名称。

🔔 【标签】列表框：用于设置单选按钮的文字说明。

🔔 【值】列表框：用于设置单选按钮组中具体按钮的值。

🔔 【换行符】单选按钮：用于设置单选按钮在网页中直接换行。

🔔 【表格】单选按钮：用于设置自动插入表格设置单选按钮的换行。

在网页源代码中，将<input>标签的type属性设置为radio，就可以创建一个单选按钮，每个单选按钮都需要一个name和value属性。具有相同名称的单选按钮在同一个组中。如果在checked属性中设置了该组中的某个元素，就意味着该按钮在网页加载时就处于选中状态。

例如，上面例子创建的单选按钮组的代码如下：

```
<label>
<input type="radio"
 name="RadioGroup1" value="1"
id="RadioGroup1_0"> 男装 </label>
<br>
<label>
<input type="radio"
name="RadioGroup1" value="2"
 id="RadioGroup1_1"> 女装
</label>
```

```
<br>
<label>
<input type="radio"
 name="RadioGroup1" value="3"
 id="RadioGroup1_2"> 童装 </label>
```

修改其中的一段代码，在其中添加checked属性：

```
<input type="radio" checked
 name="RadioGroup1" value="1"
 id="RadioGroup1_0">
```

此时，被修改的单选按钮的效果将如下图所示。

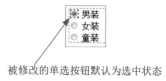

被修改的单选按钮默认为选中状态

7.7 使用复选框

复选框是在罗列的多个选项中选择多项时所使用的形式。由于复选框可以一次性选择两个以上的选项，因此可以将多个复选框组成一组。在 Dreamweaver 中的【插入】面板中单击【复选框】按钮☑，即可在网页中插入一个复选框，同时，【属性】面板将显示如下图所示的选项区域。

复选框【属性】面板

复选框【属性】面板与单选按钮【属性】面板类似，用户可以使用与单选按钮同样的方法，在【属性】面板中设置复选框的属性参数。

❧ Name文本框：用于设定当前复选框的名称。

❧ Disabled复选框：用于设定禁用当前复选框。

❧ Required复选框：用于设定必须在提交表单之前选中当前复选框。

❧ Auto Focus复选框：设置在支持HTML5的浏览器打开网页时，鼠标光标自动聚焦在当前复选框上。

❧ Class下拉列表：指定当前复选框要应用的类样式。

❧ From下拉列表：用于设置当前复选框

所在的表单。

● Checked复选框：用于设置当前复选框的初始状态。

● Value文本框：用于设置当前复选框被选中的值。

在【插入】面板单击【复选框组】按钮图，可以打开【复选框组】对话框，一次性在页面中插入多个复选框。

01 在【插入】面板中单击【复选框组】按钮图，打开【复选框组】对话框。

02 单击【+】和【-】按钮，编辑【标签】列表框中的标签项和值，单击【确定】按钮。

03 此时，即可在页面中创建如下图所示的复选框组。

☐ 实体店
☐ 网店
☐ 代理商

复选框对象可以为用户提供一种在表单中选择或取消选择某个项目的方法。在网页源代码中，把每个<input>标签中

的type属性设置为checkbox，就可以生成单独的复选框，其中包括必需的name和value属性。例如创建复选框组，代码如下：

```
<label>
<input type="checkbox"
 name="CheckboxGroup1"
 value="1"
 id="CheckboxGroup1_0">
实体店 </label><br>
<label>
<input type="checkbox"
 name="CheckboxGroup1"
 value="2"
 id="CheckboxGroup1_1">
网店 </label><br>
<label>
<input type="checkbox"
 name="CheckboxGroup1"
 value="3"
 id="CheckboxGroup1_2">
代理商 </label>
```

在复选框组中，如果选择了某项复选框，在提交表单时，它就要给出一个值；如果用户没有选择该项，该元素就不会给出任何值；如果用户没有取消选择某个复选框，那么可选的checked属性(没有值)将告诉浏览器要显示一个被选中状态的复选框，并且告诉浏览器向服务器提交表单时要包含一个值。

7.8 使用文件域

文件域可以在表单文档中制作文件附加项目。选择系统内的文件并添加后，单击【提交】按钮，就会和表单内容一起提交。在【插入】面板中单击【文件】按钮，即可在表单中插入文件域，同时【属性】面板中将显示如下图所示的设置选项。

文件域【属性】面板

文件域【属性】面板中，比较重要选项的功能说明如下。

💧 Name文本框：用于设定当前文件域的名称。

💧 Disabled复选框：用于设定禁用当前文件域。

💧 Required复选框：用于设定必须在提交表单之前在文件域中设定上传文件。

💧 Auto Focus复选框：设置在支持HTML5的浏览器打开网页时，鼠标光标自动聚焦在当前文件域上。

💧 Class下拉列表：指定当前文件域要应用的类样式。

💧 Multipls复选框：设定当前文件域可使用多个选项。

下面用一个简单的实例，介绍在网页中制作并使用文件域的具体方法。

【例7-2】在素材网页中创建一个用于上传图片的文件域。

🔘 视频+素材 (源文件\第07章\例7-2)

◀------------------------------

01 打开素材网页，将鼠标指针置于页面中合适的位置，在【插入】面板中单击【表单】按钮▦，插入一个表单。

02 将鼠标指针插入至表单中，在【插入】面板中单击【文件】按钮▯，插入一个文件域。

- A reference to latest jQuery library
- A reference to Opineo script file sudo nano opineo.js

The following customization options are available in Opineo:

File:
　　　　　　　　　　浏览...

03 在【属性】面板中选中Multipls复选框，设置文件域可以同时上传多个文件。

04 按下F12键，在打开的对话框中单击【是】按钮，保存网页并在浏览器中预览页面效果，如果没有使用文件域选择要上

传的文件，文件域右侧将显示如下图所示的提示"未选择任何文件"。

- A reference to latest jQuery library
- A reference to Opineo script file sudo nano opineo.js

The following customization options are available in Opineo

File 选择文件 未选择任何文件

05 单击文件域中的【选择文件】按钮，可以在打开的【打开】对话框中按住Ctrl键选择多个要上传的文件，完成后单击【打开】按钮。

06 返回网页，将在文件域的后面显示提示信息，提示用户上传的文件数量。

- A reference to latest jQuery library
- A reference to Opineo script file sudo nano opineo.js

The following customization options are available in Opineo

File 选择文件 5 个文件

网页源代码中，在<input>标签中通过把type属性值设置为file，即可创建一个文件域。与其他表单输入元素不同，文件域只有在特定的表单数据编码方式和传输方法下才能正常工作。如果要在表单中包括一个或多个文件域，必须把<form>标签的enctype属性设置为mulitipary/form-date，并把<form>标签的method属性设置为post。否则，这个文件选择字段的行为就会像普通的文本字段一样，把它的值(也就是文件的路径名称)传输给服务器，而不是传输文件本身的内容。

例如，以下代码中声明了名称为file Field1和名称为fileField2的两个文件域：

```
<form method="post"
 enctype="multipart/form-data"
 name="form1" id="form1">  <p>
<label for="fileField1">File:</label>
```

```
<input name="fileField1" type="file"
multiple required id="fileField"
form="form1">
<input name="fileField2" type="file"
multiple required id="fileField"
form="form1">
</p>
</form>
```

7.9　使用标签和域集

在网页中，使用【标签】可以定义表单控制间的关系（例如，一个文本输入字段和一个或多个文本标记之间的关系）。根据最新的标准，在标记中的文本可以得到浏览器的特殊对待。浏览器可以为这个标签选择一种特殊的显示样式，当用户选择该标签时，浏览器将焦点转到和标签相关的表单元素上。

除单独的标记以外，用户也可以将一群表单元素组成一个域集，并用 <fieldset> 标签和 <legend> 标签来标记这个组。<fieldset> 标签将表单内容的一部分打包，生成一组相关表单字段。<fieldset> 标签没有必需的或是唯一的属性，当一组表单元素放到 <fieldset> 标签内时，浏览器会以特殊方式来显示它们，它们可能有特殊的边界、3D 效果甚至可以创建一个子表单来处理这些元素。

7.9.1　使用标签

在Dreamweaver 中选中需要添加标签的网页对象，然后单击【插入】面板中【表单】选项卡内的【标签】按钮。

此时，切换【拆分】视图模式，并在代码视图中添加以下代码：

```
<label></label>
```

其中，<label>标签的属性的功能说明如下表所示。

属　性	说　　明
for	命名一个目标表单对象的id

下面通过一个简单的实例，介绍在网页中使用标签对象的具体操作。

【例7-3】在网页中添加一个标签对象。
🎬 视频+素材 (源文件\第07章\例7-2)

01 打开网页素材后，选中页面中的微信图标，然后在【插入】面板中单击【标签】按钮。

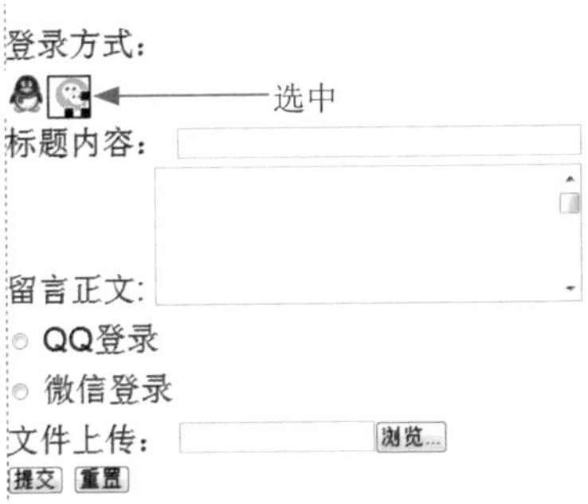

登录方式：　　　　　　　←——选中
标题内容：
留言正文：
○ QQ登录
○ 微信登录
文件上传：　　　　　　　浏览...
提交　重置

02 选中表单中"微信登录"文本前的单选按钮，在【文档】工具栏中单击【拆分】按钮切换【拆分】视图，在【代码】视图中查看其id为RadioGroup1_1。

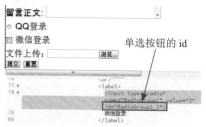

单选按钮的id

03 选中文档中的微信图标，在【代码】视图找到以下代码：

```
<label><img src="P2.jpg" alt=""/></label>
```

04 在<label>标签中添加for属性，修改代码如下：

```
<label for=" RadioGroup1_1"><img
src="P2.jpg" alt=""/></label>
```

05 按下F12键，在打开的对话框中单击【是】按钮，保存网页并在浏览器中预览网页效果，单击页面中的微信图标，将自动选中表单中的【微信登录】单选按钮。

7.9.2 使用域集

使用<legend>标签可以为表单中的一个域集合生成图标符号。这个标签可能仅够在<fieldset>中显示。与<label>标签类似，当<legend>标签内容被选定时，焦点会转移到相关的表单元素上，可以用来提高用户对<fieldset>的控制。<legend>标签页支持accesskey和align属性。Align的值可以是top、bottom、left或right，向浏览器说明符号应该放在域集的具体位置。

下面通过一个简单的实例介绍在Dreamweaver中使用域集的具体方法。

【例7-4】在表单中创建一个用于登录的域集。
🎬 视频+素材 (源文件\第07章\例7-2)

01 打开素材网页后，选中页面中用于登录网站的文本域、密码域和【登录】按钮。

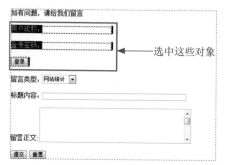

选中这些对象

02 在【插入】面板中单击【域集】按钮，打开【域集】对话框，在【标签】文本框中输入"留言前请登录"，然后单击【确定】按钮。

03 此时，将在表单内添加一个如下图所示的域集。按下F12键预览网页，域集在浏览器中的显示效果如下图所示。

如有问题，请给我们留言

域集效果

在网页源代码中，以下代码首先声明表单元素分组，然后声明这个组的符号文字为"留言前请登录"。

```
<fieldset>
<legend> 留言前请登录
</legend></fieldset>
```

7.10 使用按钮和图像按钮

按钮和图像按钮指的是网页文件中表示按钮时使用到的表单要素。其中，按钮在Dreamweaver中被细分为普通按钮、【提交】按钮和【重置】按钮等3种，在表单中起到非常重要的作用。

在Dreamweaver的【插入】面板中单击【按钮】按钮▭、【"提交"按钮】按钮☑、【"重置"按钮】按钮↻和【图像按钮】按钮▦，即可在网页中插入相应的按钮，选中表单中的按钮，【属性】面板中将显示如下图所示的选项区域。

按钮【属性】面板

图像按钮【属性】面板

使用按钮

按钮指的是网页文件中表示按钮时使用到的表单要素，其中【提交】按钮在表单中起到非常重要的作用，有时会使用【发送】或【登录】等其他名称来替代【提交】字样，但按钮将用户输入的信息提交给服务器的功能始终没有变化。

上传材料文件

选择文件: 选择文件 未选择文件

提交

在【插入】面板中单击相应的按钮，在表单中插入按钮、【提交】按钮和【重置】按钮后，【属性】面板中显示的选项设置基本类似，其中比较重要的选项功能说明如下。

💧 Name文本框：用于设定当前按钮的名称。

💧 Disabled复选框：用于设定禁用当前按钮，被禁用的按钮将呈灰色显示。

💧 Class下拉列表：指定当前按钮要应用的类样式。

💧 Form下拉列表：用于设置当前按钮所在的表单。

💧 Value文本框：用于输入按钮上显示的文本内容。

在网页源代码中，将<input>标签的type属性值分别设置为botton、submit、reset，就可以创建标准按钮、【提交】按钮和【重置】按钮。

1 标准按钮

使用<input type=botton>标签可以生成一个供用户单击的标准按钮，但这个按钮不能提交或重置表单。用户可以在【属性】面板中通过修改Value属性来设置按钮上的文本标记，如果为其指定了name

属性，则会把提供的值传递给表单处理程序，以下代码为"播放音乐"标准代码。

```
<input type="button" value=" 播放音乐 ">
```

以上代码在页面中的显示效果如下。

播放音乐

2 【提交】按钮

【提交】按钮(submit button)会启动将表单数据从浏览器发送给服务器的提交过程。一个表单中可以有多个提交按钮，用户也可以利用<input>标签的提交类型设置name和value属性。对于表单中最简单的【提交】按钮(这个按钮不包含name和value属性)而言，浏览器会显示一个小的长方形，上面有默认的标记"提交"。

提交

在其他情况下，浏览器会用标签的value属性设置文本来标记按钮。如果设置了一个name属性，当浏览器将表单信息发送给服务器时，也会将【提交】按钮的value属性值添加到参数列表中。这一点非常有用，因为它提供了一种方法来标识表单中被单击的按钮，如此，用户可以用一个简单的表单处理应用程序来处理多个不同表单中的某个表单。

以下代码为声明一个value值为"提交"的【提交】按钮，当用户在浏览器单击这个按钮后，将向服务器提交表单内容。

```
<input type="submit" value=" 提交 ">
```

3 【重置】按钮

<input>表单按钮的重置(reset)类型是显而易见的，它允许用户重置表单中的所有元素，也就是清除或设置某些默认值。与其他按钮不同，重置按钮不会激活表单处理程序，相反，浏览器将完成所有重置表单元素的工作。默认情况下，浏览器会显示一个标记为Reset(重置)的重置按钮，用户可以在value属性中指定自己的按钮标记，改变默认值。

以下代码为声明值为"重置"的【重置】按钮，当单击这个按钮后，将清除表单中填写的内容。

```
<input type="reset" value=" 重置 ">
```

以上代码在页面中的显示效果如下。

重置

7.10.2 使用图像按钮

如果要使用图像作为提交按钮，可以在网页中使用图像按钮。在大部分网页中，提交按钮都采用了图像形式。

下面用一个实例，介绍Dreamweaver中为网页设置一个图像按钮的具体方法。

【例7-5】在表单中插入一个图像按钮。

🎬 视频+素材 (源文件\第07章\例7-5)

01 打开网页素材文件后，将鼠标指针插入页面中合适的位置，在【插入】面板中单击【图像按钮】按钮。

02 打开【选择图像源文件】对话框，选择一个图像文件，单击【确定】按钮。

03 此时，即可在网页中插入一个效果如下图所示的图像按钮，并在【属性】面板中显示相应的设置选项。

图像按钮

在图像按钮的【属性】检查器中，比较重要选项功能如下。

⬙ Name文本框：用于设定当前图像按钮的名称。

⬙ Disabled复选框：用于设定禁用当前图像按钮。

⬙ Form No Validate复选框：选中该复选框可以禁用表单验证。

⬙ Class下拉列表：指定当前图像按钮要应用的类样式。

⬙ Form下拉列表：用于设置当前图像按钮所在的表单。

⬙ Src文本框：用于设定图像按钮所用图像的路径。

⬙ Alt文本框：用于设定当图像按钮无法显示图像时的替代文本。

⬙ W文本框：用于设定图像按钮中图像的宽度。

⬙ H文本框：用于设置图像按钮中图像的高度。

⬙ Form Action文本框：用于设定当提交表单时，向何处发送表单数据。

⬙ Form method下拉列表：用于设置如何发送表单数据，包括默认、Get和Post 3个选项。

在网页源代码中，将<input>标签的type属性值设置为image，就可以创建图像按钮，图像按钮还需要一个src属性，并可以包括一个name属性和一个针对非图形浏览器的描述性alt属性。以下代码声明了一个值为【提交】，源文件为P1.jpg图片的图像按钮。

```
<input type="image" src="P1.jpg"
value=" 提交 ">
```

7.11 使用隐藏域

将信息从表单传送到后台程序中时，编程者通常需要发送一些不应该被网页浏览者看到的数据。这些数据有可能是后台程序需要的一个用于设置表单收件人信息的变量，也可能是在提交表单后的后台程序将要重新定向至用户的一个 URL。要发送此类不能让表单使用者看到的信息，用户必须使用一个隐藏的表单对象——隐藏域。

在【插入】面板中单击【隐藏】按钮▭后，即可在页面中插入一个隐藏域，并在【属性】面板中插入如下图所示的选项。

隐藏域【属性】面板

隐藏域【属性】面板中，各选项的功能说明如下。

Name文本框：用于设置所选隐藏域的名称。

Value文本框：用于设置隐藏域的值。

Form下拉列表：用于设置当前隐藏域所在的表单。

在网页中无法看到<input>表单空间，这是一种向表单中嵌入信息的方法，以便这些信息不会被浏览器或用户忽略或改变。不仅如此，<input type=hidden>标签必需的name和value属性还会自动包含在提交的表单参数列表中，这些属性可以用来给表单做标记，也可以用来区分表单，将不同的表单或表单版本与一组已经提交或保存过的表单分开。

隐藏域的另一个作用是管理用户和服务器的交互操作。例如，隐藏域可以帮助服务知道当前的表单是否来自于一个几分钟前发出类似请求的人。通常情况下服务器不会保留这种信息，并且每个服务器和用户之间的处理过程与其他事物无关。比如用户提交的第一个表单可能需要一些基本信息，如用户名字和电话，基于这些初始信息，服务器可能会创建第二个表单，向用户询问一些更详细的问题，此时，重新输入第一个表单中的基本信息对于很多用户来说太麻烦，因此可以对服务器端进行编程，将这些值保存在第二个表单的隐藏字段中，当返回第二个表单时，从这两个表单中得到的所有重要信息都保存下来了。如果有必要，还可以看到第二个表单中的值是否和第一个表单相匹配。

以下代码为声明一个名称为hidden Field、值为invest的隐藏域，其在网页中不显示。

```
<input type="hidden"name="hidden
Field"value="invest">
```

7.12 使用 HTML5 表单对象

在 Dreamweaver CC 2017 中，软件提供了对 CSS 3.0 和 HTML5 的支持，用户在【插入】面板的【表单】选项卡中单击 HTML5 表单对象按钮 (包括【电子邮件】按钮☒、Url 按钮⑧、Tel 按钮📞、【搜索】按钮🔍、【数字】按钮⬚、【范围】按钮⬚、【颜色】按钮▦、【月】按钮▦、【周】按钮▦、【日期】按钮📅、【时间】按钮🕐、【日期时间】按钮🕐、【日期时间 (当地)】选项🖵等，即可在网页中快速插入相应的对象。

下面将分别介绍网页中HTML5对象的功能。

【电子邮件】对象：在网页中插入该对象后，将鼠标指针置于该对象中可以在表单中插入电子邮件类型的元素。电子邮件类型用于包含E-mail地址的输入域，在提交表单时会自动验证E-mail域的值。

Email: miaofa@sina.com

Url对象：在网页中插入该对象后，可以在表单中插入Url类型的元素。Url属性用于返回当前文档的URL地址。

Url: http://ww
http://www.tupwk.com.cn/improve2/
http://www.360doc.com/content/11/0908/08/3241927_146619985.shtml
http://www.360doc.com/content/16/0903/05/8132377_588018528.shtml

Tel对象：在网页中插入该对象后，可以在表单中插入Tel类型的元素，其应用于电话号码的文本字段。

Tel: 1381391234567

【搜索】对象：在网页中插入该对象后，可以在表单中插入搜索类型的元素，其应用于搜索的文本字段。Search属性是一个可读、可写的字符串，可设置或返回当前的URL的查询部分(问号"?"之后的部分)。

Search: _____

● 【数字】对象：在网页中插入该对象后，可以在表单中插入数字类型的元素，它应用于带有spinner控件的数字字段。

Number: 100002 ▲▼ 重置

● 【范围】对象：在网页中插入该对象后，可以在表单中插入范围类型的元素。Range对象表示文档的连续范围区域(如在浏览器窗口中用鼠标拖动选中的区域)。

Range: ___

● 【颜色】对象：在网页中插入该对象后，可以在表单中插入颜色类型的元素。Color属性用于设置文本的颜色(元素的前景色)。

Color: ███

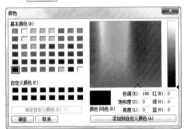

● 【月】对象：在网页中插入该对象后，可以在表单中插入月类型的元素，它应用于日期字段的月(带有calendar控件)。

Month: 2017年09月 ×▲▼▼

● 【周】对象：在网页中插入该对象后，可以在表单中插入周类型的元素，他应用于日期字段的周(带有calendar控件)。

Week: 2017 年第 36 周 ×▲▼▼

● 【日期】对象：在网页中插入该对象后，可以在表单中插入日期类型的元素，它应用于日期字段(带有calendar控件)。

Date: 2017/09/13 ×▲▼▼

● 【时间】对象：在网页中插入该对象后，可以在表单中插入时间类型的元素，它应用于时间字段的时、分、秒(带有time空间)，<time>标签用于定义公历的时间(24小时制)或日期，时间和时区偏移是可选的。

Time: 00:58 ×▲▼

● 【日期时间】对象：在网页中插入该对象后，可以在表单域中插入日期时间类型的元素，它应用于日期字段(带有calendar控件和time控件)。datetime属性用于规定文本被删除的日期和时间。

DateTime: _____

● 【日期时间(当地)】对象：在网页中插入该对象后，可以在表单中插入日期时间(当地)类型的元素，它应用于日期字段(带有calendar控件和time控件)。

7.13　进阶实战

　　本章的进阶实战部分将通过实例制作下图所示的网页。网页中将利用表格制作一个简单的图文网页，然后在网页中插入表单与表单对象，并通过 CSS 样式美化表单对象的显示效果。在完成实战的过程中，用户可以通过操作巩固所学的网页制作知识。

实战一：制作用户登录页面　　　　　实战二：制作网站留言页面

7.13.1　制作用户登录页面

- -

【例7-6】创建一个用于登录网站的页面。
🎬 视频+素材 (源文件\第07章\例7-6)

- -

◀

01 按下Ctrl+Shift+N组合键，创建一个空白网页，按下Ctrl+F3组合键，显示【属性】面板并单击其中的【页面属性】按钮。

02 打开【页面属性】对话框，在【分类】列表中选择【外观(CSS)】选项，单击【背景图像】文本框后的【浏览】按钮。

03 打开【选择图像源文件】对话框，选中一个图像素材文件，单击【确定】按钮。

04 返回【页面属性】对话框，在【上边距】文本框中输入0，然后依次单击【应用】和【确定】按钮，为新建的网页设置一个背景图像。

05 将鼠标指针插入到页面中，按下Ctrl+Alt+T组合键，打开Table对话框，设置在页面中插入一个1行1列，宽度为800像素，边框粗细为10像素的表格。

06 在Table对话框中单击【确定】按钮，

在页面中插入表格。在表格【属性】面板中单击Align按钮，在弹出的列表中选择【居中对齐】选项。

07 将鼠标指针插入表格中，在单元格【属性】面板中将【水平】设置为【居中对齐】，将【垂直】设置为【顶端】。

08 单击【背景颜色】按钮□，在打开的颜色选择器中将单元格的背景颜色设置为白色。

09 再次按下Ctrl+Alt+T组合键，打开Table对话框，在表格中插入一个2行5列，宽度为800像素，边框粗细为0像素的嵌套表格。

插入一个嵌套表格

10 选中嵌套表格的第1列，在【属性】面板中将【水平】设置为【左对齐】，【垂直】设置为【居中】，【宽】设置为200。

11 单击【属性】面板中的【合并所选单元格，使用跨度】按钮▭，将嵌套表格的第1列合并，单击【拆分单元格为行或列】按钮▥，打开【拆分单元格】对话框。

12 在【拆分单元格】对话框中选中【列】单选按钮，在【列数】文本框中输入2，然后单击【确定】按钮。

13 选中拆分后单元格的第1列，在【属性】面板中将【宽】设置为20。

设置该单元格的宽度

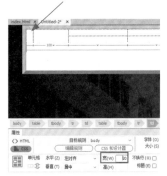

14 将鼠标指针插入嵌套表格的其他单元格中，输入文本，并按下Ctrl+Alt+I组合键插入图像，制作下图所示的表格效果。

15 将鼠标指针插入嵌套表格的后方，按下回车键，选择【插入】| HTML |【水平线】命令，插入一条水平线，并在水平线下输入文本"用户登录"。

	CALL US TOLL FREE 800 605 1618
返回首页	登录	注册

用户登录

16 在【属性】面板中单击【字体】按钮，在弹出的列表中选择【管理字体】选项。

17 打开【管理字体】对话框，在【可用字体】列表框中双击【方正粗靓简体】字体，将其添加至【选择的字体】列表框中，然后单击【完成】按钮。

插入表单

18 选中步骤15输入的文本，单击【字体】按钮，在弹出的列表中选择【方正粗靓简体】选项。

19 保持文本的选中状态，在【属性】面板的【大小】文本框中输入30。

20 将鼠标指针放置在"用户登录"文本之后，按下回车键添加一个空行。

21 按下Ctrl+F2组合键，打开【插入】面板，单击该面板中的 ∨ 按钮，在弹出的下拉列表中选中【表单】选项，然后单击【表单】按钮 ▤ ，插入一个表单。

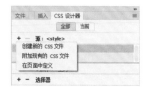

22 选中页面中的表单，按下Shift+F11组合键，打开【CSS设计器】面板，单击【源】窗格中的【+】按钮，在弹出的列表中选择【在页面中定义】选项。

23 在【选择器】窗格中单击【+】按钮，然后在添加的选择器名称栏中输入.form。

添加一个选择器

24 在表单的【属性】面板中单击Class按钮，在弹出的列表中选择form选项。

25 在【CSS设计器】面板的【属性】窗格中单击【布局】按钮 ▦ ，在展开的属性设置区域中将width设置为500px，将margin的左、右边距都设置为150px。

26 此时页面中表单的效果如下图所示。

27 将鼠标指针插入表单中，在【插入】面板中单击【文本】按钮□，在页面中插入一个如下图所示的文本域。

用户登录

Text Field:

28 将鼠标指针放置在文本域的后面，按下回车键插入一个空行，在【插入】面板中单击【密码】按钮 。

用户登录

Text Field:

Password:

29 重复以上操作，在密码域的下方再插入一个文本域。

30 将鼠标指针插入文本域的后面，单击【插入】面板中的【"提交"按钮】按钮 ，在表单中插入一个【提交】按钮。

用户登录

Text Field:

Password:

Text Field:

提交

31 在【CSS设计器】窗口的【设计器】窗格中单击【+】按钮，创建一个名为.con1的选择器。

32 在【CSS设计器】窗口的【属性】窗格中单击【边框】按钮□，在【属性】窗格中单击【顶部】按钮□，在显示的选项区域中将width设置为0px。

33 单击【右侧】按钮□和【左侧】按钮□，在显示的选项区域中将width设置为0px。

34 单击【底部】按钮，在显示的选项区域中将color颜色参数设置为rgba(119,119,119,1.00)。

35 单击【属性】窗格中的【布局】按钮 ，在展开的属性设置区域中将width设置为300像素。

36 分别选中页面中的文本域和密码域，在【属性】面板中将Class设置为con1。

37 修改文本域和密码域前的文本，并在【属性】面板中设置文本的字体格式，完成后效果如下图所示。

用户登录

用户名称:

登录密码:

验证信息:

提交

38 在【CSS设计器】面板的【选择器】窗格中单击【+】按钮，创建一个名称为.botton的选择器。

39 选中表单中的【提交】按钮，在【属性】面板中将Class设置为botton。

40 在【CSS设计器】面板的【属性】窗格中单击【布局】按钮■，在展开的属性设置区域中将width设置为380px，将height设置20px，将margin的顶端边距设置为20px。

41 在【属性】窗格中单击【文本】按钮画，将color的值设置为：rgba(255,255,255,1.00)。

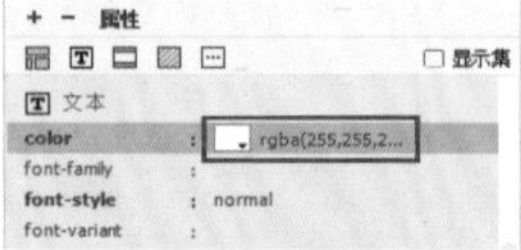

42 在【属性】窗格中单击【背景】按钮，将background-color参数的值设置为rgba(42,35,35,1.00)。

43 此时页面中按钮的效果如下图所示。

用户登录

用户名称：
登录密码：
验证信息：
提交

44 将鼠标指针插入"验证信息"文本域的后面，按下回车键新增一行，输入文本"点击这里获取验证"，完成【用户登录】表单制作。

45 继续处理网页，在页面中完成如下图所示的制作后，按下Ctrl+S组合键保存网页文档。

46 按下F12键，在浏览器中浏览网页即可查看页面中用户登录表单的效果。

7.13.2 制作网站留言页面

【例7-7】创建一个网站留言的页面。
视频+素材 (源文件\第07章\例7-7)

01 按下Ctrl+Shift+N组合键创建一个空白网页文档，按下Ctrl+F3组合键，显示【属性】面板，单击其中的【页面属性】按钮。

02 打开【页面属性】对话框，在【分类】列表框中选择【外观(CSS)】选项，将【左边距】文本框、【右边距】文本框和【上边距】文本框中的参数设置为0，然后单击【确定】按钮。

03 将鼠标指针插入页面中，选择【插入】| Div命令，打开【插入Div】对话框，在ID文本框中输入CSS1，然后单击【新建CSS规则】按钮。

04 打开【新建CSS规则】对话框，保持默认设置，单击【确定】按钮。

05 打开【CSS规则定义】对话框，在【分类】列表框中选择【背景】选项，然后单击Background-image文本框后的【浏览】按钮。

设置背景图像地址

06 打开【选择图像源文件】对话框，选择一个图像文件后，单击【确定】按钮。

07 返回【CSS规则定义】对话框，在【分类】列表框中选择【定位】选项，然后在对话框右侧的选项区域中单击Position按钮，在弹出的列表中选择absolute选项。

08 在【分类】列表框中选择【方框】选项，然后在对话框右侧的选项区域中设置Top和Bottom文本框中的参数为15，并取消【全部相同】复选框的选中状态。

09 单击【确定】按钮，返回【插入Div】对话框，单击【确定】按钮，在页面中插入一个如下图所示的Div标签。

10 选中页面中的Div标签，在【属性】面板中将【宽】设置为100%，将【高】设置为100px。

11 将鼠标指针插入Div标签中，按下Ctrl+Alt+T组合键，打开Table对话框，将【行数】设置为1，【列数】设置为7，【表格宽度】设置为100%，【边框粗细】、【单元格边距】和【单元格间距】设置为0，然后单击【确定】按钮，在Div标签中插入一个1行7列的表格。

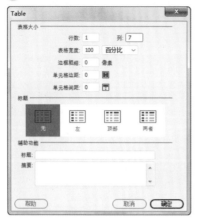

12 选中插入的表格中所有的单元格，在【属性】面板中将单元格的背景颜色设置为"白色"，然后在其中插入图片并输入文本，效果如下图所示。

13 再次选择【插入】| Div命令，打开【插入Div】对话框，在ID文本框中输入CSS2，然后单击【新建CSS规则】按钮。

14 打开【新建CSS规则】对话框，保持默认设置，单击【确定】按钮。

15 打开【CSS规则定义】对话框，在【分类】列表框中选择【定位】选项，然后在对话框右侧的选项区域中单击Position按钮，在弹出的列表中选择absolute选项。

16 单击【确定】按钮，返回【插入Div】对话框，再次单击【确定】按钮，在页面中插入一个可移动的Div标签。

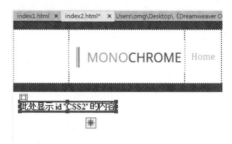

17 在【属性】面板中，将【左】设置为0PX，【上】设置为130px，【宽】设置为100%，【高】设置为500px。

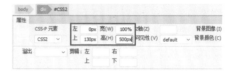

18 将鼠标指针插入Div标签中，在【插入】面板中单击【表单】按钮▤，在Div标签中插入一个表单。

19 按下Shift+F11组合键，打开【CSS设计器】面板，在【选择器】窗格中单击【+】按钮，添加名称为.form的选择器。

20 在表单【属性】面板中单击Class按钮，在弹出的列表中选择form选项。

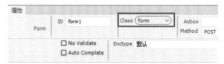

21 在【CSS设计器】面板的【选择器】窗格中选中.form选择器，然后在【属性】窗格中单击【布局】按钮▤，在展开的选

项区域中设置marrgin顶部参数为2%，左侧和右侧间距参数为15%。

22 将鼠标指针插入表单中输入文本并插入一个水平线。

23 将鼠标指针置于水平线的下方，在【插入】面板中单击【文本】按钮□，在表单中插入一个文本域。

24 选中表单中的文本域，在【属性】面板中的value文本框中输入You Name...。

25 编辑表单中文本域前的文本，并设置文本的字体格式，然后选中文本域。

选中

26 在【CSS设计器】的【选择器】窗格中单击【+】按钮，添加一个名称为.b1的选择器。

27 单击【属性】面板中的Class选项，在弹出的列表中选择b1选项，为文本域应用b1类样式。

28 在【CSS设计器】面板的【属性】窗格中单击【边框】按钮□，在展开的选项区域中单击【所有边】按钮□，将color参数设置为rgba(211,209,209,1.00)。

29 单击【左侧】按钮，将width参数设置为5px。

30 单击【属性】窗格中的【布局】按钮□，在显示的选项区域中将width参数设置为200px，height参数设置为25px。

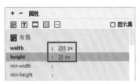

31 将鼠标指针插入至文本域的下方，在【插入】面板中单击【电子邮件】按钮和【文本】按钮，在表单中插入一个【电子邮件】对象和【文本域】对象。

32 编辑表单中软件自动插入的文本，分别选中【电子邮件】和【文本域】对象，在【属性】面板中单击Class按钮，为其应用b1类样式，并设置对象的value值。

设置 value 值

33 将鼠标指针插入MESSAGE文本域之后，在【插入】面板中单击【文本区域】按钮，在表单中插入一个文本区域，并编辑文本域前的文本。

CONTACT US

Name:
You Name...

Email:
You Email...

SUBJECT:
Please type subject...

MESSAGE:

插入文本区域

34 在【CSS设计器】窗口的【选择器】

窗格中右击.b1选择器，在弹出的菜单中选择【直接复制】命令。

复制

35 复制一个.b1选择器，将复制后的选择器命名为.b2。

36 在【选择器】窗格中选中.b2选择器，在【属性】窗格中单击【布局】按钮，在展开的属性设置区域中将width设置为450px，将height设置为100px。

37 选中表单中的文本区域，在【属性】面板中单击Class按钮，在弹出的列表中选择b2选项。

38 将鼠标指针插入文本区域的下方，在【插入】面板中单击【"提交"按钮】按钮，在表单中插入一个【提交】按钮。

39 在【CSS设计器】窗格的【选择器】

窗格中单击【+】按钮，添加一个名称为.b3的选择器。

40 在【选择器】窗格中选中.b3选择器，在【属性】面板中单击【布局】按钮，在展开的属性设置区域中将width设置为150px，将height设置为25px。

41 在【属性】窗格中单击【背景】按钮，在展开的属性设置区域中单击background-image选项下的【浏览】按钮。

42 打开【选择图像源文件】对话框，选中一个图像素材文件，单击【确定】按钮。

43 在【属性】窗格中单击【文本】按钮，在展开的属性设置区域中将color的值设置为rgba(150,147,147,1.00)，将font-size的值设置为12px。

44 选中表单中的按钮，在【属性】面板中单击Class按钮，在弹出的列表中选择b3选项，在value文本框中将文本"提交"修改为SEND MESSAGE。

45 完成以上设置后，页面中表单的效果如下图所示。

46 将鼠标指针插入表单的下方，选择【插入】|【Div命令，打开【插入Div】对话框，在ID文本框中输入CSS1，单击【确定】按钮，在打开的提示对话框中单击【是】按钮。

47 此时将在页面的底部插入一个如下图所示的Div标签。

插入一个Div标签

48 将鼠标指针插入Div标签中，按下Ctrl+Alt+T组合键，打开Table对话框插入一个1行3列的表格，并在表格中输入如下图所示的文本。

49 按下Ctrl+S组合键保存网页，按下F12键在浏览器中即可查看本例制作的网页效果。

7.14 疑点解答

◆┤问：表单对象一定要添加在表单中吗？

答：如果用户需要通过表单将该表单对象包含的信息提交给动态处理页，则必须将表单对象添加在表单中；如果只是将表单对象用于显示一些文本，不需要提交给动态网页处理，则可以不用将表单对象添加在表单中。

◆┤问：如何制作用于管理表单信息的服务器程序？

答：完成表单网页的制作后，要使其在网站中发挥作用，需要连接一个能接收访问者输入信息后保存其内容并进行管理的程序。此时使用的程序即是服务器程序。大部分服务器程序都使用ASP、PHP、JSP、CGI等程序，创建的方法有以下几种。

💧 直接制作服务器程序：使用JAVA、PHP或ASP等语言就可以直接制作服务器程序。但是这些程序制作能力并不是短期内就能熟练掌握的，需要用户投入一定时间和精力。

💧 利用Dreamweaver制作服务程序：用户可以使用Dreamweaver软件自动完成服务器程序的制作(例如ASP、PHP或JSP等)。

💧 使用网络中的表单程序资源：用户在网络中寻找到PHP、CGI或ASP等语言制作的服务器程序，并将其应用在自己的网站上(这种程序很容易安装和使用，但会给服务器增加负荷)。

第8章

添加网页特效

在网页中使用【行为】可以创建各种特殊的网页效果，例如弹出信息、交换图像、跳转菜单等。行为是一系列使用JavaScript程序预定义的页面特效工具，是JavaScript在Dreamweaver中内建的程序库。

对应光盘视频

例8-1 使用"交换图像"行为　　　例8-5 使用"显示隐藏元素"行为
例8-2 使用"拖动AP元素"行为　　例8-6 制作用户登录确认效果
例8-3 使用"状态栏文本"行为　　　例8-7 制作随机验证码文本域
例8-4 使用"检查插件"行为

8.1 认识网页行为

Dreamweaver 网页行为是 Abobe 公司借助 JavaScript 开发的一组交互特效代码库。在 Dreamweaver CC 中，用户可以通过简单的可视化操作对交互特效代码进行编辑，从而创建出丰富的网页应用。

8.1.1 行为基础知识

行为是指在网页中进行的一系列动作，通过这些动作，可以实现用户同网页的交互，也可以通过动作使某个任务被执行。在Dreamweaver中，行为由事件和动作两个基本元素组成。这一切都是在【行为】面板中进行管理的，选择【窗口】|【行为】命令，可以打开【行为】面板。

🔵 事件：事件的名称是事先设定好的，单击网页中的某个部分时，使用的是onClick；光标移动到某个位置时使用的是onMouseOver。同时，根据使用的动作和应用事件的对象不同，需要使用不同的事件。

🔵 动作：动作指的是JavaScript源代码中运行函数的部分。在【行为】面板中单击【+】按钮，就会显示行为列表，软件会根据用户当前选中的应用部分，显示不同的可使用行为。

在Dreamweaver中事件和动作组合起来称为"行为"（Behavior）。若要在网页中应用行为，首先要选择应用对象，在【行为】面板中单击【+】按钮，选择所需的动作，然后选择决定何时运行该动作的事件。动作是由预先编写的JavaScript代码组成，这些代码可执行特定的任务，例如打开浏览器窗口、显示隐藏元素、显示文本

等。随Dreamweaver提供的动作(包括20多个)是由软件设计者精心编写的，可以提供最大的跨浏览器兼容性。如果用户需要在Dreamweaver中添加更多的行为，可以在Adobe Exchange官方网站下载，网址为：

http://www.adobe.com/cn/exchange

8.1.2 JavaScript 代码简介

JavaScript是为网页文件中插入的图像或文本等多种元素赋予各种动作的脚本语言。脚本语言在功能上与软件几乎相同，但它使用在试算表程序或HTML文件时，才可以发挥作用。

网页浏览器中，从<script>开始到</script>的部分即为JavaScript源代码。JavaScript源代码大致分为两个部分：一个是定义功能的(function)部分；另一个是运行函数的部分。例如下图所示的代码，运行后单击页面中的【打开新窗口】链接，可以在打开的新窗口中同时显示网页www.baidu.com。

```
 1    <!doctype html>
 2 ▼  <html>
 3 ▼  <head>
 4    <meta charset="utf-8">
 5    <title>无标题文档</title>
 6 ▼  <script>
 7 ▼  function new_win() {  //v2.0
 8      window.open('http://www.baidu.com');
 9    }
10    </script>
11    </head>
12 ▼  <body>
13 ▼  <a href="#" onClick="new_win()">
14    打开新窗口
15    </a>
16    </body>
17    </html>
```

如上图所示的代码可以看出，从<script>到</script>标签为JavaScript源代码。下面详细介绍JavaScript源代码。

1 定义函数的部分

JavaScript源代码中用于定义函数的部分如下所示。

```
7 ▼ function new_win() { //v2.0
8     window.open('http://www.baidu.com');
9   }
```

function是定义函数的关键字。所谓函数是将利用JavaScript源代码来完成的动作聚集到一起的集合。function的后面是函数的名称，符号{}之间是定义的函数。

2 运行函数的部分

下图所示的代码是运行上面定义的函数new_win()的部分。表示的是只要单击(onClick)"打开新窗口"链接，就会运行new_win()函数。

```
13 ▼ <a href="#" onClick="new_win()">
```

上图所示的语句可以简单理解为，"执行了某个动作(onClick)，就进行什么操作(new_win)"。在这里某个动作即单击动作本身，在JavaScript中，通常称为事件(Event)。下面是提示需要做什么(new_win())的部分，即onClick(事件处理，Event Handle)。在事件处理中始终显示需要运行的函数名称。

> **知识点滴**
>
> 综上所述，JavaScript 先定义函数后，再以事件处理 =" 运行函数 " 的形式来运行上面定义的函数。在这里不要试图完全理解 JavaScript 源代码的具体内容，只要掌握事件和事件处理以及函数的关系即可。

8.2 使用行为调节浏览器窗口

在网页中最常使用的 JavaScript 源代码是调节浏览器窗口的源代码，它可以按照设计者的要求打开新窗口或更换新窗口的形状。

8.2.1 打开浏览器窗口

创建链接时，若目标属性设置为_blank，则可以使链接文档显示在新窗口中，但是不可以设置新窗口的脚本。此时，利用【打开浏览器窗口】行为，不仅可以调节新窗口的大小，还可以设置工具箱或滚动条是否显示，具体方法如下。

01 选中网页中的链接文本，按下Shift+F4组合键打开【行为】面板。

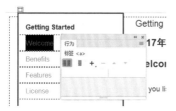

02 单击【行为】面板中的【+】按钮，在弹出的列表中选择【打开浏览器窗口】选项。

03 打开【打开浏览器窗口】对话框，单击【浏览器】按钮。

04 打开【选择文件】对话框，选择一个网页后，单击【确定】按钮。

05 返回【打开浏览器窗口】对话框，在【窗口高度】和【窗口宽度】文本框中输入参数500，单击【确定】按钮。

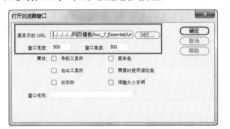

06 在【行为】面板中单击【事件】栏后的 ∨ 按钮，在弹出的列表中选择onClick选项。

07 按下F12键预览网页，单击其中的链接Welcome，即可打开一个新的窗口(宽度和高度都为500)显示本例所设置的网页文档。

　　【打开浏览器窗口】对话框中各选项的功能说明如下。

🔹 【要显示的URL】文本框：用于输入链接的文件名或网络地址。链接文件时，单击该文本框后的【浏览】按钮后进行选择。

🔹 【窗口宽度】和【窗口高度】文本框：用于设定窗口的宽度和高度，其单位为像素。

🔹 【属性】选项区域：用于设置需要显示的结构元素。

🔹 【窗口名称】文本框：指定新窗口的名称。输入同样的窗口名称时，并不是继续打开新的窗口，而是只打开一次新窗口，然后在同一个窗口中显示新的内容。

　　在【文档】工具栏中单击【代码】按钮查看网页源代码，可以看到使用【打开浏览器窗口】行为后，<head>中添加的代码声明MM_openBrWindow()函数，使用windows窗口对象的open方法传递函数参数，定义弹出浏览器功能。

声明 JavaScript 脚本开始

```
3 ▼ <head>
4     <meta charset="utf-8">
5     <title>打开浏览器窗口</title>
6 ▼ <script type="text/javascript">
7 ▼ function MM_openBrWindow(theURL,winName,features) {
      //v2.0
8       window.open(theURL,winName,features);
9     }
10    </script>
11    </head>
12
13 ▼ <body onclick="MM_openBrWindow('Untitled-
      5.html','','width=500,height=500')">
14    <a href="#">Welcome
15    </a>
```

声明使用 windows 窗口对象 open 方法

声明 MM_openBrWindow 函数

　　<body>标签中会使用相关事件调用MM_openBrWindow()函数，下面代码表示当页面载入后，调用MM_openBrWindow()函数，显示Untitled-5.html页面，窗口宽度和高度都为500像素。

```
13 ▼ <body onclick="MM_openBrWindow('Untitled-
      5.html','','width=500,height=500')">
```

8.2.2 转到 URL

　　在网页中使用下面介绍的方法设置【转到URL】行为，可以在当前窗口或指定的框架中打开一个新页面(该操作尤其适用于通过一次单击更改两个或多个框架的内容)。

01 选中网页中的某个元素(文字或图片)，按下Shift+F4组合键打开【行为】面板，单击其中的【+】按钮，在弹出的列表中选择【转到URL】选项。

02 打开【转到URL】对话框，单击【浏览】按钮，在打开的【选择文件】对话框中选中一个网页文件，单击【确定】按钮。

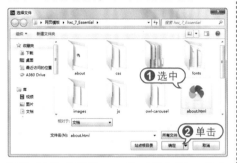

03 返回【转到URL】对话框后，单击【确定】按钮，即可在网页中创建【转到URL】行为。按下F12键预览网页，单击步骤1选中的网页元素，浏览器将自动转到相应的网页。

【转到URL】对话框中各选项的具体功能说明如下。

● 【打开在】列表框：从该列表框中选择URL的目标。列表框中自动列出当前框架集中所有框架的名称以及主窗口，如果网页中没有任何框架，则主窗口是唯一的选项。

● URL文本框：单击其后的【浏览】按钮，可以在打开的对话框中选择要打开的网页文档，或者直接在文本框中输入该文档的路径和文件。

在【文档】工具栏中单击【代码】按钮查看网页源代码，可以看到在使用【转到URL】行为后，<head>中添加了代码声明MM_goToURL函数。

声明 JavaScript 脚本开始

声明 MM_goToURL 函数

```
3 ▼ <head>
4   <meta charset="utf-8">
5   <title>转到URL行为</title>
6 ▼ <script type="text/javascript">
7 ▼ function MM_goToURL() { //v3.0
8     var i, args=MM_goToURL.arguments;
      document.MM_returnValue = false;
9     for (i=0; i<(args.length-1); i+=2)
      eval(args[i]+".location='"+args[i+1]+"'");
10  }
11  </script>
12  </head>
```

声明变量 i 循环，用 location 方法实现跳转

声明变量 i 和 args

<body>标签中会使用相关事件调用MM_goToURL函数，例如下面的代码，当鼠标指向文字上方时，调用MM_goToURL函数。

```
<a href="#benefits" class="cc-active"
onMouseOver="MM_goToURL('http://www.about.html');return
document.MM_returnValue">Benefits</a>
```

8.2.3 调用 JavaScript

【调用JavaScript】动作允许用户使用【行为】面板指定当发生某个事件时应该执行的自定义函数或JavaScript代码行。

使用Dreamweaver在网页中设置【调用JavaScript】行为的具体方法如下。

01 选中网页中的图片后，选择【窗口】|【行为】命令，打开【行为】面板并单击【+】按钮，在弹出的列表框中选中【调用JavaScript】行为，打开【调用JavaScript】对话框。

02 在【调用JavaScript】对话框中的JavaScript文本框中输入以下代码：

```
window.close()
```

03 单击【确定】按钮，关闭【调用JavaScript】对话框。按下F12键预览网页，单击网页中的图片，在打开的对话框中单击【是】按钮，可以关闭当前网页。

在【文档】工具栏中单击【代码】按钮查看网页源代码，可以看到在使用【调用JavaScript】行为后，<head>中添加了代码MM_callJS函数，返回函数值。

声明 MM_callJS 函数，参数为 JsStr

声明 JavaScript 脚本开始

```
3 ▼ <head>
4   <meta charset="utf-8">
5   <title>无标题文档</title>
6 ▼ <script type="text/javascript">
7 ▼ function MM_callJS(jsStr) { //v2.0
8     return eval(jsStr)
9   }
10  </script>
11  </head>
```

声明返回动态执行脚本源代码

<body>中会使用相关事件调用MM_callJS函数，例如下面代码表示当鼠标单击图片icon.png后，调用MM_callJS函数。

```
<body onclick="MM_callJS('window.close()')">
<img src="icon.png" width="30" height="29" alt=""/>
```

知识点滴

事件是浏览器响应用户操作的机制，JavaScript的事件处理功能可改变浏览器标准方式，这样就可以开发更具交互性、响应性和更易使用的Web页面。为了理解JavaScript的事件处理模型，可以设想一下网页页面可能会遇到的访问者，例如引起页面之间跳转的事件(链接)；浏览器自身引起的事件(网页加载、表单提交)；在表单内部同界面对象的交互，包括界面对象的选定、改变等。

8.3 使用行为应用图像

图像是网页设计中必不可少的元素。在Dreamweaver中，我们可以通过使用行为，以各种各样的方式在网页中应用图像元素，从而制作出富有动感的网页效果。

8.3.1 交换与恢复交换图像

在Dreamweaver中，应用【交换图像】行为和【恢复交换图像】行为，设置拖动鼠标经过图像时的效果或使用导航条菜单，可以轻易制作出光标移动到图像上方时图像更换为其他图像而光标离开时再返回到原来图像的效果。

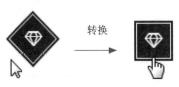

转换

【交换图像】行为和【恢复交换图像】行为并不是只有在onMouseOver事件中可以使用。如果单击菜单时需要替换其他图像，可以使用onClicks事件。同样，也可以使用其他多种事件。

1 交换图像

在Dreamweaver文档窗口中选中一个图像后，按下Shift+F4组合键，打开【行为】面板，单击【+】按钮，在弹出的列表中选择【交换图像】选项，即可打开如下图所示的【交换图像】对话框。

在【交换图像】对话框中，通过设置用户可以将指定图像替换为其他图像。该对话框中各个选项的功能说明如下。

🔲 【图像】列表框：列出了插入当前文档中的图像名称。unnamed<img>是没有另外赋予名称的图像，赋予了名称后才可以在多个图像中选择应用"交换图像"行为替换图像。

🔲 【设定原始档为】文本框：用于指定替换图像的文件名。

🔲 【预先载入图像】复选框：在网页服务器中读取网页文件时，选中该复选框，可以预先读取要替换的图像。如果用户不选中该复选框，则需要重新到网页服务器上读取图像。

下面用一个简单的实例，介绍【交换图像】行为的具体设置方法。

【例8-1】在网页中通过使用【交换图像】行为设置一个会变换效果的图片。
🔘视频+素材 (光盘素材\第08章\例8-1)

◀--------------------------------

01 按下Ctrl+Shift+N组合键创建一个空白网页，按下Ctrl+Alt+I组合键在网页中插入一个图像，并在【属性】面板的ID文本框中将图像的名称命名为Image1。

02 选中页面中的图像，按下Shift+F4组合键打开【行为】面板，单击【+】按钮，在弹出的列表中选择【交换图像】选项。

03 打开【交换图像】对话框，单击【设定原始档为】文本框后的【浏览】按钮，在打开的【选择图像源文件】对话框中选

中如下图所示图像文件，然后单击【确定】按钮。

04 返回【交换图像】对话框后，单击该对话框中的【确定】按钮，即可在【行为】面板中为Image1图像添加下图所示的【交换图像】行为和【恢复交换图像】行为。

2 恢复交换图像

利用【恢复交换图像】行为，可以将所有被替换显示的图像恢复为原始图像。在【行为】面板中双击【恢复交换图像】行为，将打开下图所示的对话框，提示【恢复交换图像】行为的作用。

3 预先载入图像

在【行为】面板中单击【+】按钮，在弹出的列表中选择【预先载入图像】选项，可以打开如下图所示的对话框，在网页中创建【预先载入图像】行为。

📍 【预先载入图像】列表框：该列表框中列出了所有需要预先载入的图像。

📍 【图像源文件】文本框：用于设置要预先载入的图像文件。

更快地将页面中的图像显示在浏览者的电脑中。例如，为了使光标移动到a.gif图片上方时将其变成b.gif，假设使用了【交换图像】行为而没有使用【预先载入图像】行为，当光标移动至a.gif图像上时，浏览器要到网页服务器中去读取b.gif图像；而如果利用【预先载入图像】行为预先载入了b.gif图像，则可以在光标移动到a.gif图像上方时立即更换图像。

在创建【交换图像】行为时，如果用户在【交换图像】对话框中选中了【预先载入图像】复选框，就不需要在【行为】面板中另外应用【预先载入图像】行为了。但如果用户没有在【交换图像】对话框中选中【预先载入图像】复选框，则可以参考下面介绍的方法，通过【行为】面板，设置【预先载入图像】行为。

01 选中页面中添加【交换图像】行为的图像，在【行为】面板中单击【+】按钮，在弹出的列表中选中【预先载入图像】选项。

02 在打开的【预先载入图像】对话框中单击【浏览】按钮。

03 在打开的【选择图像源文件】对话框中选中需要预先载入的图像后，单击【确定】按钮。

04 返回【预先载入图像】对话框后，在该对话框中单击【确定】按钮即可。

在对网页中的图像设置了【交换图像】行为后，在Dreamweaver中查看网页源代码，在<head>中将添加由软件自动生成的

代码，分别定义MM_swapimgRestore()、MM_swapimage()和MM_preloadimages()3个函数。

声明MM_preloadimages()函数的代码如下。

声明 MM_preloadimages() 函数

```
 6 ▼ <script type="text/javascript">
 7 ▼ function MM_preloadImages() { //v3.0
 8 ▼   var d=document; if(d.images){
       if(!d.MM_p) d.MM_p=new Array();
 9       var
       i,j=d.MM_p.length,a=MM_preloadImages
       .arguments; for(i=0; i<a.length;
       i++)
10       if (a[i].indexOf("#")!=0){
       d.MM_p[j]=new Image;
       d.MM_p[j++].src=a[i];}}
11   }
12
```

声明变量 d，新建数组

声明MM_swapimgRestore()函数的详细代码如下。

声明 MM_swapimgRestore() 函数

```
13 ▼ function MM_swapImgRestore() { //v3.0
14     var i,x,a=document.MM_sr;
       for(i=0;a&&i<a.length&&
       (x=a[i])&&x.oSrc;i++) x.src=x.oSrc;
15   }
16
```

声明变量 i、x、a

声明MM_swapimage()函数的详细代码如下。

声明 MM_swapimage() 函数

```
25 ▼ function MM_swapImage() { //v3.0
26     var i,j=0,x,a=MM_swapImage.arguments;
       document.MM_sr=new Array;
       for(i=0;i<(a.length-2);i+=3)
27     if ((x=MM_findObj(a[i]))!=null)
       {document.MM_sr[j++]=x; if(!x.oSrc)
       x.oSrc=x.src; x.src=a[i+2];}
28   }
```

声明条件语句，满足后更换图像 src 属性

在<body>标签中会使用相关的事件调用上述3个函数，当网页被载入时，调用MM_preloadimages()函数，载入P2.jpg图像。

```
32 ▼ <body onLoad="MM_preloadImages('P2.jpg')"
```

8.3.2 拖动 AP 元素

在网页中使用【拖动AP元素】行为，可以在浏览器页面中通过拖动鼠标将设置AP元素移动到所需的位置上。

【例8-2】在网页中设置一个【拖动AP元素】行为。

视频+素材 (光盘素材\第08章\例8-2)

01 打开网页素材文件后，选择【插入】|Div命令，打开【插入Div】对话框，在ID文本框中输入AP后，单击【新建CSS规则】按钮。

02 打开【新建CSS规则】对话框，保持默认设置，单击【确定】按钮。

03 打开【CSS规则定义】对话框，在【分类】列表中选择【定位】选项，在对话框右侧的选项区域中单击Position按钮，在弹出的列表中选择absolute选项，将Width和Height的参数设置为200px。

04 返回【插入Div】对话框，单击【确定】按钮，在网页中插入一个ID为AP的Div标签。

05 将鼠标指针插入Div标签中，按下Ctrl+Alt+I组合键，在其中插入一个如下图所示的二维码图像。

在 Div 标签中插入图像

06 在【文档】工具栏中单击【拆分】按钮，切换【拆分】视图，将鼠标指针插入【代码】视图中<body>标签之后。

```
40    </head>
41
42 ▼ <body>
43    <div id="AP"><img
44 ▼ <table width="800"
45 ▼    <tbody>
```

鼠标插入 <body> 标签之后

07 按下Shift+F4组合键，打开【行为】面板，单击其中的【+】按钮，在弹出的列表中选择【拖动AP元素】对话框。

08 在【拖动AP元素】对话框的【基本】选项卡中单击【AP元素】按钮，在弹出的列表中选择【Div"AP"】选项，然后单击【确定】按钮即可创建【拖动AP元素】行为。

【拖动AP元素】对话框中包含【基本】和【高级】两个选项卡，上图所示为【基本】选项卡，其中各选项的功能说明如下。

● 【AP元素】文本框：用于设置移动的AP元素。

● 【移动】下拉列表：设置AP元素的移动方

式，包括【不限制】和【限制】两个选项，其中【不限制】是自由移动层的设置，而【限制】是只在限定范围内移动层的设置。

⚫【放下目标】选项区域：用于指定AP元素对象正确进入的最终坐标值。

⚫【靠齐距离】文本框：用于设定拖动的层与目标位置的距离在此范围内时，自动将层对齐到目标位置上。

在【拖动AP元素】对话框中选择【高级】选项卡后，将显示如下图所示的设置界面，其中各选项的功能说明如下。

⚫【拖动控制点】下拉列表：用于选择鼠标对AP元素进行拖动时的位置。选择其中的【整个元素】选项时，单击AP元素的任何位置后即可进行拖动，而选择【元素内的区域】选项时，只有光标在指定范围内的时候，才可以拖动AP元素。

⚫【拖动时】选项区域：选中【将元素置

于顶层】复选框后，拖动AP元素的过程中经过其他AP元素上时，可以选择显示在其他AP元素上方还是下方。如果拖动期间有需要运行的JavaScript函数，则将其输入在【呼叫JavaScript】文本框中即可。

⚫【放下时】选项区域：如果在正确位置上放置了AP元素后，需要发出效果音或消息，可以在【呼叫JavaScript】文本框中输入运行的JavaScript函数。如果只有在AP元素到达拖放目标时才执行该JavaScript函数，则需要选中【只有在靠齐时】复选框。

在<body>标签之后设置了【拖动AP元素】行为之后，切换【代码】视图可以看到Dreamweaver软件自动声明了MM_scanStyles()、MM_getPorop()、MM_dragLayer()等函数(这里不具体阐述其作用)。

<body>中会使用相关事件调用MM_dragLayer()函数，以下代码表示当页面被载入时，调用MM_dragLayer()函数。

```
<body
onmousedown="MM_dragLayer('AP'
,'',0,0,0,0,true,false,-1,-1,-1,-1,0,0,0,'',f
alse,'')">
```

8.4 使用行为显示文本

文本作为网页文件中最基本的元素，比图像或其他多媒体元素具有更快的传输速度，因此网页文件中的大部分信息都是用文本来表示的。本节将通过实例介绍在网页中利用行为显示特殊位置上文本的方法。

8.4.1 弹出信息

当需要设置从一个网页跳转到另一个网页或特定的链接时，可以使用【弹出信息】行为，设置网页弹出消息框。消息框是具有文本消息的小窗口，在例如登录信息错误或即将关闭网页等情况下，使用消息框能够快速、醒目地实现信息提示。

在Dreamweaver中，对网页中的元素设置【弹出信息】行为的具体方法如下。

01 选中网页中需要设置【弹出信息】行为的对象，按下Shift+F4组合键，打开【行为】面板。

02 单击【行为】面板中的【+】按钮，在弹出的列表中选择【弹出信息】选项。

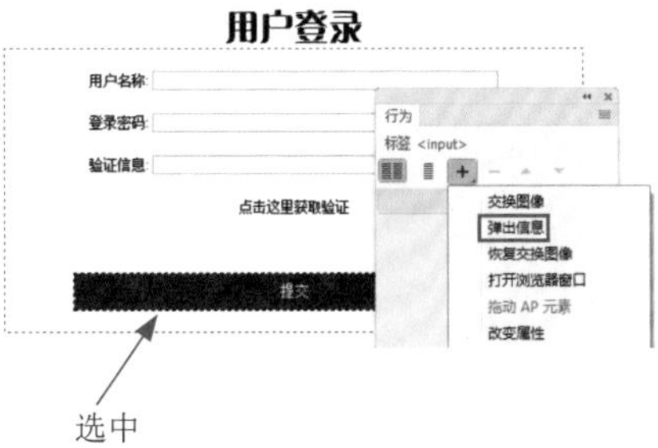
用户登录
用户名称
登录密码
验证信息
点击这里获取验证
提交
行为
标签 <input>
交换图像
弹出信息
恢复交换图像
打开浏览器窗口
拖动 AP 元素
改变属性
选中

03 打开【弹出信息】对话框，在【消息】文本区域中输入弹出信息文本，然后单击【确定】按钮。

弹出信息
消息:
网站维护中，暂时无法登录！
确定
取消
帮助

04 此时，即可在【行为】面板中添加下图所示的【弹出信息】行为。

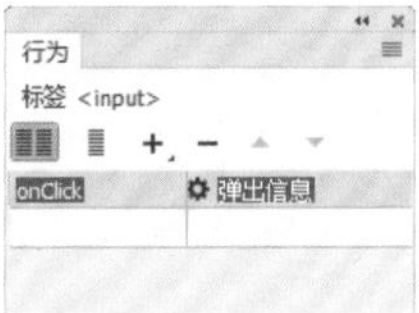
行为
标签 <input>
onClick
弹出信息

05 按下Ctrl+S组合键保存网页，再按下F12键预览网页，单击页面中设置【弹出信息】行为的网页对象，将弹出如下图所示的提示对话框，显示弹出信息内容。

用户登录
用户名称
登录密码
验证信息
点击这里获取验证
提交
127.0.0.1:50232 显示：
网站维护中，暂时无法登录！
确定

在Dreamweaver的【代码】视图中查看网页源代码，<head>标签中添加的代码声明了MM_popupMsg()函数，使用alert()函数定义了弹出信息功能。

声明 MM_popupMsg() 函数

```
function MM_popupMsg(msg) { //v1.0
  alert(msg);
```

声明 alert 函数定义弹出信息

同时，<body>中会使用相关事件调用MM_popupMsg()函数，以下代码表示当网页被载入时，调用MM_popupMsg()函数。

```
<body onLoad="MM_popupMsg(' 网站维护中，暂时无法登录！ ')">
```

8.4.2 设置状态栏文本

浏览器的状态栏可以作为传达文档状态的空间，用户可以直接指定画面中的状态栏是否显示。要在浏览器中显示状态栏(以IE浏览器为例)，在浏览器窗口中选择【查看】|【工具】|【状态栏】命令即可。

【例8-3】在网页中设置一个【设置状态栏文本】行为，在浏览器状态栏中显示与网页相关的信息。

视频+素材 (光盘素材\第08章\例8-3)

01 打开网页文档后，按下Shift+F4组合键打开【行为】面板。

02 单击【行为】面板中的【+】按钮，在弹出的列表中选择【设置文本】|【设置状态栏文本】选项，在打开的对话框的【消息】文本框中输入需要显示在浏览器状态栏中的文本。

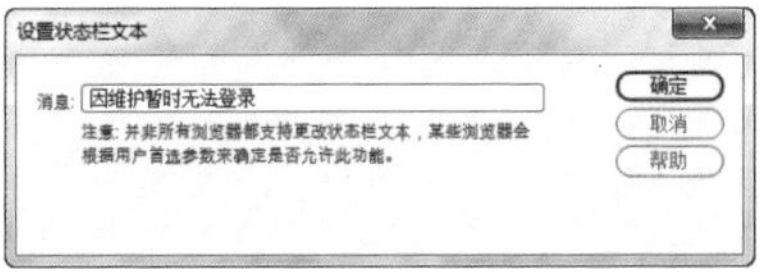
设置状态栏文本
消息:
因维护暂时无法登录
确定
取消
帮助

03 单击【确定】按钮，即可在【行为】面板中添加【浏览器状态栏文本】行为。

在Dreamweaver【代码】视图中查看网页源代码，<head>中添加的代码定义了

MM_displayStatusMsg()函数，将在文档的
状态栏中显示信息。

声明 MM_displayStatusMsg() 函数

```
function MM_displayStatusMsg(msgStr) { //v1.0
    window.status=msgStr;
    document.MM_returnValue = true;
```

声明 status 变量的值为 msgStr

声明 MM_returnValue 变量为真

同样，<body>中会使用相关事件调用
MM_displayStatusMsg()函数，以下代码为
载入网页后，调用MM_displayStatusMsg()
函数。

```
<body
onmouseover="MM_displayStatus
Msg(' 因维护暂时无法登录 ');return
document.MM_returnValue">
```

知识点滴

在制作网页时，用户可以使用不同的
鼠标事件制作不同的状态栏下触发不
同动作的效果。例如，可以设置状态
栏文本动作，使页面在浏览器左下方
的状态栏上显示一些信息，例如提示
链接内容、显示欢迎信息等。

8.4.3 设置容器的文本

　　【设置容器的文本】行为将以用户指
定的内容替换网页上现有层的内容和格式
设置(该内容可以包括任何有效的HTML源
代码)。

　　在Dreamweaver中设定【设置容器的
文本】行为的具体操作方法如下。

01 打开网页后，选中页面中的Div标签内
的图像，按下Shift+F4组合键打开【行为】
面板。

02 单击【行为】面板中的【+】按钮，在
弹出的列表中选择【设置文本】|【设置容
器的文本】选项。

03 打开【设置容器的文本】对话框，在
【新建HTML】文本框中输入需要替换层显
示的文本内容，单击【确定】按钮。

04 此时，即可在【行为】面板中添加
【设置容器的文本】行为。

　　在【设置容器的文本】对话框中，两
个选项的功能说明如下。

● 【容器】下拉列表：用于从网页中所有
的容器对象中选择要进行操作的对象。

● 【新建HTML】文本区域：用于输入要
替换内容的HTML代码。

　　在网页中设定了【设置容器的文本】
行为后，在Dreamweaver【代码】视图中
<head>中将定义MM_setTextOfLayer()函
数，如下图所示。

声明 MM_setTextOfLayer() 函数

声明条件语句

　　同时，<body>中会使用相关事件调用
MM_setTextOfLayer()函数，例如下面代码

表示当光标经过图像后，调用函数。

```
<img src=" P4.jpg" onClick="MM_
setTextOfLayer('AP','',' 刷二维码关注
我们 ')"/>
```

8.4.4 设置文本域文本

在Dreamweaver中，使用【设置文本域文字】行为能够让用户在页面中动态地更新任何文本或文本区域。

在Dreamweaver中设定【设置文本域文本】行为的具体操作方法如下。

01 打开网页后，选中页面表单中的一个文本域，在【行为】面板中单击【+】按钮，在弹出的列表中选择【设置文本】|【设置文本域文本】选项。

02 打开【设置文本域文字】对话框，在【新建文本】文本区域中输入要显示在文本域上的文字，单击【确定】按钮。

03 此时，即可在【行为】面板中添加一个【设置文本域文本】行为。单击【设置文本域文本】行为前的列表框按钮∨，在弹出的列表框中选中onMouseMove选项。

04 保存并按下F12键预览网页，将鼠标指针移动至页面中的文本域上，即可在其中显示相应的文本信息。

用户登录

用户名称: 使用邮箱/QQ账号/手机号码可直接登录 ← 光标

登录密码:

在【设置文本域文字】对话框中，两个主要选项的功能说明如下。

◗ 【文本域】下拉按钮：用于选择要改变内容显示的文本域名称。

◗ 【新建文本】文本区域：用于输入将显示在文本域中的文字。

在文本框中添加【设置文本域文本】行为后，在【代码】视图中查看网页源代码，<head>中将添加以下代码，定义MM_setTextOfTextfield()函数。

声明 MM_setTextOfTextfield() 函数

```
15 ▼ function
    MM_setTextOfTextfield(objId,x,newText) {
    //v9.0
16      with (document){ if (getElementById){
17      var obj = getElementById(objId);} if
        (obj) obj.value = newText;
```

声明 obj 变量的赋值

同时，<body>中会使用相关事件调用MM_setTextOfTextfield()函数，例如以下代码表示当鼠标光标放置在文本框上时，调用MM_setTextOfTextfield()函数。

```
<input name="textfield" type="text"
class="con1" id="textfield"
 onMouseMove="MM_setTextOfTextfi
eld('textfield','',' 使用邮箱 /QQ 账号
/ 手机号码可直接登录 ')">
```

8.5 使用行为加载多媒体

在 Dreamweaver 中，用户可以利用行为控制网页中的多媒体，包括确认多媒体插件程序是否安装、显示隐藏元素、改变属性等。

8.5.1 检查插件

插件程序是为了实现IE浏览器自身不能支持的功能而与IE浏览器连接在一起使用的程序，通常简称为插件。具有代表的程序是Flash播放器，IE浏览器没有播放Flash动画的功能，初次进入含有Flash动画

的网页时，会出现需要安装Flash播放器的警告信息。访问者可以检查自己是否已经安装了播放Flash动画的插件，如果安装了该插件，就可以显示带有Flash动画对象的网页；如果没有安装该插件，则显示一副仅包含图像替代的网页。

安装好Flash播放器后，每当遇到Flash动画时IE浏览器会运行Flash播放器。IE浏览器的插件除了Flash播放器以外，还有Shockwave播放软件，QuickTime播放软件等。在网络中遇到IE浏览器不能显示的多媒体时，用户可以查找适当的插件来进行播放。

在Dreamweaver中可以确认的插件程序有Shockwave、Flash、Windows Media Player、Live Audio、Quick Time等。若想确认是否安装了插件程序，则可以应用【检查插件】行为。

【例8-4】在网页中添加一个【检查插件】行为。

视频+素材 (光盘素材\第08章\例8-4)

01 打开网页文档后，按下Shift+F4组合键打开【行为】面板，单击【+】按钮，在弹出的列表中选择【检查插件】选项。

02 打开【检查插件】对话框，选中【选择】单选按钮，单击其后的按钮，在弹出的下拉列表中选中Flash选项。

03 在【如果有，转到URL】文本框中输入在浏览器中已安装Flash插件的情况下，要链接的网页；在【否则，转到URL】文本框中输入如果浏览器中未安装Flash插件的情况下，要链接的网页；选中【如果无法检测，则始终转到第一个URL】复选框。

04 在【检查插件】对话框中单击【确定】按钮，即可在【行为】面板中设置一个【检查插件】行为。

在【检查插件】对话框中，比较重要的选项功能说明如下。

● 【插件】选项区域：该选项区域中包括【选择】单选按钮和【插入】单选按钮。单击【选择】单选按钮，可以在其后的下拉列表中选择插件的类型；单击【插入】单选按钮，可以直接在文本框中输入要检查的插件类型。

● 【如果有，转到URL】文本框：用于设置在选择的插件已经被安装的情况下，要链接的网页文件或网址。

● 【否则，转到URL】文本框：用于设置在选择的插件尚未被安装的情况下，要链接的网页文件或网址。可以输入可下载相关插件的网址，也可以链接另外制作的网页文件。

● 【如果无法检测，则始终转到第一个URL】复选框：选中该复选框后，如果浏览器不支持对该插件的检查特性，则直接跳转到上面设置的第一个URL地址中。

在网页中添加了【检查插件】行为后，在【代码】视图中查看网页源代码，<head>中将添加MM_checkPlugin()函数(该函数的语法较为复杂，这里不多做解释)。

```
7 ▼ function MM_checkPlugin(plgIn, theURL, altURL, autoGo)
    { //v4.0
8     var ok=false; document.MM_returnValue = false;
9 ▼   with (navigator) if (appName.indexOf('Microsoft')==-1
      || (plugins && plugins.length)) {
      ok=(plugins && plugins[plgIn]);
11 ▼  } else if (appVersion.indexOf('3.1')==-1) { //not
      Netscape or Win3.1
12       if (plgIn.indexOf("Flash")!=-1 &&
      window.MM_flash!=null) ok=window.MM_flash;
13       else if (plgIn.indexOf("Director")!=-1 &&
      window.MM_dir!=null) ok=window.MM_dir;
14       else ok=autoGo; }
15    if (!ok) theURL=altURL; if (theURL)
      window.location=theURL;
```

同时，<body>中会用相关事件调用MM_checkPlugin()函数，例如以下代码中声明单击文本后，调用函数。

```
<a href="#"
onClick="MM_checkPlugin ('Shockw
ave Flash','index.html',false);return
document.MM_returnValue"> 检查
插件 </a>
```

8.5.2 显示 / 隐藏元素

【显示-隐藏元素】行为可以显示、隐藏或恢复一个或多个Div元素的默认可见性。该行为用于在访问者与网页进行交互时显示信息。例如，当网页访问者将鼠标光标滑过栏目图像时，可以显示一个Div元素，提示有关当前栏目的相关信息。

【例8-5】在网页中添加一个【显示-隐藏元素】行为。
视频+素材 (光盘素材\第08章\例8-5)

01 打开网页文档后，按下Shift+F4组合键打开【行为】面板，单击【+】按钮，在弹出的列表中选择【显示-隐藏元素】选项。

02 打开【显示-隐藏元素】对话框，在【元素】列表框中选中一个网页中的元素，例如"Div-AP"，单击【隐藏】按钮。

03 单击【确定】按钮，在【行为】面板中单击"显示-隐藏元素"行为前的列表框按钮，在弹出的列表框中选中onClick选项。

04 保存并按下F12键预览网页，在浏览器中单击Div标签对象，即可将其隐藏。

查看网页源代码，<head>中添加的代码定义了MM_showHideLayers()函数。

声明 MM_showHideLayers() 函数

```
12 ▼ <script type="text/javascript">
13 ▼ function MM_showHideLayers() { //v9.0
14     var i,p,v,obj,args=MM_showHideLayers.arguments;
15     for (i=0; i<(args.length-2); i+=3)
16 ▼   with (document) if (getElementById &&
      ((obj=getElementById(args[i]))!=null)) { v=args[i+2];
17       if (obj.style) { obj=obj.style; v=
      (v=='show')?'visible':(v=='hide')?'hidden':v; }
18       obj.visibility=v; }
```

同时，<body>中会使用相关事件调用MM_showHideLayers()函数，例如以下代码声明载入网页时调用函数，显示元素。

```
<body
onLoad="MM_showHideLayers('Div
-12','','show')">
```

8.5.3 改变属性

使用【改变属性】行为，可以动态改变对象的属性值，例如改变层的背景颜色或图像的大小等。这些改变实际上是改变对象的相应属性值(是否允许改变属性值，取决于浏览器的类型)。

在Dreamweaver中添加【显示隐藏元素】行为的具体操作方法如下。

01 打开网页文档后，在页面中插入一个名为Div18的层，并在其中输入文本内容。

02 按下Shift+F4组合键，打开【行为】面板，在【行为】面板中单击【+】按钮，在弹出的列表中选择【改变属性】选项。

03 在打开的【改变属性】对话框中单击【元素类型】下拉列表按钮，在弹出的下拉列表中选中DIV选项。

04 单击【元素ID】按钮，在弹出的下拉列表中选中【Div18】选项，选中【选择】单选按钮，然后单击其后的下拉列表按钮，在弹出的下拉列表中选中color选项，并在【新的值】文本框中输入【#FF0000】。

05 在【改变属性】对话框中单击【确

定】按钮，在【行为】面板中单击"改变属性"行为前的列表框按钮 ✓，在弹出的列表框中选中onClick选项。

06 完成以上操作后，保存并按下F12键预览网页，当用户单击页面中Div18层中的文字时，其颜色将发生变化。

在【改变属性】对话框中，比较重要的选项功能如下。

● 【元素类型】下拉列表按钮：用于设置要更改的属性对象的类型。

● 【元素ID】下拉列表按钮：用于设置要改变的对象的名称。

● 【属性】选项区域：该选项区域包括【选择】单选按钮和【输入】单选按钮。选择【属性】单选按钮，可以使用其后的下拉列表选择一个属性；选择【输入】单选按钮，可以在其后的文本框中输入具体的属性类型名称。

● 【新的值】文本框：用于设定需要改变属性的新值。

在Dreamweaver的【代码】视图中查

看网页源代码，<head>中添加的代码定义MM_changeProp()函数，<body>中会使用相关事件调用MM_changeProp()函数，例如以下代码表示光标移动到Div标签上后，调用MM_changeProp()函数，将Div18标签中的文字颜色改变为红色。

```
<div class="wrapper" id="Div18"
onClick="MM_changeProp('Div18','','
color','#FF0000','DIV')">
```

8.6 使用行为控制表单

使用行为可以控制表单元素，例如常用的菜单、验证等。用户在 Dreamweaver 中制作出表单后，在提交前首先应确认是否在必填域上按照要求格式输入了信息。

8.6.1 跳转菜单、跳转菜单开始

在网页中应用【跳转菜单】行为，可以编辑表单中的菜单对象，具体如下。

01 打开一个网页文档，然后在页面中插入一个【选择】对象。

02 按下Shift+F4组合键，打开【行为】面板，并单击该面板中的【+】按钮，在弹出的列表框中选择【跳转菜单】选项。

03 在打开的【跳转菜单】对话框中的【菜单项】列表中选中【北京分区】选项，然后单击【浏览】按钮。

04 在打开的对话框中选中一个网页文档，单击【确定】按钮。

05 在【跳转菜单】对话框中单击【确定】按钮，即可为表单中的选择设置一个【跳转菜单】行为。

在【跳转菜单】对话框中，比较重要选项的功能如下。

● 【菜单项】列表框：根据【文本】栏和【选择时，转到URL】栏的输入内容，显示菜单项目。

● 【文本】文本框：输入显示在跳转菜单中的菜单名称，可以使用中文或空格。

● 【选择时，转到URL】文本框：输入链接到菜单项目的文件路径(输入本地站点的文件或网址即可)。

● 【打开URL于】下拉列表：若当前网页文档由框架组成，选择显示连接文件的框架名称即可。若网页文档没有使用框架，则只能使用【主窗口】选项。

● 【更改URL后选择第一个项目】复选框：即使在跳转菜单中单击菜单，跳转到链接的网页中，跳转菜单中也依然显示指定为基本项目的菜单。

在Dreamweaver中查看网页源代码，<head>标签中添加的代码定义了MM_jump Menu()函数。

声明 MM_jumpMenu 函数

```
<script type="text/javascript">
function
MM_jumpMenu(targ,selObj, restore){
```

```
//v3.0
eval(targ+".location="+selObj.option
s[selObj.selectedIndex].value+"'");
    if (restore) selObj.selectedIndex=0;
}
</script>
```

<body>标签中会使用相关事件调用MM_jumpMenu()函数，例如，以下代码表示在下拉列表菜单中调用MM_jumpMenu()函数，用于实现跳转：

```
<select name="select" id="select"
onChange="MM_jumpMenu ('parent',
this,0)">
…
</select>
```

【跳转菜单开始】行为与【跳转菜单】行为密切关联，【跳转菜单开始】行为允许网页浏览者将一个按钮和一个跳转菜单关联起来，当单击按钮时则打开在该跳转菜单中选择的链接。通常情况下跳转菜单不需要这样一个执行的按钮，从跳转菜单中选择一个选项一般会触发URL的载入，不需要任何进一步的其他操作。但是，如果访问者选择了跳转菜单中已经选择的同一项，则不会发生跳转。

此时，如果需要设置【跳转菜单开始】行为，可以参考以下方法。

01 在表单中插入一个【选择】和【按钮】表格对象，然后选中表单中的【选择】，在【属性】检查器的Name文本框中输入select。

02 选中表单中的【提交】按钮，按下Shift+F4组合键显示【行为】面板，单击其中的【+】，在弹出的列表框中选择【跳转菜单开始】命令。

03 在打开的【跳转菜单开始】对话框中单击【选择跳转菜单】下拉列表按钮，在弹出的下拉列表中选中select选项，然后单击【确定】按钮。

04 此时，将在【行为】面板中添加一个【跳转菜单开始】行为。

在【代码】视图中查看网页源代码，<head>标签中添加的代码定义了MM_jumpMenuGo函数，用于定义菜单的调整功能。<body>标签中也会使用相关事件调用MM_jumpMenuGo()函数，例如下面的代码表示在下拉菜单中调用MM_jumpMenuGo()函数，用于实现跳转：

```
<input name="button" type="button"
id="button"
onClick="MM_jumpMenuGo('select'
,'parent',0)" value=" 提交 ">
```

8.6.2 检查表单

在Dreamweaver中使用【检查表单】动作，可以为文本域设置有效性规则，检查文本域中的内容是否有效，以确保输入数据正确。一般来说，可以将该动作附加到表单对象上，并将触发事件设置为onSubmit。当单击提交按钮提交数据时会自动检查表单域中所有的文本域内容是否有效。

01 打开一个表单网页后，选中页面中的表单form1。

02 按下Shift+F4组合键显示【行为】面

板，单击【+】按钮，在弹出的列表框中选择【检查表单】命令。

03 在打开的【检查表单】对话框中的【域】列表框内选中【input"name"】选项后，选中【必需的】复选框和【任何东西】单选按钮。

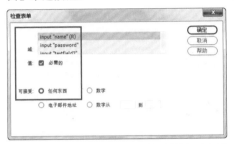

04 在【检查表单】对话框的【域】列表框内选中【input"password"】选项，选中【必需的】复选框和【数字】单选按钮。

05 在【检查表单】对话框中单击【确定】按钮。保存网页后，按下F12键预览页面，如果用户在页面中的"用户名称"和"用户密码"文本框中未输入任何内容就单击【提交】按钮，浏览器将提示错误。

在【检查表单】对话框中，比较重要的选项功能如下。

● 【域】列表框：用于选择要检查数据有效性的表单对象。

● 【值】复选框：用于设置该文本域中是否使用必填文本域。

● 【可接受】选项区域：用于设置文本域中可填数据的类型，可以选择4种类型。选择【任何东西】选项表明文本域中可以输

入任意类型的数据；选择【数字】选项表明文本域中只能输入数字数据；选择【电子邮件】选项表明文本域中只能输入电子邮件地址；选择【数字从】选项可以设置可输入数字值的范围，这时可在右边的文本框中从左至右分别输入最小数值和最大数值。

在【代码】视图中查看网页源代码，<head>标签中添加的代码定义了MM_validateForm( )函数。

```javascript
<script type="text/javascript">
function MM_validateForm() { //v4.0
if (document.getElementById){
    var
i,p,q,nm,test,num,min,max,errors='',ar
gs=MM_validateForm.arguments;
    for (i=0; i<(args.length-2); i+=3)
{ test=args[i+2];
val=document.getElementById(args[i]);
if (val) { nm=val.name; if
((val=val.value)!="") {
if (test.indexOf('isEmail')!=-1)
{ p=val.indexOf('@');
if (p<1 || p==(val.length-1)) errors+='-
'+nm+' must contain an e-mail
address.\n'; } else if (test!='R') { num
= parseFloat(val);
if (isNaN(val)) errors+='- '+nm+'
must contain a number.\n';
if (test.indexOf('inRange') != -1)
{ p=test.indexOf(':');
min=test.substring(8,p);
max=test.substring(p+1);
if (num<min || max<num) errors+='-
'+nm+' must contain a number
between '+min+' and '+max+'.\n';
        } } } else if (test.charAt(0) ==
'R') errors += '- '+nm+' is
required.\n'; }} if (errors) alert('The
following error(s)
occurred:\n'+errors);
document.MM_returnValue = (errors
== '');
```

```
}}
</script>
```

<body>标签中会使用相关事件调用MM_validateForm( )函数，例如以下代码在表单中调用MM_validateForm( )函数。

```
<form method="post" name="form1"
class="form" id="form1"
onSubmit="MM_validateForm('name
', '','R','password','','RisNum');return
document.MM_returnValue">
...
</form>
```

8.7 进阶实战

本章的进阶实战部分将制作如下图所示的网页，通过在网页中添加行为，设置一些特殊的网页效果。用户可以通过具体的实例操作巩固自己所学的知识。

实战一：用户注册页面

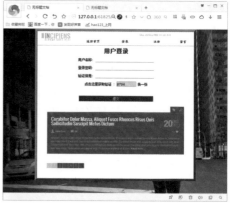

实战二：制作随机验证码文本域

8.7.1 制作页面表单确认效果

【例8-6】在网页中使用行为控制表单，制作用户登录确认效果。

🎬 视频+素材 (光盘素材\第08章\例8-6)

01 打开一个用于用户注册的网页后，选中页面中的表单，按下Ctrl+F3组合键，显示【属性】面板。

单击 <form> 标签选中表单

02 在【属性】面板的ID文本框中输入

form1，设置表单的名称。

03 选中表单中的【输入用户名称】文本域，在【属性】面板中的Name文本框中输入name，为文本域命名。

04 使用同样的方法，将【输入用户密码】和【再次输入用户密码】密码域命名为password1和password2。

05 选中页面中的【马上申请入驻】图片按钮，按下Shift+F4组合键，显示【行为】面板，单击【+】按钮，在弹出的列表中选择【检查表单】命令。

06 打开【检查表单】对话框，在【域】列表框中选中【input"name"】选项，选中【必需的】和【任何东西】单选按钮。

07 使用同样的方法，设置【域】列表框中的【input"password1"】和【input"password2"】选项。

08 单击【确定】按钮，在【行为】面板中添加一个【检查表单】行为。

09 按下F12键预览网页。如果用户没有在表单中填写用户名称并输入两次密码，单击【马上申请入驻】按钮，网页将弹出下图所示的提示。

10 返回Dreamweaver，在【文档】工具栏中单击【代码】按钮，切换至【代码】视图，找到以下代码：

```
<script type="text/javascript">
function MM_validateForm() { //v4.0
if (document.getElementById){
  var
i,p,q,nm,test,num,min,max,errors=",ar
gs=MM_validateForm.arguments;
for (i=0; i<(args.length-2); i+=3)
{ test=args[i+2];
val=document.getElementById(args[i]);
if (val) { nm=val.name; if
((val=val.value)!="") {
if (test.indexOf('isEmail')!=-1)
```

```
    { p=val.indexOf('@');
if (p<1 || p==(val.length-1)) errors+='-
'+nm+' must contain an e-mail
address.\n';
} else if (test!='R') { num =
parseFloat(val);
if (isNaN(val)) errors+='- '+nm+'
must contain a number.\n';
if (test.indexOf('inRange') != -1)
{ p=test.indexOf(':');
min=test.substring(8,p);
max=test.substring(p+1);
if (num<min || max<num) errors+='-
'+nm+' must contain a number
between '+min+' and '+max+'.\n';
         }}} else if (test.charAt(0) ==
'R') errors += '- '+nm+' is
required.\n'; }
    } if (errors) alert('The following
error(s) occurred:\n'+errors);
        document.MM_returnValue =
(errors == '');
}}
```

修改其中的一些内容。将

```
errors +=t '- '+nm+' is required.\n';
```

改为：

```
errors += '- '+nm+' 请输入用户名和
密码 .\n';
```

将

```
if (errors) alert('The following error(s)
occurred:\n'+errors);
```

改为：

```
if (errors) alert(' 没有输入用户名或
密码 :\n'+errors);
```

11 按下Ctrl+S组合键保存网页，按下F12键预览网页，单击【马上申请入驻】按钮后，网页将弹出如下图所示的提示对话框。

8.7.2 制作随机验证码文本域

【例8-7】在用户登录页面中制作一个随机验证码文本域。
视频+素材 (光盘素材\第08章\例8-7)

01 打开用户登录页面后，将鼠标光标放置到页面中"点击这里获取验证"文本框的后面。

用户登录

用户名称：
登录密码：
验证信息：
点击这里获取验证 ← 光标
提交

02 按下Ctrl+F2组合键，显示【插入】面板，在【表单】选项卡中单击【文本】按钮□，插入一个文本域。

文件　插入　CSS 设计器
表单
▦　表单
▢　文本
✉　电子邮件
🖾　密码
♀　Url
☏　Tel

03 删除文本域前系统自动输入的文本，选中文本域，在【属性】面板的Name文本框中输入random。

属性
Text　　Name random　　Class form
☐ Disabled　☐ Required　☐ Auto Complete
☐ Auto Focus　☐ Read Only

04 在【属性】面板中将字符宽度(Size)设置为5。单击【文档】工具栏中的【拆分】按钮，切换到【拆分】视图。

05 在【代码】视图中找到以下代码：

```
<input name="random" type="text"
id= "random" size="8">
```

将其修改为：

```
<input name="random" type="text"
style ="background-color: #CCC"
id="random" size="8">
```

即设置文本域背景颜色为灰色。

06 在状态栏的标签选择器中单击<body>标签，选中整个网页的内容。

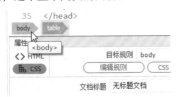

07 按下Shift+F4组合键显示【行为】面板，单击【+】按钮，在弹出的列表中选择【设置文本】|【设置文本域文字】选项。

08 打开【设置文本域文字】对话框，单击【文本域】按钮，在弹出的列表中选中【input"random"】选项，在【新建文本】文本框中输入代码：

{Math.random().toString().slice(-4)}

09 单击【确定】按钮，即可完成【文本域文字】行为的设置。

10 在表单中设置的随机验证文本域后输入文本"换一张"，并将其选中。

用户名称：

登录密码：

验证信息：

点击这里获取验证：　　　换一张

11 在【行为】面板中单击【+】按钮，在弹出的列表中选择【设置文本】|【设置文本域文字】命令。

12 打开【设置文本域文字】对话框，单击【文本域】按钮，在弹出的列表中选择【input"random"】选项，在【新建文本】文本框中输入以下代码：

{Math.random().toString().slice(-4)}

13 单击【确定】按钮，在选中的文本上添加一个【设置文本域文字】行为。

14 在【行为】面板中单击【事件】栏前

的 ∨ 按钮，在弹出的列表中选择onClick
选项。

15 按下Ctrl+S组合键保存网页，按下F12
键预览网页，在文本字段中单击，网页会

自动加载如下图所示的一组验证码，用户
可以通过单击【换一张】文本，生成另一
组验证码。

用户登录

用户名称：
登录密码：
验证信息：
点击这里获取验证：　7676　换一张

提交

8.8 疑点解答

◆ 问：有哪些常用的 JavaScript 事件？

答：在设置行为时，常用的事件触发点说明如下。

onFocus和onBlur：onFocus和onBlur是两个相反的概念。例如，为输入文本而单击
文本框，从而使鼠标光标显示在其内部的时候，触发的是onFocus事件；与之相反，单击
文本框输入栏的外侧，使用光标不显示在文本框中的时候，触发的是onBlur事件。

● onClick：单击选定元素(如超链接、图片、按钮等)将触发该事件。

● onDblClick：双击选定元素将触发该事件。

● onMouseDown：当按下鼠标按钮(不必释放鼠标按钮)时触发该事件。

● onMouseMove：当鼠标指针停留在对象边界内时触发该事件。

● onMouseOut：当鼠标指针离开对象边界时触发该事件

● onMouseOver：当鼠标首次移动指向特定对象时触发该事件。该事件通常用于链接。

● onMouseUp：当按下的鼠标按钮被释放时触发该事件。

● onKeyDown：按下键盘的某个按键时，触发该事件。在键盘上释放某个按键时，
该事件不再继续。

● onKeyUP：当键盘上某个按键被按下后放开时触发事件。

● onKeyPress：当键盘上某个按键被按下后释放时触发该事件。相当于onKeyDown
事件和onKeyUP事件的结合。

● onReset：表单中Reset的属性被激发时触发该事件。Reset指的是将表单中的输入
内容全部取消后，再复位到默认值的状态。

● onResize：调节浏览器窗口或框架大小时触发该事件。

● onRowEnter：绑定数据源文件的当前记录指针发生了变化时触发该事件。

● onRowExit：绑定数据源文件的当前记录指针要发生变化时触发该事件。

● onScroll：滚动条位置发生变化时触发该事件。

● onSelect：在文本输入区域中选择文本时触发该事件。

● onSubmit：传送表单时触发该事件。

● onUnload：离开网页文件时触发该事件。

第9章

制作移动设备网页

本章将介绍使用Dreamweaver制作jQuery Mobile网页的方法。jQuery Mobile是jQuery 在手机、平板电脑等移动设备上的版本。它不仅给主流移动平台提供jQuery核心库，而且会发布一个完整统一的jQuery移动UI框架，支持全球主流的移动平台。

对应光盘视频

例9-1 创建jQuery Mobile页面　　　　例9-3 制作一个移动设备网页
例9-2 使用jQuery Mobile主题

9.1 认识 jQuery 和 jQuery Mobile

企业和个人用于开发和发布移动应用程序所使用的技术随时都在发生变化，起初，开发和发布移动应用程序的策略是针对每一个主流平台开发独立的本地 APP，然而，开发团队很快意识到，维护多个平台所需要花费的工作量是巨大的。为了解决这个问题，移动开发团队需要一种只需要一次编码，就可以将 APP 部署到所有设备上，从而减少维护花费的方案，而 jQuery Mobile 就可以实现这一目标。

9.1.1 jQuery

jQuery是继prototype之后又一个优秀的Javascript框架。它是轻量级的js库，兼容CSS3，还兼容各种浏览器(IE 6.0+, FF 1.5+, Safari 2.0+, Opera 9.0+)。jQuery使用户能更方便地处理HTML documents和events，实现动画效果，并且方便地为网站提供AJAX交互。jQuery还有一个比较大的优势是，它的文档说明很全，而且各种应用也说得很详细，同时还有许多成熟的插件可供选择。jQuery能够使用户的html页面保持代码和html内容分离，也就是说，不用再在html里面插入一堆js来调用命令了，只需定义id即可。

使用jQuery 的前提是首先要引用一个有jQuery的文件，jQuery库位于一个JavaScript文件中，其中包含了所有的jQuery函数，代码如下：

```
<script type= "text/javascript " src= " http://code.jQuery.com/jQuery-latest.min.js"></script>
```

9.1.2 jQuery Mobile

jQuery Mobile的使命是向所有主流移动浏览器提供一种统一体验，使整个Internet上的内容更加丰富(无论使用何种设备)。jQuery Mobile的目标是在一个统一的UI框架中交付JavaScript功能，跨最流行的智能手机和平板电脑设备工作。与jQuery一样，jQuery Mobile是一个在Internet上直接托管，可以免费使用的开源代码基础。实际上，当jQuery Mobile致力于统一和优化这个代码基础时，jQuery核心库受到了极大的关注。这种关注充分说明，移动浏览器技术在极短的时间内取得了非常大的发展。

jQuery Mobile与jQuery核心库一样，用户在计算机上不需要安装任何程序，只需要将各种*.js和*.css文件直接包含在web页面中即可。这样jQuery Mobile的功能就好像被放到了用户的指尖，供用户随时使用。

1 jQuery Mobile 的基本特征

● 一般简单性：jQuery Mobile框架简单易用。页眉开发主要使用标签，无需或只需要很少JavaScript。

● 持续增强和向下兼容：jQuery Mobile使用HTML 5、CSS3和JavaScript的同时，也支持高端和低端的设备。

● 规模小：jQuery Mobile框架的整体规模较小，其JavaScrip库12KB，CSS 6KB还包括一些图标。

● 主题设置：jQuery Mobile框架还提供一个主题系统，允许用户提供自己的应用程序样式。

2 jQuery Mobile 的浏览器支持

jQuery Mobile可以同时支持高端和低端设备(比如一些没有JavaScript支持的设备)，其包含以下几条核心原则。

● 所有浏览器都能够访问jQuery Mobile全部基础内容。

● 所有浏览器都能够访问jQuery Mobile全部基础功能。

- 增强的布局由外部链接的CSS提供。
- 增强的行为由外部链接的JavaScript提供。

- 所有基本内容应该在基础设备上进行渲染，而更高级的平台和浏览器将使用额外的、外部链接的JavaScript和CSS。

9.2 建立 jQuery Mobile 页面

Dreamweaver 与 jQuery Mobile 相集成，可以帮助用户快速设计适合大部分移动设备的网页程序，同时也可以使网页自身适应各类尺寸的设备。本节将通过具体的操作，介绍创建下图所示 jQuery Mobile 页面的具体操作。

在 HTML5 页面中插入 jQuery Mobile 页面

【例9-1】在HTML5页面中使用【插入】面板中的选项创建一个jQuery Mobile页面。

▶视频▶

01 按下Ctrl+N组合键，打开【新建文档】对话框，在该对话框中选中</>HTML选项，单击【文档类型】下拉列表按钮，在弹出的下拉列表中选中HTML5选项。

02 在【新建文档】对话框中单击【创建】按钮，新建空白HTML5页面。

03 在【文档】工具栏中单击【拆分】按钮，显示【拆分】视图。

04 按下Ctrl+F2组合键，显示【插入】面板，单击HTML按钮，在弹出的列表中选择jQuery Mobile选项。

05 在【插入】面板中显示的jQuery Mobile组件列表中单击【页面】选项，打开【jQuery Mobile文件】对话框，在该对话框中选中【远程】和【组合】单选按钮后，单击【确定】按钮。

06 在打开的【页面】对话框中设置【页面】组件的属性，单击【确定】按钮。

07 此时，将创建如下图所示的jQuery Mobile页面。

08 在【文档】工具栏中单击【设计】按钮边的▼按钮，在弹出的列表中选择【实时视图】选项，即可查看jQuery Mobile页面的实时效果。

　　　【jQuery Mobile文件】对话框中比较重要的选项功能如下。

● 【远程(CDN)】单选按钮：如果要链接到承载jQuery Mobile文件的远程CDN服务器，并且尚未配置包含jQuery Mobile文件的站点，则对jQuery站点使用默认选项。

● 【本地】单选按钮：显示Dreamweaver中提供的文件。可以指定其他包含jQuery Mobile文件的文件夹。

● 【CSS类型】选项区域：选择【组合】选项，使用完全CSS文件，或选择【拆分】选项，使用被拆分成结构和主题组件的CSS文件。

　　jQuery Mobile Web应用程序一般都要遵循下面所示的基本模板。

```
<!DOCTYPE html>
<html>
<head>
<title>Page Title</title>
<link rel="stylesheet"
href="http://code.jquery.com/mobile/
1.0/jquery.mobile-1.0.min.css" >
<script src=
http://code.jquery.com/jquery-1.6.4.m
in.js type="text/javascript"></script>
<script src=
"http://code.jquery.com/mobile/1.0/jq
uery.mobile-1.0.min.js"
type="text/javascript"></script>
</head>
<body>
<div data-role="page" >
<div data-role="header">
<h1> Page Title </h1>
</div>
<div data-role="content">
<p>page content goes here.</p>
</div>
<div data-role="footer">
<h4>Page Footer</h4>
</div>
</div>
</body>
</html>
```

用户要使用jQuery Mobile，首先需要在开发的界面中包含以下3个内容。

- CSS文件；
- jQuery library；
- jQuery Mobile library。

在以上的页面基本模板中，引入这3个元素采用的是jQuery CDN方式，网页开发者也可以下载这些文件及主题到自己的服务器上。

以上基本页面模板中的内容都是包含在div标签中，并在标签中加入了data-role="page"属性。这样jQuery Mobile就会知道哪些内容需要处理。

另外，在"page"div中还可以包含header、content、footer的div元素。这些元素都是可选的，但至少要包含一个

"content" div，具体解释如下。

- <div data-role="header" ></div>：在页面的顶部建立导航工具栏，用于放置标题和按钮(典型的至少要放置一个"返回"按钮，用于返回前一页)。通过添加额外的属性data-position="fixed"，可以保证头部始终保持在屏幕的顶部。
- <div data-role="content" ></div>：包含一些主要内容，例如文本、图像、按钮、列表、表单等。
- <div data-role="footer" ></div>：在页面的底部建立工具栏，添加一些功能按钮。通过添加额外的属性data-position="fixed"，可以保证它始终保持在屏幕的底部。

9.3 使用 jQuery Mobile 组件

jQuery Mobile 提供了多种组件，包括列表、布局、表单等多种元素，在 Dreamweaver 中使用【插入】面板的 jQuery Mobile 分类，可以可视化地插入这些组件。

9.3.1 使用列表视图

使用Dreamweaver【插入】面板jQuery Mobile分类下的【列表视图】按钮，可以在页面中插入jQuery Mobile列表，具体操作方法如下。

01 创建jQuery Mobile页面后，将鼠标指针插入页面中合适的位置。

鼠标指针

02 在【插入】面板中单击【列表视图】按

钮，打开【列表视图】对话框，设置列表类型和项目参数后，单击【确定】按钮。

03 此时，在【代码】视图中，可以看到列表的代码为一个含data-role="listview"属性的无序列表ul。

无序列表 ul

代码如下：

```
<ul data-role="listview">
<li><a href="#"> 页面 </a></li>
<li><a href="#"> 页面 </a></li>
<li><a href="#"> 页面 </a></li>
</ul>
```

04 在【文档】工具栏中单击【实时视图】按钮，页面中的列表视图效果如下图所示。

编号写入列表中。jQuery Mobile有序列表源代码如下。

```
<ol data-role="listview">
<li><a href="#"> 页面 </a></li>
<li><a href="#"> 页面 </a></li>
<li><a href="#"> 页面 </a></li>
</ol>
```

修改代码后，有序列表在页面中的效果如下图所示。

列表前添加了序号

2 创建内嵌列表

列表也可以用于展示没有交互的条目，通常会是一个内嵌的列表。通过有序或者无序列表都可以创建只读列表，列表项内没有链接即可，jQuery Mobil默认将它们的主题样式设置为"c"白色无渐变色，并将字号设置得比可点击的列表项小，以达到节省空间的目的。jQuery Mobile内嵌列表源代码如下所示。

```
<ul data-role="listview"
data-inset="true">
<li><a href="#"> 页面 </a></li>
<li><a href="#"> 页面 </a></li>
<li><a href="#"> 页面 </a></li>
</ul>
```

1 创建有序列表

通过有序列表ol可以创建数字排序的列表，用于表现顺序序列，例如在设置搜索结果或电影排行榜时非常有用。当增强效果应用在列表时，jQuery Mobile优先使用CSS的方式为列表添加编号，当浏览器不支持该方式时，框架会采用JavaScript将

修改代码后，内嵌列表在页面中的效果如下图所示。

内嵌列表内没有链接

3 创建拆分列表

当每个列表项有多个操作时，拆分按钮可以用于提供两个独立的可点击的部分：列表项本身和列表项侧边的icon。要创建这种拆分按钮，在<li>标签中插入第二链接即可，框架会创建一个竖直的分割线，并把链接样式化为一个只有icon的按钮(注意设置title属性以保证可访问性)。jQuery Mobile拆分按钮的源代码如下。

```
<ul data-role="listview">
<li><a href="#"> 页面 </a><a
href="#"> 默认值 </a></li>
<li><a href="#"> 页面 </a><a
href="#"> 默认值 </a></li>
<li><a href="#"> 页面 </a><a
href="#"> 默认值 </a></li>
</ul>
```

修改代码后，拆分列表在页面中的效果如下图所示。

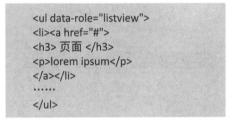

4 创建文本说明

jQuery Mobile支持通过HTML语义化的标签来显示列表项中所需常见的文本格式(例如标题/描述、二级信息、计数等)。jQuery Mobile文本说明源代码如下。

```
<ul data-role="listview">
<li><a href="#">
<h3> 页面 </h3>
<p>lorem ipsum</p>
</a></li>
……
</ul>
```

修改代码后，文本说明在页面中的效果如下图所示。

5 创建文本气泡列表

创建jQuery Mobile文本气泡列表效果的源代码如下。

```
<ul data-role="listview">
<li><a href="#"> 页面 <span
class="ui-li-count"> 新
</span></a></li>
<li><a href="#"> 页面 <span
class="ui-li-count"> 新
</span></a></li>
<li><a href="#"> 页面 <span
class="ui-li-count"> 新
</span></a></li>
</ul>
```

修改代码后，文本气泡列表在页面中的效果如下图所示。

文本气泡效果

6 创建补充信息列表

将数字用一个元素包裹，并添加ui-li-count的class，放置于列表项内，可以为列表项右侧增加一个计数气泡。补充信息(例如日期)可以通过包裹在class="ui-li-aside"的容器中来添加到列表项的右侧。jQuery Mobile补充信息列表源代码如下。

```
<ul data-role="listview">
```

```
<li><a href="#"> 页面
<p class="ui-li-aside"> 订阅 </p>
</a></li>
<li><a href="#"> 页面
<p class="ui-li-aside"> 关注 </p>
</a></li>
<li><a href="#"> 页面
<p class="ui-li-aside"> 购买 </p>
</a></li>
</ul>
```

修改代码后，补充信息列表在页面中的效果如下图所示。

补充文本信息

9.3.2 使用布局网格

因为移动设备的屏幕通常都比较小，所以不推荐用户在布局中使用多栏布局方法。当用户需要在网页中将一些小的元素并排放置时，可以使用布局网格。jQuery Mobile框架提供了一种简单的方法构建基于CSS的分栏布局——ui-grid。jQuery Mobile提供两种预设的配置布局：两列布局(class含有ui-grid-a)和三列布局(class含有ui-grid-b)，这两种配置的布局几乎可以满足任何情况(网格是100%宽的，不可见，也没有padding和margin，因此它们不会影响内部元素样式)。

在Dreamweaver中单击【插入】面板jQuery Mobile分类下的【网格布局】选项，可以打开【jQuery Mobile布局网格】对话框，在该对话框中设置网格参数后单击【确定】按钮，可以在网页中插入布局网格，具体操作方法如下。

01 创建jQuery Mobile页面后，将鼠标指针插入页面中合适的位置。

02 单击【插入】面板jQuery Mobile选项卡中的【布局网格】按钮，打开【布局网格】对话框设置网格参数后，单击【确定】按钮。

03 此时，即可在页面中插入如下图所示的布局网格。

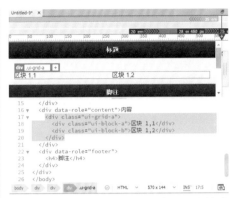

04 在【文档】工具栏中单击【实时视图】按钮，页面中的布局网格效果如下图所示。

要构建两栏的布局，用户需要先构建一个父容器，添加一个名称为ui-grid-a的calss，内部设置两个子容器，并分别为第一个子容器添加class: "ui-block-a"为第二个子容器添加class: "ui-block-b"。默认两栏没有样式，并行排列。分类的class可以应用到任何类型的容器上。jQuery Mobile两栏布局源代码如下。

```
<div data-role="content">
<div class="ui-grid-a">
<div class="ui-block-a"> 区块
 1,1</div>
<div class="ui-block-b"> 区块
 1,2</div>
</div>
</div>
```

另一种布局的方式是三栏布局，为父容器添加class="ui-grid-b"，然后分别为3个子容器添加class: "ui-block-a"、class="ui-block-b"、class="ui-block-c"。依此类推，如果是4栏布局，则为父容器添加class= "ui-grid-ac"(2栏为a，3栏为b，4栏为c…)，子容器分别添加class="ui-block-a"、class="ui-block-b"、class="ui-block-c"…。jQuery Mobile三栏布局源代码如下。

```
<div class="ui-grid-b">
<div class="ui-block-a"> 区块
1,1</div>
<div class="ui-block-b"> 区块
1,2</div>
<div class="ui-block-c"> 区块
1,3</div>
</div>
```

效果如下图所示。

9.3.3 使用可折叠区块

要在网页中创建一个可折叠区块，先创建一个容器，然后为容器添加data-role="collapsible"属性。jQuery Mobile会将容器内的(h1~h6)子节点表现为可点击的按钮，并在左侧添加一个【+】按钮，表示其可以展开。在头部后面可以添加任何需要折叠的html标签。框架会自动将这些标签包裹在一个容器中用于折叠或显示。

在jQuery Mobile页面中插入可折叠区块的具体操作方法如下。

01 将鼠标指针插入jQuery Mobile页面中合适的位置，单击【插入】面板jQuery Mobile选项卡中的【可折叠区块】按钮，即可在页面中插入下图所示的可折叠区块。

02 在【文档】工具栏中单击【实时视图】按钮，可折叠区块的效果如下图。

要构建两栏布局(50%/50%)，需要先构建一个父容器，添加一个class名称为ui-grid-a，内部设置两个子容器，其中一个子容器添加class:ui-block-a，另一个子容器添加class:ui-block-b。在默认设置中，可折叠容器是展开的，用户可以通过点击容器的头部收缩。为折叠的容器添加data-collapsed="true"的属性，可以设置默认收缩。jQuery Mobile可折叠区块源代码如下。

```
<div data-role="collapsible-set">
<div data-role="collapsible">
<h3> 标题 </h3>
<p> 内容 </p>
```

```
</div>
<div data-role="collapsible"
data-collapsed="true">
<h3> 标题 </h3>
<p> 内容 </p>
</div>
<div data-role="collapsible"
data-collapsed="true">
<h3> 标题 </h3>
<p> 内容 </p>
</div>
</div>
```

9.3.4 使用文本输入框

文本输入框和文本输入域使用标准的HTML标记，jQuery Mobile会让它们在移动设备中变得更加易于触摸使用。用户在Dreamweaver中单击【插入】面板中jQuery Mobile分类下的【文本】按钮，即可插入jQuery Mobile文本输入框，具体如下。

01 创建jQuery Mobile页面后，将鼠标指针插入页面中合适的位置，单击【插入】面板jQuery Mobile选项卡中的【文本】按钮，即可在页面中插入文本输入框。

02 在【文档】工具栏中单击【实时视图】按钮，文本输入框的效果如下图。

要使用标准字母数字的输入框，为input增加type="text"属性。需要将label的for属性设置为input的id值，使它们能够在语义上相关联。如果用户在页面中不想看到lable，可以将其隐藏。jQuery Mobile文

本输入源代码如下所示。

```
<div data-role="fieldcontain">
<label for="textinput"> 文本输入：
</label>
<input type="text" name="textinput"
id="textinput" value="" />
</div>
```

9.3.5 使用密码输入框

在jQuery Mobile中，用户可以使用现存的和新的HTML5输入类型，例如password。有一些类型会在不同的浏览器中被渲染成不同的样式，例如Chrome浏览器会将range输入框渲染成滑动条，所以应通过将类型转换为text来标准化它们的外观（目前只作用于range和search元素）。用户可以使用page插件的选项来配置那些被降级为text的输入框。使用这些特殊类型输入框的好处是，在智能手机上不同的输入框对应不同的触摸键盘。

在jQuery Mobile页面中插入密码输入框的方法和文本框类似。具体如下。

01 创建jQuery Mobile页面后，将鼠标指针插入页面中合适的位置，单击【插入】面板jQuery Mobile选项卡中的【密码】按钮，即可在页面中插入密码输入框。

02 在【文档】工具栏中单击【实时视图】按钮，文本输入框的效果如下图。

为input设置type="password"属性，可以设置为密码框，注意要将label

的for属性设置为input的id值，使它们能够在语义上相关联，并且要用div容器将其包括，设定data-role="fieldcontain"属性。jQuery Mobile密码输入源代码如下所示。

```
<div data-role="fieldcontain">
<label for="passwordinput"> 密码输入：
</label>
<input type="password"
 name="passwordinput"
id="passwordinput" value="" />
</div>
```

9.3.6 使用文本区域

对于多行输入可以使用textarea元素。jQuery Mobile框架会自动加大文本域的高度，防止出现滚动。用户在Dreamweaver中单击【插入】面板中jQuery Mobile分类下的【文本区域】按钮，可以插入jQuery Mobile文本区域，具体如下。

01 将鼠标指针插入jQuery Mobile页面中合适的位置，单击【插入】面板jQuery Mobile选项卡中的【文本区域】按钮，即可在页面中插入一个文本区域。

02 在【文档】工具栏中单击【实时视图】按钮，页面中的文本区域效果如下图所示。

在插入jQuery Mobile文本区域时，应注意将label的for属性设置为input的id值，使它们能够在语义上相关联，并且要用div容器包括它们，设定data-role="fieldcontain"属性。jQuery Mobile文本区域源代码如下所示。

```
<div data-role="fieldcontain">
<label for="textarea"> 文本区
域 :</label>
<textarea cols="40" rows="8"
name="textarea" id="textarea">
</textarea>
</div>
```

9.3.7 使用选择菜单

选择菜单放弃了select元素的样式(select元素被隐藏，并由一个jQuery Mobile框架自定义样式的按钮和菜单所替代)，菜单ARIA(Accessible Rich Applications)不使用桌面电脑的键盘也能够访问。当选择菜单被点击时，手机自带的菜单选择器将被打开，菜单内某个值被选中后，自定义的选择按钮的值将被更新为用户选择的选项。

在jQuery Mobile页面中插入选择菜单的具体操作方法如下。

01 创建jQuery Mobile页面后，将鼠标指针插入页面中合适的位置，单击【插入】面板jQuery Mobile选项卡中的【选择】按钮，即可在页面中插入选择菜单。

02 在【文档】工具栏中单击【实时视图】按钮，页面中的选择菜单效果如下图所示。

要添加jQuery Mobile选择菜单组件，应使用标准的select元素和位于其内的一组option元素。注意要将label的for属性设为select的id值，使它们能够在语义上相关联。把它们包裹在data-role="fieldcontain"的div中进行分组。框架会自动找到所有的select元素并自动增强为自定义的选择菜单。jQuery Mobile选择菜单源代码如下所示。

```
<div data-role="fieldcontain">
<p>
<label for="selectmenu"
class="select"> 选项 :</label>
<select name="selectmenu"
id="selectmenu">
<option value="option1"> 选项 1
</option>
<option value="option2"> 选项 2
</option>
<option value="option3"> 选项 3
</option>
</select>
</p>
</div>
```

9.3.8 使用复选框

复选框用于提供一组选项(可以选中不止一个选项)。传统桌面程序的单选按钮没有对触摸输入的方式进行优化，所以在jQuery Mobile中，lable也被样式化为复选框按钮，使按钮更长，更容易被点击，并添加了自定义的一组图标来增强视觉反馈效果。

在jQuery Mobile页面中插入复选框的具体操作方法如下。

01 将鼠标指针插入jQuery Mobile页面中合适的位置，单击【插入】面板jQuery Mobile选项卡中的【复选框】按钮。

02 在打开的【复选框】对话框中设置复选框的各项参数后，单击【确定】按钮。

03 此时，即可在页面中插入一个如下图所示的复选框。

04 在【文档】工具栏中单击【实时视图】按钮，页面中的复选框效果如下图所示。

要创建一组复选框，为input添加type="checkbox"属性和相应的label即可。

注意要将label的for属性设置为input值，使它们能够在语义上相关联。因为复选框按钮使用label元素放置checkbox后，用于显示其文本，推荐把复选框按钮组用fieldset容器包裹，并为fieldset容器内增加一个legend元素，用于表示该问题的标题。最后，还需要将fieldset包裹在有data-role="controlgroup"属性的div中，以便于为该组元素和文本框、选择框等其他表单元素同时设置样式。jQuery Mobile复选框源代码如下所示。

```
<div data-role="fieldcontain">
<fieldset data-role="controlgroup">
<legend> 选项 </legend>
<input type="checkbox"
 name="checkbox1"
id="checkbox1_0" class="custom"
value="" />
<label for="checkbox1_0"> 选项
</label>
<input type="checkbox"
 name="checkbox1"
id="checkbox1_1" class="custom"
value="" />
<label for="checkbox1_1"> 选项
</label>
<input type="checkbox"
 name="checkbox1"
id="checkbox1_2" class="custom"
value="" />
<label for="checkbox1_2"> 选项
</label>
</fieldset>
</div>
```

9.3.9 使用单选按钮

单选按钮和复选框都是使用标准的HTML代码，并且更容易被点击。其中，可见的控件是覆盖在input上的label元素，因此如果图片没有正确加载，仍然可以正常使用控件。在大多数浏览器中，点击lable会自动触发在input上的点击，但是用户不得不在部分不支持该特性的移动浏览器中手动触发该点击(在桌面程序中，键盘和屏幕阅读器也可以使用这些控件)。

在jQuery Mobile页面中插入单选按钮的具体操作方法如下。

01 将鼠标指针插入页面中合适的位置，单击【插入】面板jQuery Mobile选项卡中的【单选按钮】按钮。

02 在打开的【单选按钮】对话框中设置单选按钮的各项参数，单击【确定】按钮。

03 此时，即可在页面中插入一个如下图所示的复选框。

04 在【文档】工具栏中单击【实时视图】按钮，页面中的单选按钮效果如下图所示。

单选按钮与jQuery Mobile复选框的代码类似，只需将checkbox替换为radio，jQuery Mobile单选按钮源代码如下所示。

```
<div data-role="fieldcontain">
<fieldset data-role="controlgroup">
<legend> 选项 </legend>
<input type="radio" name="radio1"
id="radio1_0" value="" />
<label for="radio1_0"> 选项 </label>
<input type="radio" name="radio1"
id="radio1_1" value="" />
<label for="radio1_1"> 选项 </label>
<input type="radio" name="radio1"
id="radio1_2" value="" />
<label for="radio1_2"> 选项 </label>
</fieldset>
</div>
```

9.3.10 使用按钮

按钮是由标准HTML代码的a标签和input元素编写而成的，jQuery Mobile可以使其更加易于在触摸屏上使用。

01 将鼠标指针插入页面中，单击【插入】面板jQuery Mobile选项卡中的【按钮】按钮。

02 在打开的【按钮】对话框中设置按钮的各项参数后，单击【确定】按钮。

03 此时，即可在页面中插入一个如下图所示的按钮。

【设计】视图中的按钮

04 在【文档】工具栏中单击【实时视图】按钮，页面中的按钮效果如下图所示。

在page元素的主要block内，可通过为任意链接添加data-role="button"的属性使其样式化的按钮。jQuery Mobile会为链接添加一些必要的class以使其表现为按钮。jQuery Mobile普通按钮的代码如下。

```
<a href="#" data-role="button"> 按钮
</a>
```

9.3.11 使用滑块

用户在Dreamweaver中单击【插入】面板中jQuery Mobile分类下的【滑块】按钮，即可插入jQuery Mobile滑块，具体如下。

01 创建jQuery Mobile页面后，将鼠标指针插入页面中合适的位置，单击【插入】面板jQuery Mobile选项卡中的【滑块】按钮即可在页面中插入一个滑块。

02 在【文档】工具栏中单击【实时视图】按钮，页面中的滑块效果如下图所示。

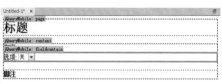

为input设置一个新的HTML5属性为type="range"，可以为页面添加滑动条组件，并可以指定其value值(当前值)，min和max属性的值，jQuery Mobile会解析这些属性来配置滑动条。当用户拖动滑动条时。Input会随之更新数值，使用户能够轻易地在表单中提交数值。注意要将label的for属性设置为input的id值，使它们能够在语义上相关联，并且要用div容器包裹它们，给它们设定data-role="fieldcontain"属性。jQuery Mobile滑块源代码如下所示。

```
<div data-role="fieldcontain">
<label for="slider"> 值 :</label>
<input type="range" name="slider"
id="slider" value="0" min="0"
max="100"
/></div>
```

9.3.12 使用翻转切换开关

开关在移动设备上是一个常用的ui元素，它可以二元地切换开/关或输入true/false类型的数据。用户可以像滑动框一样拖动开关，或者点击开关任意一半进行操作。

在jQuery Mobile页面中插入翻转开关的具体操作方法如下。

01 创建jQuery Mobile页面后，将鼠标指针插入页面中合适的位置，单击【插入】面板jQuery Mobile选项卡中的【翻转切换开关】按钮，即可在页面中插入翻转切换开关。

02 在【文档】工具栏中单击【实时视图】按钮，页面中的翻转切换开关效果如下图所示。

创建一个只有两个option的选择菜单即可构建一个开关，其中，第一个option会被样式化为【开】，第二个option会被样式化为【关】(用户需要注意代码的编写顺序)。在创建开关时，应将label的for属性设置为input的id值，使它们能够在语义上相关联，并且要用div容器包裹它们，设定data-role="fieldcontain"的属性。jQuery Mobile翻转切换开关源代码如下所示。

```
<div data-role="fieldcontain">
<label for="flipswitch"> 选
项 :</label>
<select name="flipswitch"
id="flipswitch" data-role="slider">
<option value="off"> 关 </option>
<option value="on"> 开 </option>
</select>
</div>
```

9.4 使用 jQuery Mobile 主题

jQuery Mobile 中每一个布局和组件都被设计为一个全新页面的 CSS 框架，可以使用户能够为站点和应用程序使用完全统一的视觉设计主题。

jQuery Mobile的主题样式系统与jQuery UI的ThemeRoller系统非常类似，但是有以下几点重要改进：

🔵 使用CSS3来显示圆角、文字、盒阴影和颜色渐变，而不是图片，使主题文件轻量级，减轻了服务器的负担。

🔵 主体框架包含了几套颜色色板。每一套都包含了可以自由混搭和匹配的头部栏、主体内容部分和按钮状态。用于构建视觉纹理，创建丰富的网页设计效果。

🔵 开放的主题框架允许用户创建最多6套主题样式，为设计增加近乎无限的多样性。

🔵 一套简化的图标集，包含了移动设备上发布部分需要使用的图标，并且精简到一张图片中，从而降低了图片的大小。

每一套主题样式包括几项全局设置，包括字体阴影、按钮和模型的圆角值。另外，主题也包括几套颜色模板，每一个都定义了工具栏、内容区块、按钮和列表项的颜色以及字体的阴影。

jQuery Mobile默认内建了5套主题样式，用(a、b、c、d、e)引用。为了使颜色主题能够保持一直地映射到组件中，其遵从的约定如下：

🔵 a主题是视觉上最高级别的主题；

🔵 b主题为次级主题(蓝色)；

🔵 c主题为基准主题，在很多情况下默认使用；

🔵 d主题为备用的次级内容主题；

🔵 e主题为强调用主题。

默认设置中，jQuery Mobile为所有的头部栏和尾部栏分配的是a主题，因为它们在应用中是视觉优先级最高的。如果要为bar设置一个不同的主题，用户只需要为头部栏和尾部栏增加data-theme属性，然后

设定一个主题样式字母即可。如果没有指定，jQuery Mobile会默认为content分配主题c，使其在视觉上与头部栏区分开。

使用Dreamweaver的【jQuery Mobile色板】面板，可以在jQuery Mobile CSS文件中预览所有色板(主题)，然后使用此面板来应用色板，或从jQuery Mobile Web页的各种元素中删除它们。使用该功能可将色板逐个应用于标题、列表、按钮和其他元素中。

【例9-2】在jQuery Mobile页面中使用主题。

🔵 视频+素材 (光盘素材\第09章\例9-2)

01 打开如下图所示的页面，并将鼠标指针插入页面中需要设置页面主题的位置。

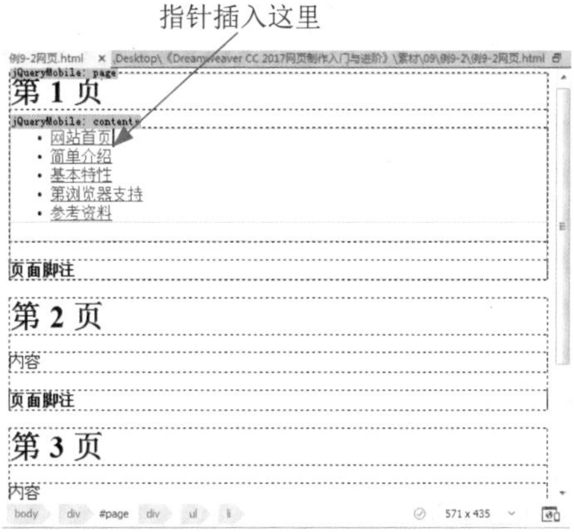

指针插入这里

02 选择【窗口】|【jQuery Mobile色板】命令，显示【jQuery Mobile色板】面板。

03 在【文档】工具栏中单击【实时视图】按钮，切换【实时视图】视图。

04 在【jQuery Mobile色板】面板中单击【列表主题】列表中的颜色，即可修改当

前页面中的列表主题。

逐个应用于标题、列表和按钮等元素上。

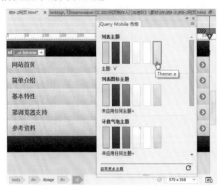

使用jQuery Mobile色板，可以将色板

9.5 进阶实战

本章的进阶实战部分将使用 Dreamweaver 中制作一个效果如下图所示的 jQuery Mobile 网页，该网页适用于移动网页浏览客户端。

适用移动客户端浏览的网页

【例9-3】制作一个适合手机使用的jQuery Mobile网页。 视频

01 按下Ctrl+N组合键，打开【新建文档】对话框，在【文档类型】列表框中选

择【</HTML>】选项后，单击【创建】按钮，新建一个空白网页。

02 按下Ctrl+F2组合键，打开【插入】面板，单击HTML按钮，在弹出的列表中选择jQuery Mobile选项。

03 单击【插入】面板中的【页面】按

钮，打开【jQuery Mobile文件】对话框，选中【本地】和【组合】单选按钮后，单击【确定】按钮。

04 打开【页面】对话框，保持默认设置单击【确定】按钮。

05 在【文档】工具栏中单击【拆分】按钮，切换到【拆分】视图，找到以下代码：

```
<div data-role="page" id="page">
```

06 将鼠标指针插入<div之后，按下空格键，输入st，然后按下回车键。

```
11 ▼ <body>
12 ▼ <div st| data-role="page" id="page">
13 ▼   <div    style
14       <h1>标题</h1>
15   </div>
```

07 输入back，在弹出的列表中选择background选项。

```
11 ▼ <body>
12 ▼ <div style="back" data-role="page"
13     backface-visibility
14     background
15     background-attachment
16
17 ▼   <div data-role="footer">
```

08 输入U，在弹出的列表中选择URL()选项，按下回车键。

```
11 ▼ <body>
12 ▼ <div style="background: u|" data-role="
13     颜色选取器...
14     url()
15     round
16
17 ▼   <div data-role="footer">
```

09 此时，将显示【浏览】选项，选择该选项，在打开的【选择文件】对话框中选择一

个图像素材文件，单击【确定】按钮。

10 完成对代码的编辑后，将为页面添加入下图所示的背景图片。

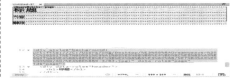

11 在【代码】视图中找到以下代码：

```
<div data-role="header">
<h1> 标题 </h1>
</div>
```

将其修改为：

```
<div data-role="header"
data-theme="a">
<h1> 公众号服务页面 </h1>
</div>
```

修改后的代码为header头部部分设置了jQuery Mobile中的a样式，并编辑了标题文本"公众号服务器页面"。

12 在【代码】视图中找到以下代码：

```
<div data-role="content"> 内容 </div>
```

将其修改为：

```
<div style="padding: 15px;"
data-role="content">
<h3> 服务须知 </h3>
</div>
```

修改后的代码为content内容部分增加了15像素的边距并设置了标题文本"服务须知"。

13 将鼠标指针置于【设计】视图中，文本"服务须知"后。

指针插入这里

14 在【插入】面板中单击jQuery Mobile分类下的【按钮】选项，打开【按钮】对话框，保持默认设置，单击【确定】按钮。

15 在【代码】视图中找到以下代码：

```
<a href="#" data-role="button"> 按钮
</a>
```

将其修改为：

```
<a href="page" data-role="button"
data-theme="e"
data-transition="fade"> 销售咨询
</a>
```

16 在【设计】视图中选中按钮【销售咨询】，按下Ctrl+C组合键将其保存后，按下Ctrl+V组合键将其粘贴多份。

17 分别修改按钮上的文本，使其效果如下图所示。

18 在【代码】视图中找到以下代码：

```
<div data-role="footer">
<h4> 脚注 </h4>
</div>
```

将其修改为：

```
<div data-role="footer"
data-theme="a"
 data-position="fixed">
<h4>Copyright 2028
Huxinyu.cn</h4>
</div>
```

修改后代码为footer脚注部分设置了jQuery Mobile中的a样式，并设置了脚注文本为：Copyright 2028 Huxinyu.cn。

19 按下Ctrl+S组合键保存网页，按下F12键在浏览器中预览网页效果。

9.6 疑点解答

● 问：如何区别 jQuery 和 jQuery Mobile ？
    答：jQuery是辅助JavaScript开发的库；jQuery Mobile是jQuery在移动设备上的版本。

第10章

应用网页模板与库项目

在进行大型网站的制作时，很多页面会用到相同的布局、图片和文本元素。此时，使用Dreamweaver提供的模板和库功能，可以将具有同样版面结构的页面制作成模板，将相同的元素制作成库项目，并集中保存，以便反复使用。

例10-1 将网页保存为模板　　　　例10-3 使用模板制作网页
例10-2 从模板创建网页

对应光盘视频

10.1　创建模板

模板的原意为制作某种产品的【样板】或【构架】。通常网页在整体布局上为了保持一贯的设计风格，会使用统一的构架。在这种情况下，可以用模板来保存经常重复的图像或结果，这样在制作新网页时，在模板的基础上进行略微修改即可。

使用模板制作的网页除了内容以外其余结构上完全相同

大部分网页都会在整体上具有一定的格式，但有时也会根据网站建设的需要，只把主页设计成其他形式。在网页文件中对需要更换的内容部分和不变的固定部分分别进行标识，就可以很容易地创建出具有相似网页框架的模板。

使用模板可以一次性修改多个网页文档。使用模板的文档，只要没有在模板中删除该文档，它始终都会处于连接状态。因此，只要修改模板，就可以一次性地修改以它为基础的所有网页文件。

在Dreamweaver中，用户可以将现有的网页保存为模板，也可以创建空白模板文件，下面将分别介绍。

10.1.1　将网页保存为模板

将现有网页保存为模板指的是通过Dreamweaver中的【另存为模板】功能，将制作好的或通过网络下载的网页保存为网页模板。

【例10-1】将网页文档保存为模板。
🎬视频+素材 (光盘素材\第10章\例10-1)

01 打开网页文档后，选择【文件】|【另存为模板】命令，在打开的【另存模板】对话框中单击【保存】按钮。

02 在打开的提示对话框中单击【是】按钮，更新链接，即可在Dreamweaver标题栏中显示当前文档为模板文档。

.dwt 文件为模板文件的扩展名

Dreamweaver在创建模板时，会将模板文件保存在Templates文件夹中，在该文件夹中以.dwt扩展名来保存相关文件。如果保存模板时未创建Templates文件夹，作为默认值，软件会在本地站点文件夹中自动建立该文件夹。

自动创建

在将网页文档保存为模板文件时，需要注意以下几个事项。

🌸 Templates文件夹中的模板文件不可以移动到其他位置或保存到其他文件夹中。保存在本地站点根文件夹中的Templates文件夹也不能随便移动位置。

🌸 使用模板制作的文档都是从模板上载入信息，因此模板文件的位置发生变化时，会出现与预期的网页文件截然不同的情况。

10.2 编辑模板

模板的建立与其他文档类似，只不过在保存上有所差异。在一个模板上，用户可以根据需要设置可编辑区域与不可编辑区域，从而保证模板的某些区域是可以修改的，而某些区域则是不可修改的。

10.2.1 设置可编辑区域

当用户在Dreamweaver中创建一个模板文件后，在模板中创建可编辑区域可以在网页中创建一个用于添加、修改和删除页面元素的操作区域。

1 创建可编辑区域

10.1.2 创建空白模板

空白网页模板与空白网页类似，指的是不包含任何内容的空白模板文件，其扩展名为.dwt。在Dreamweaver中创建一个空白网页模板文件的方法如下。

01 选择【文件】|【新建】命令，打开【新建文档】对话框，在对话框左侧的列表中选择【新建文档】选项。

02 在【文档类型】列表框中选中【HTML模板】选项，单击【创建】按钮。

03 此时，将创建一个与新建的HTML文档一样的网页模板文档。

在Dreamweaver中创建一个可编辑启用的方法如下。

01 按下F8键打开【文件】面板，在Templates文件夹中双击一个模板文件，将其在文档窗口中打开。

02 将鼠标指针插入模板文档中合适的位置，选择【插入】|【模板】|【可编辑器区

域】命令，打开【新建可编辑区域】对话框，在【名称】文本框中输入可编辑区域的名称后，单击【确定】按钮。

将光标置于页面中

3 取消对可编辑区的标记

如果要删除模板页面中的可编辑区域，用户可以单击可编辑区域左上角的标签将其选中后，按下Delete键即可。

单击

03 此时，网页中即可看到模板中创建的可编辑区以高亮显示。

在网页源代码中，模板中的可编辑区域通过注释语句标注，不使用特殊的代码标记。

使用模板的网页中的注释代码如下。

```
<!-- TemplateBeginEditable
name="EditRegion3" --><!--
TemplateEndEditable -->
```

使用模板的网页中的可编辑区域的注释代码如下。

```
<!-- TemplateBeginEditable
name="doctitle" --><!--
TemplateEndEditable -->
```

2 更改可编辑区域的名称

在模板中创建可编辑区域后，用户如果要对其名称进行修改，可以按下Ctrl+F3组合键打开【属性】面板，在【名称】文本框中输入一个新的名称即可。

10.2.2 设置可选区域

模板中的可选区域可以在创建模板时定义。在使用模板创建网页时，对于可选区域中的内容，可以选择是否显示。

1 创建可选区域

可选区域只能设置其显示或隐藏状态，不能对其中的内容进行编辑。如果通过模板创建的网页中需要显示图像，而在其他的网页中则不需要显示，用户可以应用创建可选区域来实现效果，方法如下。

01 打开网页模板文件后，在【文档】工具栏中单击【代码】按钮，切换【代码】视图，在<head>标签前添加代码创建模板参数。

```
<!-- TemplateParam name="nomal"
type="boolean" value="true" -->
```

```
index.html*  Untitled-1*  index.dwt*
 1  <!doctype html>
 2 ▼ <html>
 3 ▼ <head>
 4   <meta charset="utf-8">
 5   <!-- TemplateBeginEditable name="doctitle" -->
 6   <title>无标题文档</title>
 7   <!-- TemplateEndEditable -->
 8   <!-- TemplateBeginEditable name="head" -->
 9   <!-- TemplateEndEditable -->
10 ▼ <!-- TemplateTemplateParam name="nomal" type="boolean"
    valye="true" -->
11   </head>
12
```

添加

其中，name属性为模板参数的名称，type属性为数据类型，boolean属性为布尔值，value属性为模板参数值，由于数据类型为boolean，其值只能是true或false。

02 在【文档】工具栏中单击【设计】按钮，返回【设计】视图，选中需要设置为可选区域的元素，选择【插入】|【模板对象】|【可选区域】命令。

03 打开【新建可选区域】对话框，在【基本】选项卡的【名称】文本框中输入可选区域的名称，并选中【默认显示】复选框。

04 选择【高级】选项卡，选中【使用参数】单选按钮，并在其后的下拉列表框中选择已经创建的模板参数名称。

05 单击【确定】按钮，即可完成可选区域的创建。此时，编辑窗口显示如下效果。

在网页源代码中，使用了模板网页中的可选区域的注释代码如下。

```
<!-- TemplateBeginIf cond="nomal"
--> <!-- TemplateEndIf -->
```

在【新建可选区域】对话框中包含【基本】和【高级】两个选项卡，其中【基本】选项卡中各选项的功能说明如下。

🔘 【名称】文本框：用于为可选区域命名。

🔘 【默认显示】复选框：用于设置可选区域在默认情况下是否在基于模板的网页中显示。

【高级】选项卡中各选项的说明如下。

🔘 【使用参数】选项区域：如果要链接可选区域参数，在该选项区域中可以选择要将所选内容链接到现有的参数。

🔘 【输入表达式】选项区域：如果要编写模板表达式来控制可选区域的显示，在该选项区域中可以设置表达式。

2 创建可编辑的可选区域

可编辑的可选区域与可选区域不同的是，其可以进行内容的编辑。创建可编辑的可选区域的方法与可选区域的操作方法相同，用户可以先在【代码】视图中定义模板参数，再切换到【设计】视图，将鼠标光标置于要插入可选区域的位置。选择【插入】|【模板对象】|【可编辑的可选区域】命令，打开【新建可选区域】对话框，然后采用与创建可选区域相同的方法进行设置即可。

10.2.3 设置重复区域

在模板中定义重复区域，可以让用户在网页中创建可扩展的列表，并可保持模板中表格的设计不变。重复区域可以使用两种重复区域模板对象：区域重复或表格重复。重复区域是不可编辑的，如果想编辑重复区域中的内容，需要在重复区域内插入可编辑区。

1 创建重复区域

在Dreamweaver中，用户可以参考以下方法在网页模板文档中创建重复区域。

01 打开模板网页后，选中需要设置为重复区域的文本或内容，选择【插入】|【模

板对象】|【重复区域】命令，打开【新建重复区域】对话框。

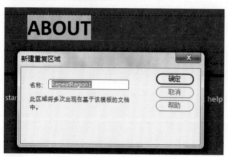

02 在【新建重复区域】的【名称】文本框中输入重复区域的名称后，单击【确定】按钮，即可在模板页面中查看如下图所示的重复区域效果。

在网页源代码中，使用模板网页中的重复区域的注释代码如下。

```
<!-- TemplateBeginRepeat
name= "RepeatRegion1" -->
<!-- TemplateEndRepeat -->
```

2 创建重复表格

重复表格通常用于表格中，包括表格中可编辑区域的重复区域，可以定义表格属性，设置表格中哪些单元格为可以编辑的，具体如下。

01 打开一个网页模板后，将鼠标指针放置在页面中需要创建重复表格的位置。

指针放置在这里

02 选择【插入】|【模板对象】|【重复表格】命令，打开【插入重复表格】对话框，在【行数】和【列】文本框中设置表格的行数和列数，在【单元格边距】和【单元格间距】文本框中设置间距值，在【宽度】文本框中输入表格宽度，在【重复表格行】选项区域的【起始行】和【结束行】文本框中输入重复的表格行，在【区域名称】文本框中输入名称，单击【确定】按钮。

03 此时，将在页面中创建如下图所示的重复表格。

【插入重复表格】对话框中比较重要的选项说明如下。

◉ 【行数】文本框：用于设置插入表格的行数。

◉ 【列】文本框：用于设置插入表格的列数。

◉ 【单元格边距】文本框：用于设置表格的单元格边距。

◉ 【单元格间距】文本框：用于设置表格的单元格间距。

◉ 【宽度】文本框：用于设置表格的宽度。

◉ 【边框】文本框：用于设置表格的边框宽度。

◉ 【起始行】文本框：用于输入可重复行的起始行。

⚫ 【结束行】文本框：用于输入可重复行的结束行。

⚫ 【区域名称】文本框：用于输入重复区域的名称。

10.3 应用模板

在网页中创建并编辑模板后，就可以将模板应用到网页，从而通过模板进行批量网页制作。在 Dreamweaver 中，应用模板主要通过【从模板新建】对话框和【资源】面板来进行。下面将详细介绍。

10.3.1 从模板新建网页

通过【新建文档】对话框来应用模板，可以选择已经创建的任一站点的模板来创建网页。

【例10-2】使用【新建文档】对话框创建新的网页。

🎬 视频+素材 (光盘素材\第10章\例10-1)

01 选择【文件】|【新建】命令，打开【新建文档】对话框，选择【网站模板】选项卡，在【站点】列表框中选择所需站点。

02 单击【创建】按钮，即可通过模板创建新的网页，效果如下。

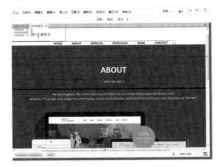

10.3.2 为网页应用模板

在 Dreamweaver 中，用户可以为已编辑的网页应用模板，将已编辑的网页内容套用到模板中，具体方法如下。

01 按下 Ctrl+Shift+N 组合键，创建一个空白网页文档。选择【窗口】|【资源】命令，显示【资源】面板。

02 在【资源】面板中单击【模板】按钮，在面板中显示模板列表。

03 在模板列表中选中一个模板后，单击【应用】按钮，即可将模板应用到网页。

在【资源】面板的模板列表中右击一个模板，在弹出的菜单中选择【从模板新建】命令，从模板创建的网页将会在文档窗口中以新建文档的方式打开。

10.4 管理模板

在 Dreamweaver 中创建模板后，还需要对模板进行适当的管理，以便于网页的制作。如果删除不需要的模板，将网页脱离模板和更新模板文档等。下面将分别介绍。

10.4.1 删除模板

当用户不再需要使用某个模板时，可以通过【文件】面板将其删除，方法如下。

01 按下F8键显示【文件】面板，选中该面板中需要删除的模板文件。

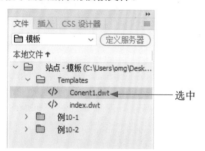

02 按下Delete键，在弹出的对话框中单击【是】按钮，即可将模板删除。

10.4.2 打开网页的附加模板

在编辑通过模板创建的模板时，如果发现模板的某处内容需要修改，可以通过【打开附加模板】命令打开该网页所使用的模板文件，具体如下。

01 打开通过模板创建的网页，选择【工具】|【模板】|【打开附加模板】命令。

02 此时，将自动打开网页中所应用的模板，对其进行编辑后进行保存即可。

使用模板创建的网页

模板文件

10.4.3 更新网页模板

当模板中某些公用部分的内容不太合适时，用户可以对模板进行修改，模板修改并被保存后，Dreamweaver将打开【更新模板文件】对话框提示是否更新站点中用该模板创建的网页。

此时，单击【更新】按钮可以更新通过该模板创建的所有网页；单击【不更新】按钮则只是保存当前模板而不更新通过该模板创建的网页。

10.4.4 将网页脱离模板

将网页脱离模板后，用户可以对网页中的任何内容进行编辑，包括原来因为没有创建可编辑区域而锁定的区域。同时，因为网页已经与模板脱离，当模板更新后，脱离后的网页是不会发生任何变化的，因为它们之间已经没有任何关系。

在Dreamweaver中设置将网页脱离模板的具体操作如下。

01 打开通过模板创建的网页后，选择【工具】|【模板】|【从模板中分离】命令。

02 此时，网页中所有内容都可以编辑。

10.5 使用库创建相似的内容

如果模板是规定一些重复的文档内容或设计的一种方式，那么库就可以说是一些总是反复出现图像或文本信息等内容的存放处。在制作结构不同但内容有重复的多个网页时，用户可以通过库处理页面之间重复的内容。

库是一种特殊的文件，它包含可添加到网页文档中的一组单个资源或资源副本。库中的这些资源称为库项目。库项目可以是图像、表格或SWF文件等元素。当编辑某个库项目时，可以自动更新应用该库项目的所有网页文档。

在Dreamweaver中，库项目存储在每个站点的本地根文件夹下的Library文件夹中。用户可以从网页文档中选中任意元素来创建库项目。对于链接项，库只存储对该项的引用。原始文件必须保留在指定的位置，这样才能使库项目正确工作。

使用库项目时，在网页文档中会插入该项目的链接，而不是项目原始文件。如果创建的库项目附加行为的元素时，系统会将该元素及事件处理程序复制到库项目文件。但不会将关联的JavaScript代码复制到库项目中，不过将库项目插入文档时，会自动将相应的JavaScript函数插入该文档的head部分。

10.5.1 创建库项目

在Dreamweaver文档中，用户可以将网页文档中的任何元素创建为库项目(这些元素包括文本、图像、表格、表单、插件、ActiveX控件以及Java程序等)，具体方法如下。

01 选中要保存为库项目的网页元素后，选择【工具】|【库】|【增加对象到库】命令，即可将对象添加到库中。

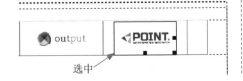

选中

02 选择【窗口】|【资源】命令，打开【资源】面板，单击【库】按钮，即可在该面板中显示添加到库中的对象。

库

10.5.2 设置库项目

在Dreamweaver中，用户可以方便地编辑库项目。在【资源】面板中选择创建的库项目后，可以直接拖动到网页文档中。选中网页文档中插入的库项目，在打开的【属性】面板中，用户可以设置库项目的属性参数。

库项目【属性】面板中主要参数选项的功能如下。

● 【打开】按钮：单击【打开】按钮，将打开一个新文档窗口，在该窗口中用户可以对库项目进行各种编辑操作。

● 【从源文件中分离】按钮：用于断开所选库项目与其源文件之间的链接，使库项目成为文档中的普通对象。当分离一个库项目后，该对象不再随源文件的修改而自动更新。

● 【重新创建】按钮：用于选定当前的内容并改写原始库项目，使用该功能可以在丢失或意外删除原始库项目时重新创建库项目。

10.5.3　应用库项目

在网页中应用库项目时，并不是在页面中插入库项目，而是插入一个指向库项目的链接，即Dreamweaver向文档中插入的是该项目的HTML源代码副本，并添加一个包含对原始外部项目的说明性链接。用户可以先将光标置于文档窗口中需要应用库项目的位置，然后选择【资源】面板左侧的【库】选项，并从中拖曳一个库项目到文档窗口(或者选中一个库项目，单击【资源】面板中的【插入】按钮)，即可将将库项目应用于文档。

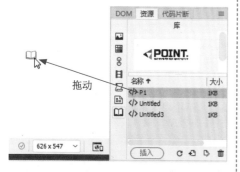

拖动

知识点滴

如果要插入库项目内容到网页中，而又不是要在文档中创建该库项目的实体，可以在按住 Ctrl 键的同时拖拽库项目至网页中。采用这种方法应用的库项目，用户可以在 Dreamweaver 中对创建的项目进行编辑，但当更新使用库项目的页面时，文档将不会随之更新。

10.5.4　修改库项目

在Dreamweaver中通过对库项目的修改，用户可以引用外部库项目一次性更新整个站点上的内容。例如，如果需要更改某些文本或图像，则只需要更新库项目即可自动更新所有使用该项目的页面。

1　更新关于所有文件的库项目

当用户修改一个库项目时，可以选择更新使用该项目的所有文件。如果选择不更新，文件将仍然与库项目保持关联；也可以在以后选择【修改】|【库】|【更新页面】命令，打开【更新页面】对话框，对库项目进行更新设置。

修改库项目可以在【资源】面板的【库】类别中选中一个库项目后，单击面板底部的【编辑】按钮，此时Dreamweaver将打开一个新的窗口用于编辑库项目。

编辑

2　应用特定库项目的修改

当用户需要更新应用特定库项目的网站站点(或所有网页)时，可以在Dreamweaver中选择【工具】|【库】|【更新页面】命令打开【更新页面】对话框，然后在该对话框的【查看】下拉列表框中选中【整个站点】选项，并在该选项相邻的下拉列表中选中需要更新的站点名称。

如果用户在【更新页面】对话框的【查看】下拉列表框中选中【文件使用】选项，然后在该选项相邻的下拉列表框中选择库项目的名称，则会更新当前站点中所有应用了指定库项目的文档。

3　重命名库项目

当用户需要在【资源】面板中对一个库项目重命名时，可以先选择【资源】面板左侧的【库】按钮，然后单击需要重命名的库项目，并在短暂的停顿后再次单击库项目，可使库项目的名称变为可编辑状态，此时输入名称，按下回车键确定即可。

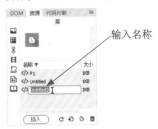

4　从库项目中删除文件

若用户需要从库中删除一个库项目，可以参考下面介绍的方法。

01 在【资源】面板中单击【库】按钮，在打开的库项目列表中选中需要删除的库项目，然后单击面板底部的【删除】按钮。

02 在打开的提示对话框中单击【是】按钮，即可将选中的库项目删除。

10.6　进阶实战

本章的进阶实战部分将在 Dreamweaver 中使用模板和库，制作下图所示类似风格的网页，用户可以通过具体的操作巩固自己所学的知识。

使用模板创建网页

【例10-3】使用模板制作两个结构类似的网页。

视频+素材 (光盘素材\第10章\例10-3)

01 按下 Ctrl+O 组合键，打开下图所示的网页素材文件。

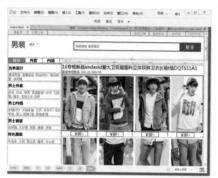

02 选择【新建】|【站点】命令，打开【站点设置对象】对话框，在【站点名称】文本框中输入【模板网页】，单击【本地站点文件夹】文本框后面的【浏览文件夹】按钮。

03 打开【选择根文件夹】对话框后，选择一个文件夹，单击【选择文件夹】按钮。

04 返回【站点设置对象】对话框，单击【保存】按钮，创建一个名为"模板网页"的本地站点。

05 选择【文件】|【另存为模板】命令，打开【另存模板】对话框，在【另存为】文本框中输入index，单击【保存】按钮，将当前网页保存为模板。

06 按下Ctrl+F2组合键，显示【插入】面板，选中页面中下图所示的文本，单击【插入】面板的【模板】选项卡，单击【可编辑区域】按钮。

07 打开【新建可编辑区域】对话框，单击【确定】按钮。

08 使用同样的方法，在模板中创建其他可编辑区域。

09 按下Ctrl+S组合键，将模板文档保存。按下Ctrl+N组合键，打开【新建文档】对话框，选择【网站模板】选项，在对话框右侧的【站点】列表中选中【模板网页】站点，在显示的列表中选中创建的模板。

10 单击【创建】按钮，即可创建一个如下图所示的网页。

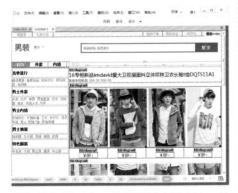

11 编辑网页中可编辑区域中的文本，并双击页面中的图片，打开【选中图像源文

件】对话框，更换网页图像。

12 按下Ctrl+Shift+S组合键，打开【另存为】对话框，在【文件名】文本框中输入men1.html，将【保存类型】设置为HTML，单击【保存】按钮。

13 使用同样的方法，通过模板创建更多的网页，并将其分别保存。

14 最后，按下F12键在浏览器中查看网页的效果。

10.7 疑点解答

● 问：Dreamweaver 的模板文件默认保存在 Templates 文件夹中，能否将其移动至其他文件夹中保存呢？

答：不能，如果模板文件的保存位置发生了变化，Dreamweaver将无法识别模板文件。

站点中的 Templates 文件夹

● 问：在保存修改后的模板文件时，Dreamweaver 会自动更新站点用模板创建的网页，能不能手动更新站点中用模板制作的网页呢？

答：可以，在Dreamweaver中选择【工具】|【模板】|【更新页面】命令，打开【更新页面】对话框，在【查看】下拉列表框中选择【整个站点】选项，在其后的下拉列表中选择站点的名称，然后单击【开始】按钮，即可将整个站点中所有用模板创建的网页更新。

● 问：什么是嵌套模板，嵌套模板有什么作用？

答：嵌套模板指的是在已有的模板中再添加一个模板，即基于模板的模板。用户可以通过嵌套模板在基本模板的基础上进一步创建可编辑区域。通过嵌套模板创建的网页只有在嵌套模板中指定新的可编辑区域才能进行网页内容的编辑。因此，如果要创建嵌套模板，用户必须先创建一个模板，然后基于该模板创建新网页文档，最后将创建的网页文档另存为模板。

第11章

页面信息的整体设置

设置网页的头部信息后，虽然大多数设置不能在网页上直接看到效果，但从功能上讲是必不可少的。头部信息为网页添加必要的属性信息，能够帮助网页实现功能。本章将围绕这些属性展开讲解，包括网页的标题、颜色以及背景图片等。

例11-1 设置页面信息和图像参照

11.1 设置网页头部信息

一个 HTML 文件，通常由包含在 <head> 和 </head> 标签之间的头部和包含在 <body> 和 </body> 标签之间的主体两部分组成。文档的标题信息就存储在 HTML 的头部信息中，在浏览网页时，它会显示在浏览器标题栏上；当页面被放入浏览器的收藏夹时，文档的标题又会被作为收藏夹中的项目名称。除了标题以外，头部还可以包含很多非常重要的信息，例如网页作者信息以及针对搜索引擎的关键字和内容指示符等。

11.1.1 设置 META

在Dreamweaver中按下Ctrl+F2组合键，打开【插入】面板，单击其中的META按钮，可以打开MEAT对话框。

在META对话框中，用户可以通过META语句直接定制不同的功能，例如网页作者信息和网页到期时间。

其中，各选项的功能说明如下。

🔹 【属性】下拉列表：用于选择名称和HTTP-equivalent两种属性。

🔹 【值】文本框：用于输入属性值。

🔹 【内容】文本框：用于输入属性内容。

如果用户希望网页能够提供有关文档的更多信息，例如浏览器、源文档的读者等，可以在【代码】视图中通过编辑<meta>标签实现，代码如下：

```
<meta name="name_value"
content="value" http-equiv="value">
```

其中，各个属性的说明如下：

🔹 name属性提供了由<meta>标签定义的名称/值对的名称。HTML标准没有指定任何预先定义的<meta>名称，通常情况下，用户可以自由使用对自己和源文档的浏览器来说有意义的名称。

🔹 content属性提供了名称/值对的值。该值可以使任何有效的字符串(如果值中包含空格，就要使用引号括起来)。content属性始终要和name或http-equiv属性一起使用。

🔹 http-equiv属性为名称/值对提供了名称，指示服务器在发送实际文档之前，在要传送给浏览器的MIME文档头部包含名称/值对。当服务器向浏览器发送文档时，会先发送许多名称/值对。

下面列举几种常见的META应用。

1 设置网页的到期时间

打开META对话框后，在【值】文本框中输入expore，在【内容】文本框中输入 "Fri, 31 Dec 2022 24:00:00 GMT"，则网页将在格林尼治时间2022年12月31日24点00分过期，到时将无法脱机浏览网页，必须连接在互联网上重新载入网页。

代码如下：

```
<meta name="expore" content="Fri,
31 Dec 2022 24:00:00 GMT">
```

2 禁止浏览器从本地缓存中调阅

有些浏览器访问某个页面时会将它存在缓存中，下次再次访问时即可从缓存中读取以提高速度。如果在META对话框的【值】文本框中输入Pragma，在【内容】文本框中输入"no-cache"，则可以禁止网页保存在访问者计算机的本地磁盘缓存中。如果用户希望网页的访问者每次访问网页都刷新网页广告的图标或网页计数器，就需要禁用缓存。

代码如下：

```
<meta name="Pragma"
content="no-cache">
```

3 设置 cookie 过期

如果在META对话框的【值】文本框中输入"set-cookie"，在【内容】文本框中输入"Mon 31 Dec 2022 24:00:00 GMT"，则cookie将在格林尼治时间2022年12月31日24点00分过期，并被自动删除。

代码如下：

```
<meta name="set-cookie" content=
"Mon31 Dec 2022 24:00:00
GMT">
```

4 强制页面在当前窗口独立显示

如果在META对话框的【值】文本框中输入"Windows-target"，在【内容】文本框中输入"_top"，则可以放置当前网页在其他网页的框架结构里显示。

代码如下：

```
<meta name="Windows-target"
content="_top">
```

5 设置网页作者说明

如果在META对话框的【值】文本框中输入Author，在【内容】文本框中输入"王燕"，则说明这个网页的作者是王燕。

代码如下：

```
<meta name="Author" content="
王燕 ">
```

6 设置网页打开或退出时的效果

如果在META对话框的【值】文本框中输入"Page-enter"或"Page-exit"，在【内容】文本框中输入"revealtrans(duration=10,transition=21)"，其中duration设置的是延迟时间，以秒为单位；transition设置的是效果，其值为1~23，代表23种不同的效果。

代码如下：

```
<meta name="Page-enter"
content="revealtrans(duration=10,tra
nsition=21)">
```

11.1.2 设置说明

说明信息属于META数据范畴，但是由于它经常被使用，所以Dreamweaver就设置了定义相应的插入命令，允许用户直接在网页中插入说明属性。

在【插入】面板中单击【说明】选项，将打开如下图所示的【说明】对话框，在该对话框的文本框中可以输入相应的说明文字信息。

代码如下：

```
<meta name="description" content="
公司网站首页 ">
```

通过META语句可以设置网页的搜索引擎说明。打开META对话框，在【值】文本框中输入description，在【内容】文本框中输入网页说明。

这就可以告诉搜索引擎，将输入内容作为网页的说明添加到搜索引擎，代码如下所示。

```
<meta name="description" content="
这是本公司网页的首页 ">
```

其中description为说明定义，在content中定义说明的内容。

11.1.3 关键词

关键词也属于元数据的范畴，在【插入】面板中单击Keywords按钮，在打开的对话框中即可为网页设置相应的关键字信息，多个关键字之间可以使用英文逗号隔开，如下图所示。

通过META语句也可以设置网页的搜索引擎关键词。打开META对话框，在name属性的【值】文本框中输入keywords，在【内容】文本框中输入网页的关键词，各关键词用英文逗号隔开(许多搜索引擎在搜索"蜘蛛"程序抓取网页时，需要用到META元素所定义的一些特性值，如果网页上没有这些META元素，则不会被搜索到)。

代码如下：

```
<meta name="keywords" content="
公司,主页,服务 ">
```

11.2 设置外观 (CSS)

如果要修改网页文档的基本环境，可以通过在菜单栏中选择【文件】|【页面属性】命令，或在【属性】面板中单击【页面属性】按钮，打开下图所示的【页面属性】对话框，在【分类】类别中选择【外观CSS】选项进行设置。

用于设置外观 CSS 的选项区域

上图所示【外观(CSS)】选项区域中，各选项的功能说明如下。

💡 页面字体：用于选择应用在网页中的字体。选择【默认字体】选项时，表示为浏览器的基本字体。

💡 大小：用于设置字体大小。页面中适当的字体大小为12像素或10磅。

💡 文本颜色：选择一种颜色作为默认状态下的文本颜色。

💡 背景颜色：选择一种颜色作为网页的背景色。

💡 背景图像：用于设置文档的背景图像。当背景图像小于文档大小时，则会配合文档大小来重复出现。

💡 重复：设置背景图像的重复方式。

💡 左边距、右边距、上边距和下边距：在每一项后选择一个数值或直接输入数据，可以设置页面元素与边界的间距。

在【外观(CSS)】选项区域中设置了具体的参数后，在网页源代码中将添加相应的代码，下面将分别介绍。

1 背景颜色

在本书前面的章节中已经专门介绍过CSS样式表，这里将只讲解使用样式表中最简单的内联样式来实现背景颜色设置。内联样式是连接样式和标签最简单的方式，只需要在标签中包含一个属性，后面再跟随一列属性值即可。浏览器会根据样式属性及其值来表现标签中的内容。在CSS中使用background-color属性设定页面的背景颜色，在【外观(CSS)】选项区域设置背景颜色为92,87,87,1.00后，网页中将使用以下代码设置。

```
body {
background-color:
rgba(92,87,87,1.00);
}
```

2 文本颜色

在CSS中，color属性设置的是标签

内容的前景颜色。它的值可以是一种颜色名，也可以是一个十六进制的RGB组合或一个十进制的RGB组合。例如，在【外观(CSS)】选项区域设置文本颜色为RED后，网页中将自动生成以下代码：

```
body,td,th {
    color: red;
}
```

3 背景图像

在CSS中，background-image属性可以在元素内容后面放置一个图像，它的值可以是一个URL，也可以是关键字none(默认值)。

例如，在【外观(CSS)】选项区域设置一个名为bj.jpg的背景图像后，网页中将自动生成以下代码：

```
body {
    background-image: url(bj.jpg);
}
```

4 背景图像重复

浏览器通常会平铺背景图像来填充分配的区域，也就是在水平和垂直方向上重复该图像。使用CSS的background-repeat属性可以改变这种重复行为：

🔹 只在水平方向重复而垂直方向不重复，可使用repeat-X值。

🔹 只在垂直方向重复，可以使用repeat-y值。

🔹 要禁止重复，可以使用no-repeat值。

例如，以下代码是将背景图像设置为bj.jpg图片，并按水平方式平铺。

```
body {
    background-image: url(bj.jpg);
    background-repeat: repeat-x;
}
```

5 页面字体

通过font-family(字体系列)属性可以设置以逗号分开的字体名称列表。浏览器使用列表中命名的第一种字体在客户端浏览器电脑上显示文字(这种字体需要安装在该电脑上并可以使用)。

例如，以下代码设置的是以"微软雅黑"显示页面中的文本。

```
body,td,th {
    font-family: " 微软雅黑 ";
}
```

6 文本大小

CSS中的font-size属性允许用户使用相对或绝对长度值、百分比以及关键字来定义字体大小。例如，以下代码设置的是页面文字使用16像素大小显示。

```
body,td,th {
    font-size: 16px;
}
```

7 左、右、上、下边距

通过CSS的margin-left、margin-right、margin-top、margin-bottom属性来设置边框外侧的空白区域。不同的margin属性允许控制元素四周的空白区域，margin属性可以使用长度或百分比显示。例如，在【外观(CSS)】选项区域中设置【上边距】、【下边距】、【左边距】和【右边距】的数值为30px后，网页代码中显示的margin属性代码如下。

```
body {
    background-image: url();
    margin-left: 30px;
    margin-top: 30px;
    margin-right: 30px;
    margin-bottom: 30px;
}
```

11.3 设置外观 (HTML)

【页面属性】对话框中的【外观 (CSS)】属性以传统 HTML 语言的形式设置页面的基本属性，其设置界面如下图所示。

用于设置外观 HTML 的选项区域

上图所示【外观(HTML)】选项区域中，各选项的功能说明如下。

- 背景图像：用于设置网页背景图像。
- 背景：选择一种颜色，作为页面背景色。
- 文本：用于设置页面默认的文本颜色。
- 链接：定义链接文本默认状态下的字体颜色。
- 已访问链接：定义访问过的链接文本颜色。
- 活动链接：定义活动链接文本的颜色。
- 左边距、上边距：设置页面元素同页面边缘的间距。
- 边距宽度、边距高度：针对Netscape浏览器设置页面元素与页面边缘的距离。

1 背景颜色

通过<body>标签的bgcolor属性可以设置网页的背景颜色。例如，在以下代码中设置了背景颜色十六进制颜色代码，前面加"#"号表明为十六进制色彩：

```
<body bgcolor="#color_value">
```

2 文本颜色

除了改变网页文档的颜色或添加背景图像以外，用户还可以调整页面文本颜色，确保网页浏览者阅读文本。

在HTML中，<body>标签中的text属性用于设置整个文档中所有无链接文本的颜色。例如，以下代码设置的文本颜色为十六进制颜色代码，前面加"#"号表明为十六进制色彩。

```
<body text="#color_value">
```

3 背景图像

用户可以通过设置<body>标签中的background属性来为网页文档添加一个背景图像。background属性需要的值是一个图像的URL。例如，以下代码设置的背景图像为bg.jpg文件，在默认状态下，该背景图像在浏览器中以平铺形式显示。

```
<body background="bj.jpg">
```

4 边距

HTML中，leftmargin、topmargin、rghtmargin和bottommargin属性扩展允许相对于浏览器窗口的边缘缩进至边界，属性值是边界缩进的像素的整数值，0为默认值，边界是用背景颜色或图像填充的。例如，以下代码设置页面左边距、右边距、上边距和下边距都为0。

```
<body leftmargin="0" topmargin="0"
marginwidth="0" marginheight="0">
```

5 链接、已访问链接、活动链接

　　<body>标签中的link、vlink和alink属性控制网页文档中超链接(<a>标签)的颜色，所有这三种属性与text、bgcolor属性一样，都接受将颜色指定为一个RGB组合或颜色名的值。其中link属性决定还没有被浏览者单击过的所有网页链接的颜色；vlink属性设置浏览者已经单击过的所有链接的颜色；alink属性则定义激活链接时文本的颜色。

　　例如，以下代码分别设置了默认链接颜色为"#cccccc"，激活状态链接颜色为"#999999"，访问过后链接的颜色为"#ffffff"：

```
<body link="#cccccc" vlink="#999999"
alink="#ffffff">
```

11.4 设置链接 (CSS)

　　在【页面属性】对话框的【链接 CSS】选项区域中，用户可以设置与文本链接相关的各种参数。例如设置网页中的链接、访问过的链接以及活动链接的颜色。为了统一网站中所有页面的设计风格，分别设置的文本的颜色、链接的颜色、访问过的链接的颜色和激活的链接的颜色在每个网页中最好都保持一致。

用于设置链接 CSS 的选项区域

　　上图所示【链接(CSS)】选项区域中各选项的功能说明如下。

　　● 链接字体：用于指定区别于其他文本的链接文本字体。此处在每页设置字体的情况下，链接文本将采用与页面文本相同的字体。

　　● 大小：用于设置链接文本的字体大小。

　　● 链接颜色：用于设置链接文本的字体颜色。

　　● 变换图像链接：用于指定鼠标光标移动到链接文本上方时改变文本颜色。

　　● 已访问链接：用于指定访问过一次链接文本的字体颜色。

　　● 活动链接：指定单击链接的同时发生变

化的文本颜色。

💬 下划线样式：用于设置是否使链接文本显示下划线。没有设置下画线样式属性时，默认为在文本中显示下画线。

1 链接颜色

在CSS中，color属性可以用于设置链接文本的颜色，其值可以是一种颜色名，也可以是一个十六进制的RGB组合，或是一个十进制的RGB组合。

例如，在【链接(CSS)】选项区域中设置下图所示的链接颜色。

链接 (CSS)

链接字体 (I):	🖥 (同页面字体) ∨	∨ ∨
大小(S):	∨	px ∨
链接颜色 (L):	⬛ #000000	变换图像链接 (R): ⬛ #999999
已访问链接 (V):	⬛ red	活动链接 (A): ⬛ #9A9292
下划线样式 (U):	始终有下划线	∨

代码如下：

```
a:link {
    color: #000000;
}
a:visited {
    color: red;
}
a:hover {
    color: #999999;
}
a:active {
    color: #9A9292;
}
```

2 背景字体

通过font-family(字体系列)属性可以设置以逗号分隔的字体名称堆栈。例如，以下代码设置了链接文字使用"宋体""黑体""隶书"堆栈显示。

```
a {
```

```
    font-family:"宋体","黑体","隶书";
}
```

3 链接字体大小

在CSS中，font-size属性允许用户使用相对或绝对长度值、百分比以及关键字来定义字体大小。例如，在【链接(CSS)】选项区域的【大小】文本框中输入16后，将在网页中设置了链接文字使用16像素大小来显示，代码如下：

```
a {
    font-size: 16px;
}
```

4 链接下划线样式

在CSS中，text-decoration(文字修饰)属性可以产生文本修饰。例如，以下代码表示默认链接文本不添加下画线：

```
a:link {
    text-decoration: none;
}
```

以下代码表示光标放置在链接文本上时文本的外观修饰为下画线：

```
a:hover {
    text-decoration: underline;
}
```

以下代码表示用鼠标单击时链接的外观修饰为下画线：

```
a:active {
    text-decoration: underline;
}
```

11.5 设置标题 (CSS)

在【页面属性】对话框的【标题 (CSS)】选项区域中，用户可以根据网页设计的需要设置页面中标题文本的字体属性。

用于设置标题 CSS 的选项区域

上图所示的【标题(CSS)】选项区域中各选项的功能说明如下。

💧 标题字体：用于定义标题的字体。

💧 标题1~标题6：分别定义一级标题到六级标题的字号和颜色。

通过为<h1>~<h6>标签指定文字字体、字号以及颜色等样式，可以实现不同级别的标题效果。例如，以下代码表示标题1的文字设置了"微软雅黑"字体，字号为16像素，颜色为"红色"。

```
h1 {
    font-size: 16px;
    font-family: " 微软雅黑 ";
    color: red;
}
```

11.6 设置标题 / 编码

在【页面属性】对话框的【标题 / 编码】选项区域中，用户可以设置当前网页文档的标题和编码，如下图所示。

用于设置标题 / 编码的选项区域

【标题/编码】选项区域中各选项的功能说明如下。

● 标题：用于设置网页文档的标题。

● 文档类型：用于设置页面的(DTD)文档类型。

● 编码：用于定义页面使用的字符集编码。

● Unicode表转化表单：用于设置表单标准化类型。

● 包括Unicode签名：用于设置表单标准化类型中是否包括Unicode签名。

1 标题

<title>标签是HTML规范所要求的，它包含文档的标题。以下代码表示显示标题的内容。

```
<title> 页面 1</title>
```

2 文档类型

<!doctype>标签用于向浏览器(和验证服务)说明文档遵循的HTML版本。HTML 3.2及以上版本规范都要求文档具备这个标签，因此应将其放在所有文档中，并一般在文档开头输入，如下图所示。

```
1  <!DOCTYPE HTML PUBLIC "-//W3C//DTD HTML 4.01
   Transitional//EN" "http://www.w3.org/TR/html4/loose.dtd">
2 ▼ <html>
3 ▼ <head>
```

3 编码

使用<meta>标签可以设置网页的字符集编码，在介绍头部信息时已经有所涉及，在此不再详细介绍。以下代码表示网页设置了页面字符集编码为简体中文。

```
<meta charset="gb2312">
```

11.7 设置跟踪图像

在正式制作网页之前，有时会需要使用绘图软件绘制一个网页设计草图，为设计网页预先画出草稿。在 Dreamweaver 中，用户可以通过【页面属性】对话框的【跟踪图像】选项区域将这种设计草图设置为跟踪图像，显示在网页下方作为背景。

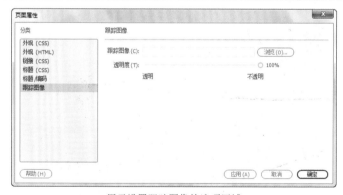

用于设置跟踪图像的选项区域

【跟踪图像】选项区域中各选项的功能说明如下。

● 跟踪图像：为当前制作的网页添加跟踪图像，单击【浏览】按钮，可以在打开的对话框中选择图像源文件。

● 透明度：通过拖动滑块来实现调节跟踪图像的透明度。

使用跟踪图像功能可以按照已经设计

好的布局快速创建网页。它是网页设计的规划草图，可以由专业的人员在Photoshop软件中制作出来，在设计网页时将其调出来作为背景，就可以参照其布局安排网页元素了，还可以结合表和层的使用来定位元素，这样就避免了初学者网页制作中不懂版面设计的问题。

在Dreamweaver中为网页设置了跟踪图像后，跟踪图像并不会作为网页背景显示在浏览器中，它只在Dreamweaver文档窗口中起一个辅助设计的作用，最后生成的HTML文件是不包含它的。在设计过程中

为了使它不干扰网页的视图，还允许用户任意设置跟踪图像的透明度，使设计更加顺利地进行。

> **知识点滴**
>
> 跟踪图像的文件格式必须为JPEG、GIF 或 PNG。在 Dreamweaver 的文档窗口中，跟踪图像是可见的，当在浏览器中查看网页时，跟踪图像并不显示。当文档窗口中跟踪图像可见时，页面的实际背景图像和颜色不可见。

11.8　进阶实战

本章的进阶实战部分将为下图所示的网页设置页面信息和排版图像参照，用户可以通过实际的操作巩固本章所学的内容。

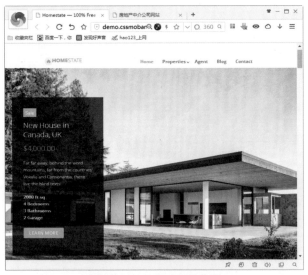

参照网上的页面设计排版网页

【例11-1】为网页设置页面信息和排版图像参照。

（视频+素材）(光盘素材\第11章\例11-1)

01 按下Ctrl+Shift+N组合键创建一个空白网页文档。

02 按下Ctrl+F3组合键显示【属性】面板，单击【页面属性】按钮。

03 打开【页面属性】对话框，在【分类】列表框中选择【标题/编码】选项，在对话框右侧的选项区域的【标题】文本框中输入"房地产中介公司网站"，设置网页标题。

04 在【分类】列表框中选择【外观(CSS)】选项，在【上边距】和【下边距】文本框中输入0，将【左边距】和【右边距】设置为10%。

05 在【分类】列表框中选择【外观(HTML)】选项，单击【背景图像】文本框后的【浏览】按钮。

06 打开【选择图像源文件】对话框，选择一个图像文件作为网页背景图像，单击【确定】按钮。

07 在【分类】列表框中选择【跟踪图像】选项，在对话框右侧的选项区域中单击【跟踪图像】文本框后的【浏览】按钮。

08 打开【选择图像源文件】对话框，选择跟踪图像文件，单击【确定】按钮。

09 返回【页面属性】对话框，单击【确定】按钮，Dreamweaver文档窗口的效果如下图所示。

页面中的跟踪图像

10 按下Ctrl+F2组合键打开【插入】面板，单击【说明】按钮，打开【说明】对话框，在【说明】文本框中输入网页的说明信息后，单击【确定】按钮。

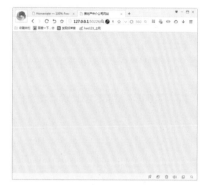

11 按下Ctrl+S组合键打开【另存为】对话框保存网页。按下F12键预览网页，将发现页面中不显示跟踪图像，只显示步骤6设置的网页背景图像。

11.9 疑点解答

● 问：如何通过 MATE 实现网页过渡效果？

答：网页过渡指的是当浏览者进入或离开网站时，网页显示的不同切换效果，其基本语法如下。

```
<meat http-equiv="event" content="revealtrans(duration=value,transition=number)">
```

其中event属性值的具体内容如下表所示。

event 属性值	说　明
page-enter	表示进入网页时有网页过渡效果
page-exit	表示退出网页时有网页过渡效果

Duration属性为网页过渡效果的持续时间，单位为秒，transition属性为过渡效果的方式编号，具体如下表所示。

效果编号	效　果	效果编号	效　果
0	盒状收缩	12	溶解
1	盒状展开	13	左右向中部搜索
2	圆形收缩	14	中部向左右展开
3	圆形展开	15	上下向中部搜索
4	向上擦除	16	中部向上下展开
5	向下擦除	17	阶梯状向左下展开
6	向左擦除	18	阶梯状向左上展开
7	向右擦除	19	阶梯状向右下展开
8	垂直百叶窗	20	阶梯状向右上展开
9	水平百叶窗	21	随机水平线
10	横向棋盘式	22	随机垂直线
11	纵向棋盘式	23	随机效果